新知识体系人工智能系列教材

移动机器人 SLAM 技术

莫宏伟　徐立芳◎编著

電子工業出版社
Publishing House of Electronics Industry
北京•BEIJING

内 容 简 介

本书主要介绍移动机器人的结构、SLAM、ROS 等移动机器人相关内容。全书共分为 9 章 3 个部分：第 1 部分为移动机器人基础（第 1～5 章），详细介绍了移动机器人的基本概念、结构、数学模型、定位、路径规划等，侧重于原理性介绍，为后续内容奠定基础；第 2 部分为 SLAM（第 6、7 章），主要介绍了激光 SLAM 原理与视觉 SLAM 相关原理，并且结合案例对原理进行了说明，侧重于理论与案例的结合；第 3 部分为 ROS 移动机器人实战（第 8、9 章），主要介绍了基于 ROS 仿真环境的移动机器人 SLAM 开发，侧重于动手实践。通过全书 3 个部分，从原理到案例再到实践，读者可以充分了解移动机器人 SLAM 技术。

本书可以作为机器人工程、人工智能、自动化、控制科学与工程、计算机科学、电子信息、传感器技术、信息处理等相关学科的大学本科和研究生的专业基础教材，也可以作为有志从事移动机器人相关研究的从业者的参考资料。

图书在版编目（CIP）数据

移动机器人 SLAM 技术 / 莫宏伟，徐立芳编著. —北京：电子工业出版社，2023.5

ISBN 978-7-121-45597-1

Ⅰ. ①移… Ⅱ. ①莫… ②徐… Ⅲ. ①移动式机器人－高等学校－教材 Ⅳ. ①TP242

中国国家版本馆 CIP 数据核字（2023）第 084519 号

责任编辑：路　越　　　　特约编辑：田学清
印　　刷：北京盛通数码印刷有限公司
装　　订：北京盛通数码印刷有限公司
出版发行：电子工业出版社
　　　　　北京市海淀区万寿路 173 信箱　　　邮编：100036
开　　本：787×1092　1/16　印张：16.25　字数：375 千字
版　　次：2023 年 5 月第 1 版
印　　次：2025 年 2 月第 3 次印刷
定　　价：69.80 元

凡所购买电子工业出版社图书有缺损问题，请向购买书店调换。若书店售缺，请与本社发行部联系，联系及邮购电话：（010）88254888，88258888。

质量投诉请发邮件至 zlts@phei.com.cn，盗版侵权举报请发邮件至 dbqq@phei.com.cn。

本书咨询联系方式：mengyu@phei.com.cn。

前 言

随着科学技术的发展，移动机器人技术已经渗透到工业、民用与军事等多个领域，是当下科学技术的研究热点之一。SLAM 的英文全称是 Simultaneous Localization And Mapping，意为同步定位与地图构建。SLAM 最早由 Smith、Self 和 Cheeseman 于 1988 年提出，至今已有 30 余年的发展历史。SLAM 试图解决这样的问题：一个机器人在未知的环境中运动，如何通过对环境的观测确定自身的运动轨迹，同时构建出环境的地图？SLAM 技术是为了实现这个目标而涉及的诸多技术的总和，由于其重要的理论与应用价值，SLAM 技术被很多学者认为是实现真正全自主移动机器人的关键。

相较于深度学习、神经网络、大数据等热门词汇，听过 SLAM 的人少之又少，这是因为国内从事相关研究的机构屈指可数。2015 年左右，SLAM 才逐渐成为国内机器人和计算机视觉领域的热门研究方向，在当前较为热门的领域崭露头角。

目前以 SLAM 技术为支撑的自主移动机器人的应用领域已经十分广泛了，涵盖航天、军事、特种作业、工业生产、智慧交通、消费娱乐等众多领域。航天领域的典型应用要数火星探测车，在遥远的星球上自主移动无疑是一项必备的技能。军事上借助自主移动的坦克、机器人士兵、飞机等装备可以打一场无人化战争。在特种作业场合的自主移动机器人将发挥无可替代的作用，如管道清洗、矿井作业、抢险救援、排爆、安防巡检、深海勘探等。自主移动机器人在农业上的应用有自主栽培、自主除草、自主施肥、自主采摘等。其他方面的应用有自动驾驶汽车、机器人终端物流配送、全自动化工厂、机器人智慧养老、机器人餐厅、家庭服务机器人等。总之，用机器人去替代人类各种体力活的许多场合都用得到 SLAM 技术。

本书在编写思路上有以下特点。

（1）在内容编排上，改变了以往单纯讲理论或实践的框架，从移动机器人技术整体发展出发，涵盖了现今主流的 SLAM 技术，实现了理论与实践的结合。

（2）对移动机器人 SLAM 技术的基础、原理、实战领域分别进行阐述，首先对移动机器人的相关基础理论、原理（如移动机器人的结构、数学模型等）进行详细说明，为后续内容做铺垫；然后对 SLAM 技术进行详细介绍，包括其分类、原理等内容，并用相关典型案例对原理进行实践，加深读者对移动机器人 SLAM 技术的理解。

（3）更贴合实际，本书最后对移动机器人 SLAM 技术的实现进行介绍，使理论与实践相结合，可以极大地激发读者的兴趣，也给专业从业者提供了参考。

全书包含 3 个部分，从原理到案例再到实践，使读者可以充分了解移动机器人 SLAM 技术。在介绍主要知识和方法后，本书提供了适量的习题，使读者不仅能掌握一些初级的知识和方法，还能进一步掌握移动机器人 SLAM 技术，加深对其的理解。

本书由莫宏伟、徐立芳编著。同时在此感谢韩胜利、张喜凤、闫景运、才鑫源等硕士研究生在内容编写、图片绘制方面提供的协助。

由于作者的水平和经验有限，书中难免存在欠妥之处，恳请读者朋友和相关领域的专家学者拨冗批评指正。

作者

2023 年 1 月于哈尔滨

目录

第1章 绪论

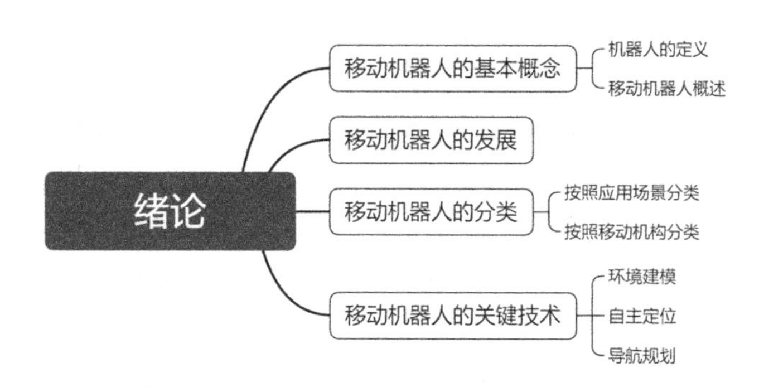

本章导读

移动机器人基础是初学者了解移动机器人的基本概念、发展、特点及研究方法等基本内容的入门知识。本章主要介绍移动机器人的基本概念、发展、分类、关键技术等内容。读者应在理解相关概念的基础上重点掌握移动机器人的关键技术，包括环境建模、自主定位及导航规划内容。

本章要点

- 移动机器人的基本概念
- 移动机器人的分类
- 移动机器人的关键技术

1.1 移动机器人的基本概念

1.1.1 机器人的定义

什么是机器人？这是一个十分有趣的话题。根据人们的一般理解，机器人具有一些类似人的功能及机械电子装置或自动化装置，它仍然是个机器，具有 3 个特点：有像人的某些功能，如作业功能、感知功能、行走功能；能完成一定动作；还可以根据人的编程自动工作。这里最显著的特点是通过编程可以改变它的工作方式及工作模式。1920 年，捷克作家卡雷尔・恰佩克（Karel Capek）发表了科幻剧本《罗素姆的万能机器人》，第一次用了机器人（Robot）这个词。卡雷尔・恰佩克提出的是机器人的感知、安全和自我繁殖问题。科学技术的进步很可能引发许多问题，尽管科幻世界只是一种想象，但人类社会将可能面临这种现实。

为了防止机器人伤害人类，1950 年科幻作家阿西莫夫（Asimov）在《我，机器人》一书中提出了“机器人三原则”。

（1）机器人不得伤害人类，也不允许它见到人类将受到伤害而袖手旁观。

（2）机器人必须服从人类的命令，除非人类的命令与第一条相违背。

（3）机器人必须保护自身不受伤害，除非与上述两条相违背。

这三条原则给机器人社会赋予了新的伦理性。至今，它仍会为机器人研究人员、设计制造厂家和用户提供十分有意义的指导方针。

机器人作为服务人类的新型生产工具，在降低劳动强度、提高生产效率、改变生产模式，将人从危险、恶劣、繁重的工作环境中解放出来等方面显现出极大的优越性。机器人问世已有几十年，但机器人仍然没有一个统一的定义。原因之一是机器人技术还在不断发展，新的机型、新的功能不断涌现；根本原因是机器人涉及人的概念成了一个难以回答的哲学问题。欧美学者认为，机器人应该是由计算机控制的通过编程使其具有可以变更的多功能的自动机械；日本学者认为，机器人就是任何高级的自动机械；我国科学家对机器人的定义是，机器人是一种自动化的机器，所不同的是这种机器具备一些与人或生物相似的智能能力，如感知能力、规划能力、动作能力和协同能力，是一种具有高度灵活性的自动化机器。目前，国际上对机器人的概念已经渐趋一致，联合国标准化组织采纳了美国机器人协会（Robot Institute of America，RIA）于 1979 年给机器人下的定义：机器人是一种可编程和多功能的，用来搬运材料、零件、工具的操作机；或是为了执行不同的任务而具有可改变和可编程动作的专门系统。概括来说，机器人是靠自身动力和控制能力来实现各种功能的一种机器。

1.1.2 移动机器人概述

作为机器人的一个重要分支，移动机器人强调“移动”的特性，是一类能够通过传感器感知环境和本身状态，实现在有障碍物环境中面向目标自主运动，从而完成一定作业功能的机器人系统。相对于固定式的机器人（如机械手臂），移动机器人由于可以自主移动的特性，应用场景更广泛，潜在的功能更强大。

自主式的移动机器人系统具有高度的自规划、自组织、自适应能力，适合在复杂非结构化环境中工作的机器人。

移动机器人的研究始于 20 世纪 60 年代末期，当时机械加工、弧焊、点焊、喷涂、装配、检测等各种类型的机器人相继出现并迅速在工业生产中实用化，大大提高了各种产品的一致性和质量。然而，随着机器人的不断发展，人们发现，这些固定于某一位置操作的机器人并不能满足各方面的需求。因此，20 世纪 80 年代后期，许多国家有计划地展开了移动机器人技术的研究，目的是应用人工智能技术，实现在复杂环境下机器人系统的自主推理、规划和控制。移动机器人的目标是在没有任何干预且无须对环境做任何规定和改变的条件下，有目的地移动和完成相应任务。

移动机器人具有如下优势。

（1）具有移动功能，相对于固定式的机器人，没有由于位置固定带来的局限性。

（2）降低运行成本，使用移动机器人作业可减少开销并降低维护成本。

（3）可以在危险的环境中提供服务，如不通风、核电厂等场景。

（4）可以为人类提供许多其他方面的服务，如物资配送、巡检等。

1.2 移动机器人的发展

捷克作家卡雷尔·恰佩克于 1920 年在他的科幻小说中首次提出“机器人”一词，从此机器人的形象进入了人类的视野。随后，西屋电气公司于 1939 年自主研发了首个家用移动机器人 Elektro，使得人们对于家庭服务机器人有了一个直观的印象。马文·明斯基于 1956 年在达特茅斯会议上提出人工智能的概念。自此，机器人产业诞生，并先后经历了遥控机器人、工业机器人、智能机器人三次革命性发展，为人类社会及人民生活做出了突出贡献。

随着人类对于科学的认知水平持续提高，在研究者们不懈地努力奋斗下，机器人行业取得了极大的成功。1959 年，德沃尔与美国发明家约瑟夫·英格伯格研究出世界上第一台工业机器人。自此，人类社会的生产力水平得到大力发展。约翰斯·霍普金斯大学在 1965 年开发了 Beast 机器人，它可以使用自身所携带的传感器对环境进行观测来矫正自己的位置。随后，美国多所大学相继成立移动机器人实验室。自此，美国掀起研究第二代机器人的热潮。1966 年—1972 年，斯坦福国际研究所的 Charles Rosen 等人成功研发出了 Shakey 机器人。它是世界上第一台应用人工智能技术的移动机器人，能够实现复杂环境下的自主感知、环境建模、自主推理、路径规划及控制功能。与此同时，最早的步行机器人也研发成功。Shakey 机器人如图 1.1 所示。

图 1.1 Shakey 机器人

到了 1997 年，美国航空航天局向火星发射了“索杰纳”自主探测机器人，如图 1.2 所示。机器人通过太阳能电池板供电，在火星上自主作业 90 余天，完成了岩石成分分析等工作，又拍回了几百幅宝贵的火星地表环境照片，是人类向外太空发射的首例移动机器人，拉开了人类向外太空进发的序幕，具有划时代的历史意义。

图 1.2 “索杰纳”自主探测机器人

随着硬件的计算性能、控制算法等不断发展，以及图像识别、机器学习、深度学习、自然语言处理等人工智能技术在机器人领域的深入应用，移动机器人的研究又迎来了一次新的热潮。人类希望移动机器人能够更加智能，能够在更多的领域为人类服务。2002 年，美国 iRobot 推出了扫地机器人 Roomba，如图 1.3 所示，该机器人通过自身装备的声波传感器探测室内障碍物的位置，实现对环境的建模，可以完成导航任务。自此，移动智能服务机器人的研发进入井喷阶段。

图 1.3 扫地机器人 Roomba

2005 年，美国波士顿动力公司在网上展示了一段关于其公司自主研发的移动机器人的视频，引发了各界的强烈反响。视频中显示了一台名为 Big Dog 的四足机器人在背负重物的情况下，仍然能够自由行走，同时在有外力进行干扰时，能够始终保持身躯的平衡。自此，波士顿动力公司名声大噪。在之后的十余年里，波士顿动力公司又相继推出阿尔法狗、野猫、Spot、Spot Mini 等一系列四足机器人，均获得了外界的广泛关注。波士顿动力机器人如图 1.4 所示，波士顿动力公司对于四足机器人的研究取得了显著的成就，此外，其对移动机器人领域的突出贡献还有对于双足类人机器人的研究。2018 年 10 月，波士顿动力公司研发出第三代 Atlas 双足类人机器人，可以像人一样进行跨越障碍物、翻跟斗等动作，其采用电动和液压驱动，身体和腿部安装有先进的传感器以实现平衡，头部使用激光雷达和立体相机来躲避障碍物、评估地形，从而帮助导航和操纵物体。

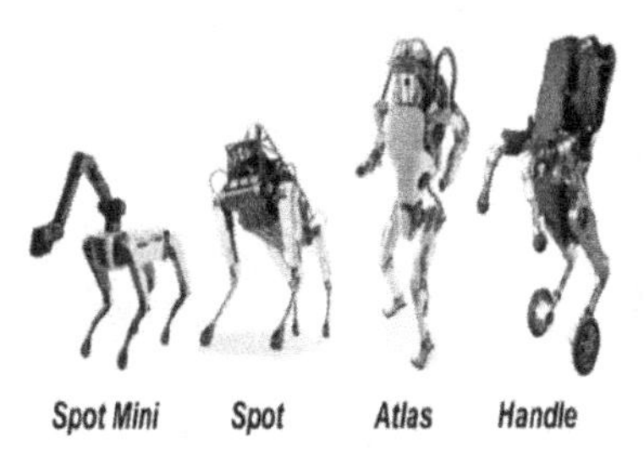

图 1.4　波士顿动力机器人

与此同时，移动机器人的一大应用领域——智能驾驶，也开始崭露头角。谷歌 CFO Ruth Porat 在 2018 全球智能驾驶峰会上透露，谷歌自主研发的无人驾驶汽车已经正式进入商业运营阶段，这是世界上首个无人驾驶汽车商业化的案例，标志着无人驾驶汽车正式走入人类的生活，进而改变着人类的出行方式。谷歌无人驾驶汽车如图 1.5 所示，它的出现无疑推动了智能驾驶的发展，同时也鼓舞了智能驾驶行业从业者的信心。虽然目前无人驾驶汽车还没有普及，但是随着移动机器人技术的不断革新，其迟早会出现在千家万户。

图 1.5　谷歌无人驾驶汽车

相比于国外，我国对移动机器人的研究较晚，但是经过几十年坚持不懈地努力创新，我国渐渐追上甚至在某些关键领域已经赶超西方发达国家。移动机器人的研究作为我国“863 计划”的重点研究项目，经过几十年的不断努力，现已取得了显著成就，许多成果已经转化为产品并投入实体产业中。清华大学在 1991 年—1995 年，自主研发了 THMR-III室外移动机器人实验平台，突破了差分 GPS 定位、路径跟踪、数据快传、传感器融合等技术，并在此基础上于 2002 年又研发出了清华智能车 THMR-V，如图 1.6 所示，其除了继承 THMR-Ⅲ上成熟的技术，还增添了高速公路的自主驾驶和辅助驾驶等功能。

自 2002 年以来，中国科学院沈阳自动化研究所在国家“863 计划”的支持下，陆续研发出了“灵蜥-A”“灵蜥-B”“灵蜥-H”等反恐防暴机器人。图 1.7 所示为“灵蜥-A”型反恐防暴机器人，它具有独特的“轮-腿-履带”复合型移动机构，可以适应各种不同的环境，能够完成对疑似爆炸物的搜索、排查及搬运、引爆等任务。

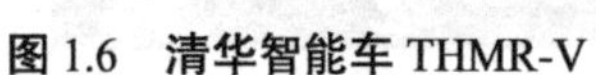
图 1.6　清华智能车 THMR-V

图 1.7　“灵蜥-A”型反恐防暴机器人

2004 年，我国正式开展月球探测工程，并以中国传统神话人物“嫦娥”命名，表达了我国人民对于月球的向往。2007 年，嫦娥一号探月卫星成功发射，标志着我国的探月工程迈出了坚实而有力的第一步，实现了我国人民的夙愿，也为后续的探月计划打下坚实基础。2013 年，嫦娥三号月球探测器（见图 1.8）成功软着陆于月球表面，并陆续开展了“观天、看地、测月”的科学探测和其他预定任务，取得了众多成果，表明中国成为继美国和苏联之后世界上第三个具有将探测器发往月球表面技术的国家。随着国家大力发展航天科技，我国将在该领域起到决定性的作用，为全人类做出突出贡献。

图 1.8　嫦娥三号月球探测器

近年来，人工智能与移动机器人的深度结合，极大地促进了智能机器人的发展。2014 年，百度公司自主研发的智能机器人“小度”首次公开亮相，如图 1.9 所示。依托百度公司强大的人工智能，集成了自然语言处理、对话系统、图像识别等技术，“小度”机器人能够与人类就生活的多个方面进行简单交流。2016 年以来，腾讯公司自动驾驶实验室持续研究无人配送机器人，并起名为腾讯微派，该机器人目前用于在复杂楼宇环境下的货物运送，相比于传统移动机器人，该机器人无须环境的先验信息即可完成货物的运送。

图 1.9 智能机器人“小度”

移动机器人的发展给人类社会和人民生活带来了翻天覆地的变化，其在军事、医疗、服务等领域发挥着举足轻重的作用。随着科技的不断进步，移动机器人将在社会中占据越来越重要的位置。不久的将来，移动机器人将出现在人类生活的各个角落，在各方面为人类提供更好的服务，成为人类的好助手。

1.3 移动机器人的分类

1.3.1 按照应用场景分类

按照应用场景，移动机器人可分为空中机器人、水下机器人和陆地机器人。

1. 空中机器人

空中机器人，又名无人驾驶飞行器（Unmanned Aerial Vehicle，UAV）或微型无人空中系统（Micro Unmanned Aerial System，MUAS），简称无人机，是一种装备了数据处理单元、传感器、自动控制器及通信系统，能够不需要人的控制，在空中保持飞行姿态并完成特定任务的飞行器。空中机器人如图 1.10 所示。与有人驾驶飞机相比，无人机往往更适合那些太“愚钝、肮脏或危险”的任务。无人机按应用领域可分为军用与民用两类。军用方面，无人机分为侦察机和靶机；民用方面，“无人机+行业应用”是无人机真正的刚性需求，在航拍、农业、植物保护、微型自拍、快递运输、灾难救援、观察野生动物、监控传染病、测

图 1.10 空中机器人

绘、新闻报道、电力巡检、救灾、影视拍摄、制造浪漫等领域的应用大大地拓展了无人机本身的用途，发达国家也在积极发展无人机技术和拓展行业的应用。

2. 水下机器人

水下机器人（Underwater Robot，UR），又称为无人潜水器，通常可分为两类：遥控潜水器（Remote-Operated Vehicle，ROV）和自治式潜水器（Autonomous Underwater Vehicle，AUV）。前者通常依靠电缆提供动力，能够实现作业级功能；后者通常自己携带能源，大多用来大范围勘测。水下机器人（见图 1.11）可以用于科学考察、水下施工、设备维护与维修、深海探测、沉船打捞、援潜救生、旅游探险、水雷排除等。

图 1.11 水下机器人

水下机器人可在高度危险环境、被污染环境及零可见度的水域代替人工在水下长时间作业。水下机器人上一般配备摄像机、声呐系统、照明灯和机械臂等装置，能提供实时视频、声呐图像，机械臂能抓起重物。水下机器人在石油开发、海事执法取证、科学研究和军事等领域得到广泛应用。但由于水下机器人运行的环境复杂，水声信号的噪声大，各种水声传感器普遍存在精度较差、跳变频繁的缺点，因此在水下机器人运动控制系统中，滤波技术显得极为重要。水下机器人运动控制中普遍采用的位置传感器为短基线或长基线水声定位系统，速度传感器为多普勒速度计。影响水声定位系统精度的因素主要包括声速误差、应答器响应时间的测量误差、应答器位置即间距的校正误差；而影响多普勒速度计精度的因素主要包括声速、海水中介质的物理化学特性、运载器的颠簸等。

3. 陆地机器人

陆地机器人即应用在陆地上的机器人，在生活中最为常见。陆地机器人如图 1.12 所示，由于它与人类生活的关系较密切，相较于空中机器人和水下机器人，陆地机器人的发展更加迅速，其应用范围也更加广泛。陆地机器人不仅在工业、农业、医疗、服务等行业中得到了广泛的应用，而且在城市安全、排险、军事和国防等有害与危险场合也得到了很好的应用。

图 1.12　陆地机器人

1.3.2　按照移动机构分类

一般而言，移动机器人的移动机构主要分为轮式、足式及履带式移动机构，除此之外，还有步进式、蠕动式、蛇行式、混合式移动机构，每种特殊的移动机构分别适用于各种不同的工作环境和场合。移动机器人类别中的仿生机器常采用与某种生物移动方式相似的移动机构，例如，机器鱼采用尾鳍推动式移动机构，蛇类机器人采用蛇行式移动机构等。

1. 轮式移动机器人

轮式移动机器人通常被应用在平坦的地区，在这种环境中，其移动机构的优越性使得它能够获得较高的移动效率，因此这种移动机构是目前应用最多的一种。

轮式移动机器人具有运动速度快的优点，只是越野性能不太强，适于室内、硬路面等平整地面，特别不适合松软或崎岖地面。按照车轮数目，虽然不能对轮式移动机器人进行严格的归类，但是不同的车轮数目依然决定了不同的控制方式，如滚动机器人和四轮机器人显然在控制原理上是不同的。

美国的 Nomad 和日本的 Nissan rover 都是四轮机器人。四轮机器人（见图 1.13）的优点在于车轮数少、结构相对简单、便于控制，其缺点是车体的抗震动性能较差，抗倾覆能力也差，同时承载能力有限，载荷容易分布不均而出现偏重现象。另外，若采用四轮结构，一般都需要设置弹簧和阻尼器等隔震设施，无形中增加了结构的复杂程度，同时也降低了车辆结构的可靠性，缩小了机器人的使用范围。

图 1.13　四轮机器人

从目前公开的资料来看，五轮机器人的研究较少，仅有日本空间与航天科学研究所（Institute of Space and Astronautical Science，ISAS）研究的 Micro-5 机器人和上海交通大学研究的五轮铰接式机器人。Micro-5 机器人采用的是一种左右车身分体式结构，行走机构名为 PEGASUS 结构。在传统的四轮结构基础上，它在左右车身之间增加了一个连杆和一个车轮，来帮助其余四个车轮越障。所以，这种结构的越障能力较强。

六轮机器人（见图 1.14）结构简单、便于实现控制、质量也小，可以为车载仪器提供一个稳定的平台。不过，它也存在一定的缺点，其越障能力不如四轮机器人。

图 1.14　六轮机器人

八轮机器人的优点是驱动力强、承载能力较强、载荷分布也较平均，有利于车体稳定。但其结构复杂、质量增加，越障能力和转向功能明显不如四轮和六轮结构的。因此，在国内外公开的资料中，这种结构并没有得到真正的应用，仅仅停留在试验阶段。

2．足式移动机器人

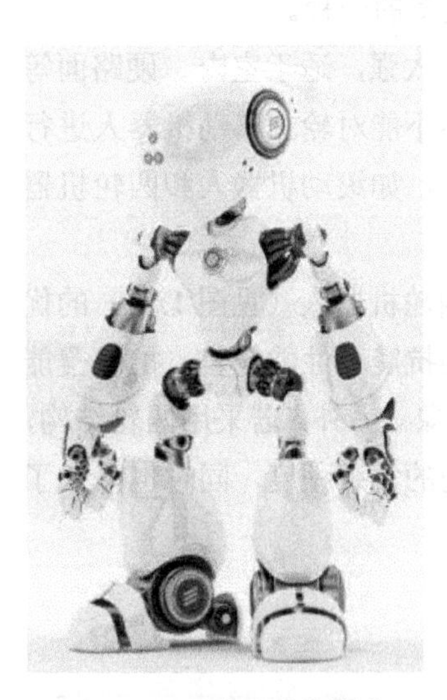

图 1.15　足式移动机器人

足式移动机器人根据足数可以分为单足、双足、三足、四足、六足、八足，或者更多。足的数目越多，机器人越适用于重载和慢速场合。其中，双足和四足具有最好的适应性和灵活性，所以用得最多。足式移动机器人如图 1.15 所示。

足式移动机器人的运动轨迹是一系列离散的足印，轮式和履带式移动机器人的则是一条条连续的辙迹。崎岖地形中往往含有岩石、泥土、沙子甚至峭壁和陡坡等障碍物，可以稳定支撑机器人的连续路径十分有限。这意味着轮式和履带式移动机器人在这种地形中已经不适用，而足式移动机器人运动时只需要离散的点接触地面，对这种地形的适应性较强，因此，足式移动机器人对环境的破坏程度也较小。

足式移动机器人的腿部具有多个自由度，使运动的灵活性大大增强。它可以通过调节腿的长度保持身体水平，也可以通过调节腿的伸展程度调整重心的位置，因此不易翻倒、稳定性更高。足式移动机器人的身体与地面是分离的，这种机械结构的优点在于，足式移动机器人的身体可以平稳地运动而不必考虑地面的粗糙程度和腿的放置位置。当足式移动机器人需要携带科学仪器和工具工作时，它首先将腿部固定，然后精确地控制身体在三维空间中运动，这样就可以达到对对象进行操作的目的。

当然，足式移动机器人也存在一些不足之处。比如，为使腿部协调而稳定地运动，从机械结构的设计到控制系统的算法都比较复杂；相比于自然界的节肢动物，足式移动机器人的机动性还有很大差距。足式机构具有出色的越野能力，曾经得到机器人专家的广泛重视，取得了较大的成果。根据足的数量分类，有三足、四足、五足和六足等各种行驶机构。这里我们简单介绍一种典型的六足机构。

一般六足机构都采用变换支撑腿的方式，将整体的重心从一部分腿上转移到另一部分腿上，从而达到行走的目的。行走原理：静止时，由六条腿支撑机器人整体；需要移动时，其中三条腿抬起成为自由腿（腿的端点构成三角形），机器人的重心便落在三条支撑腿上，然后自由腿向前移动，移动的距离和方位由计算机规划，但必须保证着地时自由腿的端点构成三角形。最后支撑腿向前移动，重心逐渐由支撑腿过渡到自由腿，这时自由腿变成支撑腿，支撑腿变成自由腿，从而完成一个行走周期。

足式移动机器人特别是六足移动机器人（见图1.16），具有较强的越野能力，但结构比较复杂，而且行走速度较慢。

图1.16　六足移动机器人

3．履带式移动机器人

履带式移动机器人主要指搭载履带底盘机构的机器人（见图1.17），它也适用于起伏不平的路面，具有牵引力大、不易打滑、越野性能好等优点，但履带式移动机器人由于其移动机构的限制，一般情况下，其体型较大、功耗也大、传动效率不高，只适用于保持低速状态运行。因此，履带式移动机器人适合在路面条件较差、负载要求高，但速度要求较低的情况下工作。

图1.17　履带式移动机器人

履带最早出现在坦克和装甲车上，后来出现在某些地面行驶的机器人上。它具有良好的稳定性能、越障性能和较长的使用寿命，适合在崎岖的地面上行驶，但是当地面环境恶劣时，履带很快会被磨损甚至磨断，沉重的履带和繁多的驱动轮使得整体机构笨重不堪，消耗的功率也相对较大。此外，履带式机构复杂，运动分析及自主控制设计十分困难。

履带式移动机器人是一种通用机器人平台，根据用途的不同，可以在移动机器人上加装不同的功能模块和传感器，以完成复杂环境下的救援、侦查、排爆、扫雷、伤员撤离等任务。加装了遥控控制电路、主云台摄像头、多个从摄像头、MTI微惯导单元和激光扫描测距传感器，移动机器人可以在人的远程遥控下运动和作业。

1.4 移动机器人的关键技术

移动机器人是具备运动能力的自动化设备，可在其工作环境中自主运行，不必安装在固定的位置。由于移动机器人具有更大的灵活性，现在已经成为当代机器人技术研究的一个焦点。一般来说，移动机器人可不同程度地实现“感知—规划—控制”的闭环工作流程，移动机器人的工作流程如图 1.18 所示。

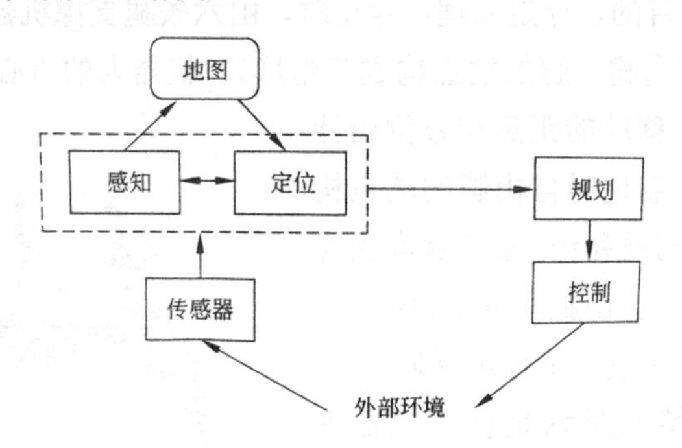

图 1.18　移动机器人的工作流程

移动机器人通过传感器对外部环境进行感知和定位，根据指定的目标进行运动的规划，并通过控制执行，最终完成移动机器人的任务。感知主要解决“这是哪里”的问题，实现障碍物检测、目标识别和环境建模（地图构建）等任务；定位主要解决“我在哪里”的问题，完成在地图已知或地图未知的情况下自主确定移动机器人位置的任务；规划和控制主要解决“我要如何去”的问题，完成根据指定的目标（位置）规划出一系列动作（路径和轨迹）并执行的任务。移动机器人在工作过程中涉及多项技术，其中环境建模、自主定位和导航规划是移动机器人的 3 个关键技术。

1.4.1　环境建模

环境建模是指通过感知建立环境模型的过程，即建立移动机器人工作环境中的各种物体，如障碍、路标等准确的空间位置描述，即空间模型或地图。地图是环境模型的一种表达方式，是移动机器人定位导航的基础。通过环境感知信息和地图信息的匹配，可以定位移动机器人在环境中的位置；根据地图中记录的障碍物位置，可以规划移动机器人从当前点到目标点的可行路径。

为了简化问题，通常会用一个质点来表示移动机器人，将环境中的障碍物进行比例缩放处理，然后在此基础上进行环境建模。环境建模有若干种方法，常用的有可视图法、Voronoi 图法、自由空间法、拓扑图法、栅格法等。

可视图法通过将环境中的障碍物抽象成若干个多边形，然后将所有障碍物多边形的每个端点与其可见端点（包括起始点和目标点）用直线进行组合连接，并确保这些直线与所有的障碍物均不相交，这就形成了一张可视图，如图 1.19 所示。Voronoi 图法是一种对可视图法进行改进的方式，它是由与最近的两个或多个障碍物边界（包括机器人所在的环境边界）距离相等的所有点组成的轨迹图。Voronoi 图法如图 1.20 所示。

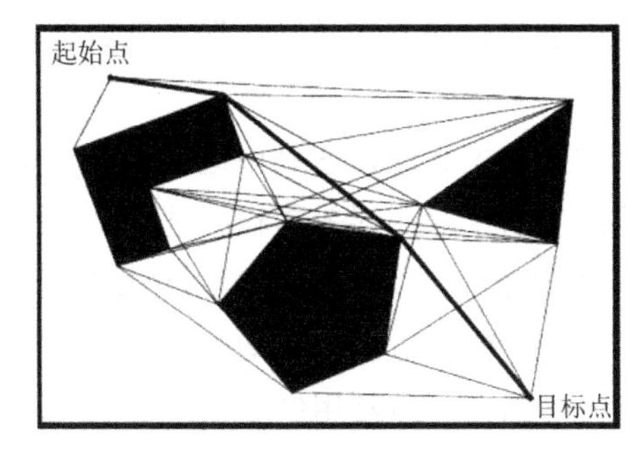

图 1.19 可视图法

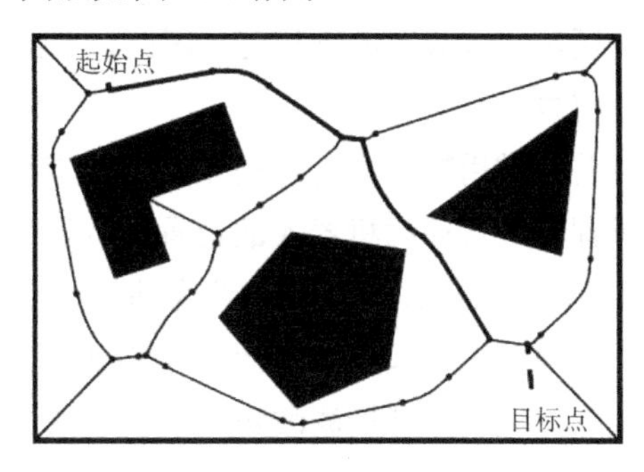

图 1.20 Voronoi 图法

自由空间法使用自由凸区域来构建移动机器人所处环境中障碍物之间的自由空间，且用连通图表示这些构建出的自由空间，并通过搜索连通图的方式来生成无冲突路径。连通图的构建方式为：选取自由凸区域之间的公共连接线的中点作为节点，然后连接这些节点，构成的相应的网络图为允许移动机器人运动的路径。拓扑图法是一种降维的方法，它能够将高维几何空间中的路径规划问题转化为低维空间中的连通性判别问题。具体的过程是：首先需要将移动机器人所在的工作空间划分成一系列连通子空间，然后利用这些连通子空间的拓扑特性构建相应的拓扑网络，建立拓扑网络后，就能够得到从起始点到目标点的移动机器人运动路径。栅格法将移动机器人获取的环境信息进行二值化处理，分解成一系列大小相同的栅格单元，其大小与移动机器人的尺寸相关。若栅格范围内不含障碍物，则称其为自由栅格；否则，称其为障碍物栅格。从起始点所在的栅格出发，避开所有的障碍物栅格和边界，最终到达目标点所在栅格的路线为规划的路径。

1.4.2 自主定位

自主定位是指确定移动机器人在世界坐标系中的位置/位姿，移动机器人的自主定位如图 1.21 所示。对于实现智能化的移动机器人来说，移动机器人的自主定位能力让移动机器人可以获得自己所在的位置，以便更好地实现导航及后续的其他功能。移动机器人的定位方式的选择取决于所采用的传感器类型，根据所利用的信息，自主定位主要分为以下 3 种：相对定位，如航位推算；绝对定位，如全球定位系统（Global Positioning System，GPS）、基于视觉的位置识别；组合定位。

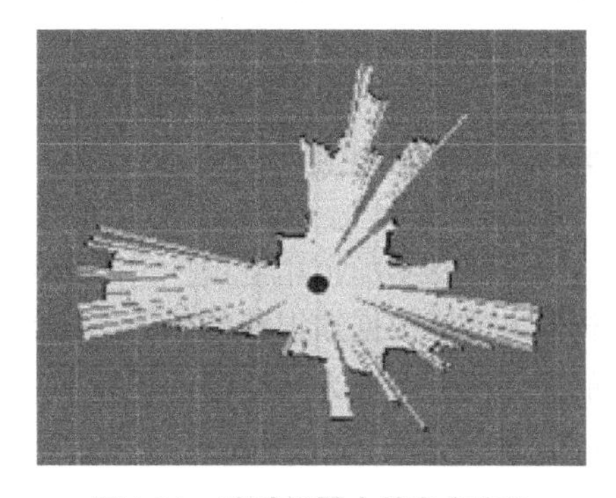

图 1.21 移动机器人的自主定位

定位是移动机器人要解决的 3 个基本问题之一。虽然 GPS 已能提供高精度的全局定位，但其应用具有一定局限性，如在室内 GPS 的信号很弱；在复杂的城区环境中常常由于 GPS 的信号被遮挡、多径效应等原因造成定位精度下降、位置丢失；而在军事应用中，GPS 的信号还常受到敌军的干扰等。因此，不依赖 GPS 的定位技术在移动机器人领域具有广阔的应用前景。

目前最常用的自主定位技术是基于惯性单元的航位推算法，它利用运动估计（惯导系统或里程计）对移动机器人的位置进行递归推算。但由于存在误差累积问题，航位推算法只适用于短时、短距离运动的位姿估计，对于大范围的定位常利用传感器对环境进行观测，并与环境地图进行匹配，从而实现移动机器人的精确定位。可以将移动机器人的位姿看作系统状态，运用贝叶斯滤波对移动机器人的位姿进行估计，最常用的算法是卡尔曼滤波定位算法、马尔可夫定位算法、蒙特卡罗定位算法等。

由于惯导系统和里程计的误差具有累积性，经过一段时间必须用其他定位方法进行修正，所以不适用于远距离精确导航定位。近年来，一种在确定自身位置的同时构造环境模型的方法常被用来解决移动机器人的定位问题。这种被称为同步定位与地图构建（Simultaneous Localization And Mapping，SLAM）的方法是移动机器人智能水平的最好体现，是否具备 SLAM 的能力被许多人认为是移动机器人能否实现自主的关键前提条件。

近十年来，SLAM 方法发展迅速，在计算效率、一致性、可靠性等方面取得了令人瞩目的进展。SLAM 的理论研究及实际应用提高了移动机器人的定位精度和地图构建能力。其中代表性的方法有：将 SLAM 与运动物体检测和跟踪（Detection And Tracking Moving Objects，DATMO）的思想相结合，利用二者各自的优点；用于非静态环境中构建地图的机器人对象建图算法（Robot Object Mapping Algorithm，ROMA），用局部占据栅格地图对动态物体建立模型，采用地图差分技术检测环境的动态变化；结合最近点迭代算法和粒子滤波的 SLAM 方法，利用迭代最近点（Iterative Closest Point，ICP）算法对相邻两次激光扫描数据进行配准，并将配准结果代替误差较大的里程计读数，以改善基于里程计的航位推算；应用二维激光雷达实现对周围环境的建模，同时采用基于模糊似然估计的局部静态地图匹配的方法等。

1.4.3 导航规划

导航规划是指在给定环境的全局或局部知识及一个或一系列目标点的条件下，使移动机器人能够根据知识和传感器感知的信息高效可靠地规划出合适的路径并到达目标点。导航规划问题可分为无地图的导航、基于地图的导航，主要问题有路径规划、避障规划、轨迹规划。

路径规划也是移动机器人研究领域的一个重要分支。最优路径规划就是依据某个或某些优化准则（如工作代价最小、行走路线最短、行走时间最短等），在移动机器人工作空间中找到一条从起始点到目标点、可以避开障碍物的最优路径。移动机器人的导航规划如图 1.22 所示。

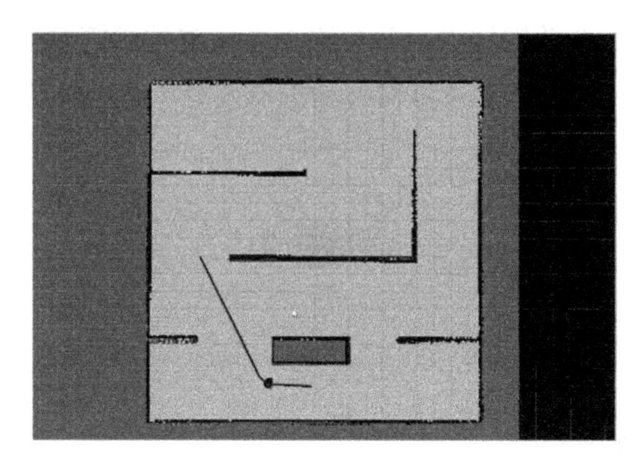

图 1.22　移动机器人的导航规划（左下方线为规划出来的路径）

根据对环境信息的掌握程度，移动机器人的路径规划可分为全局路径规划和局部路径规划。

全局路径规划是指在已知的环境中，给移动机器人规划一条路径，路径规划的精度取决于环境获取的准确度。全局路径规划可以找到最优解，但是需要预先知道环境的准确信息，当环境发生变化，如出现未知障碍物时，该方法就无能为力了。它是一种事前规划，因此对移动机器人系统的实时计算能力要求不高，虽然规划结果是全局的、较优的，但是对环境模型的错误及噪声的鲁棒性差。

局部路径规划是在环境信息完全未知或有部分可知的情况下进行的，侧重于考虑移动机器人当前的局部环境信息，让移动机器人具有良好的避障能力，通过传感器对移动机器人的工作环境进行探测，以获取障碍物的位置和几何性质等信息。这种规划需要搜集环境数据，并且对该环境模型的动态更新能够及时校正。局部路径规划方法将对环境的建模与搜索融为一体，要求机器人系统具有高速的信息处理能力和计算能力，对环境误差和噪声有较高的鲁棒性，能对规划结果进行实时反馈和校正，但是由于缺乏全局环境信息，所以规划结果有可能不是最优的，甚至可能找不到正确路径或完整路径。

全局路径规划和局部路径规划并没有本质上的区别，很多适用于全局路径规划的方法经过改进可以适用于局部路径规划，而适用于局部路径规划的方法同样经过改进也可以适用于全局路径规划。两者协同工作，移动机器人才能更好地规划从起始点到目标点的行走路径。

1.5　本章小结

本章主要从整体上对移动机器人进行了概括，首先对移动机器人的基本概念进行介绍，其次概述了移动机器人的发展历程。然后根据应用场景和移动机构，对移动机器人进行分类。最后介绍了移动机器人在工作过程中涉及的多项技术，其中环境建模、自主定位和导航规划是移动机器人的 3 个关键技术，并对这 3 个关键技术简要说明。本章作为后续章节介绍的背景和基础知识，学习本章可以对移动机器人有一个整体的了解和认识。

习题 1

一、选择题

1．机器人三原则是由谁提出的？（　　）

A．阿西莫夫　　B．马文·明斯基

C．约翰·冯·诺依曼　　D．维纳

2．（　　）年，捷克剧作家卡雷尔·恰佩克在他的《罗素姆的万能机器人》剧本中，第一次用了机器人（Robot）这个词。

A．1920　　B．1930　　C．1940　　D．1950

3．移动机器人涉及哪些技术？（　　）

A．计算机技术　　B．通信技术　　C．微电子技术　　D．机器人技术

4．移动机器人的优势是什么？（　　）

A．具有移动功能，相对于固定式的机器人，没有由于位置固定带来的局限性。

B．降低运行成本，使用移动机器人作业可减少开销并降低维护成本。

C．可以在危险的环境中提供服务，如不通风、核电厂等场景。

D．可以为人类提供许多其他方面的服务，如物资配送、巡检等。

5．1959 年，德沃尔与美国发明家（　　）研究出世界上第一台工业机器人。

A．约翰·冯·诺依曼　　B．约瑟夫·英格伯格

C．蒂姆·伯纳斯·李　　D．阿兰·麦席森·图灵

6．按照应用场景，移动机器人可分为？（　　）

A．空中机器人　　B．水下机器人　　C．陆地机器人

7．按照移动机构，移动机器人可分为？（　　）

A．轮式移动机器人　　B．足式移动机器人　　C．履带式移动机器人

二、填空题

1．移动机器人的关键技术有_____、_____、_____。

2．环境建模的常用方法有_____、_____、_____、_____、_____。

第 2 章　移动机器人的结构

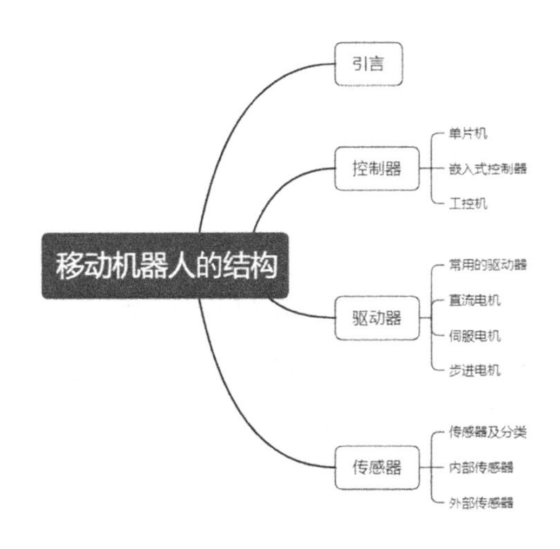

本 章 导 读

在了解了移动机器人的基本概念、发展、特点及研究方法等入门知识后，我们现在来学习移动机器人的结构。本章主要介绍移动机器人硬件系统的重要组成部分——控制器、驱动器和传感器，并对移动机器人主要用到的控制器、驱动器和传感器进行介绍。读者应在理解移动机器人中常用的控制器、驱动器和传感器都有什么之后，掌握其作用和实现原理。

本 章 要 点

- 移动机器人中常用的控制器和它们的区别
- 移动机器人中常用的驱动器和它们的驱动特点
- 移动机器人中常用的传感器和它们的工作原理

2.1 引言

移动机器人的硬件系统主要由控制器、驱动器、传感器和运动机构组成，如图 2.1 所示。移动机器人首先通过传感器感知自身内部状态和环境信号，然后将信号传递给控制器，控制器做出相应的决策，将控制信号传递给驱动器，驱动器再根据控制指令驱动移动机器人的运动机构，实现移动机器人的运动和作业。运动控制可以由电机直接驱动，也可以由电机通过传动系统或链条系统驱动。

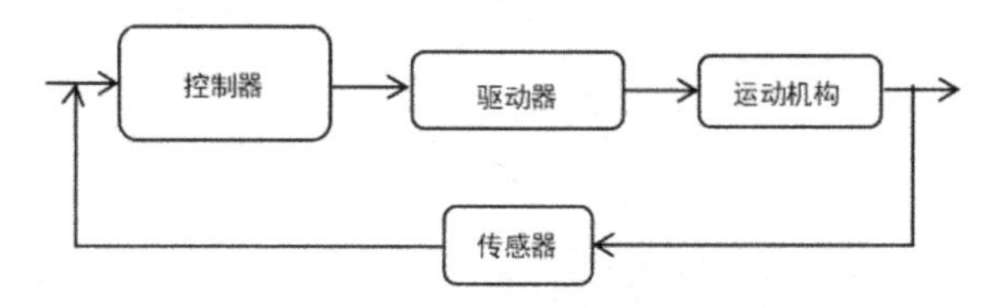

图 2.1　移动机器人的硬件系统

在移动机器人中，传感器用于感知移动机器人自身和环境的状态。传感器对于移动机器人，与感觉器官对于人类大体无异。移动机器人的内部传感器用于测量移动机器人的关节或末端执行器的位置、速度和加速度，检测移动机器人的内部状态。除了检测移动机器人自身的工作状态，移动机器人的视觉、触觉、力觉等对外部环境的感知也都由传感器提供。传感器把获取的信号传递给控制器，控制器做出相应的决策，最后移动机器人做出适当的行为，从而有效地工作。因此，传感器在移动机器人的控制中起到非常重要的作用。

如果说传感器是移动机器人的感官，驱动器可以说是移动机器人的肌肉组织。移动机器人的驱动器可以驱动运动机构，当控制器根据传感器信息给出控制指令时，需要驱动器驱动移动机器人运动。驱动输入的是电信号，输出的是线、角位移量。作为移动机器人的核心部分，控制器相当于移动机器人的“大脑”，它将各个系统组织起来，以便移动机器人实现任务，故控制器是影响移动机器人性能的关键。由于移动机器人要通过与环境互动完成任务，所以移动机器人控制器的信息处理能力和实时控制性能的好坏决定了移动机器人性能的优劣。有了传感器、驱动器之后，再加上控制器，并给予一定的控制算法，便可实现移动机器人的自主运动。

2.2 控制器

目前，移动机器人中常用的控制器有单片机、嵌入式控制器、工控机等，它们的尺寸、价格和性能都有很大差异。根据移动机器人的功能和作业复杂度，选择能满足功能且性价比高的控制器。

2.2.1 单片机

单片机（Single Chip Microcomputer）是一种集成电路芯片，采用超大规模集成电路技术，在一块硅片上集成中央处理器、随机存储器、只读存储器、各种I/O结构和中断系统、定时器/计数器等，相当于一个微型计算机系统。其体积比较小、质量小、价格低，同时有良好的可靠性和抗干扰性，是移动机器人控制中非常重要的控制器之一。

2.2.2 嵌入式控制器

嵌入式控制器（Embedded Controller）是用于执行指定独立控制功能并拥有复杂方式处理数据能力的控制系统。它是由嵌入式微电子技术芯片（包括微处理器芯片、定时器、序列发生器或控制器等一系列微电子器件）控制的电子设备或装置，用于控制、监视或者辅助操作。嵌入式系统的体系结构可开放性好、可伸缩性强，具有可裁剪性好、实时性强、操作简单方便、稳定性强等优点。广义上讲，单片机属于嵌入式系统的一个分支，嵌入式系统是一个大类，而单片机是其中一个重要的子类。单片机与嵌入式系统的区别如表2.1所示。常用的嵌入式控制器有ARM（Advanced Risc Machines）、DSP（Digital Signal Processor）、FPGA（Field Programmable Gate Array）等。以树莓派（Raspberry Pi）控制器为例，树莓派不同于Arduino，它更像一个小型的计算机，是一款基于ARM的微型计算机主板，连接上显示器，就可用在移动机器人控制器上，主要实现移动机器人的相互通信、外部传感器的数据采集、其他外设连接等控制系统的基础功能。基于机器人操作系统（Robot Operating System，ROS）的SLAM技术可以运行在树莓派上，它在SLAM中应用出色。

表2.1 单片机与嵌入式系统的区别

单 片 机	嵌入式系统
单片机由运算器、控制器、存储器、输入/输出设备构成	嵌入式系统由嵌入式微处理器、外围硬件设备、嵌入式操作系统、特定的应用程序组成
单片机是包含微控制电路和通用输入/输出接口器件的集成电路芯片	嵌入式系统可用单片机实现，也可用其他可编程的电子器件实现
单片机自身为主体，是通用的电子器件	嵌入式系统被嵌入安装在目标应用系统内。嵌入式系统在控制关系上是主导的，是控制目标应用系统运行的逻辑处理系统，是一个专用系统

2.2.3 工控机

工控机（Industrial Personal Computer，IPC）的全称为工业控制计算机，是一种采用总线结构，对生产过程及机电设备、工艺装备进行检测与控制的工具总称。工控机具有重要的计算机属性和特征，如具有计算机主板、中央处理器（Central Processing Unit，CPU）、硬盘、内存、外设及接口，并有操作系统、控制网络和协议、计算能力及友好的人机界面。工控行业的产品和技术非常特殊，属于中间产品，为其他各行业提供稳定、可靠、嵌入式、智能化的工业计算机。

工控机的主要类别有基于 PC 总线工业计算机、可编程逻辑控制器（Programmable Logic Controller，PLC）、分布式控制系统（Distributed Control System，DCS）、现场总线控制系统（Fieldbus Control System，FCS）及数控系统（Numerical Control System，NCS）5 种。

2.3 驱动器

2.3.1 常用的驱动器

在移动机器人系统中，驱动器（Actuator）是用来使移动机器人发出动作的动力机构，它可将电能、液压能和气压能转换为动能。对于移动机器人，主要有 3 种不同类型的驱动系统：电机驱动系统、液压驱动系统和气动驱动系统。3 种驱动方式各有特点，其对比如表 2.2 所示。

表 2.2 移动机器人驱动方式的对比

驱动方式	主要特点	主要优点	不足之处
电机驱动	可以由直流电机、伺服电机或步进电机完成	适合旋转关节和线性关节，是小型移动机器人和精密应用的完美选择。具有更好的准确性和重复性，控制调节简单、稳定性较好	力矩小、刚度低，常常需要配合减速器使用
液压驱动	质量小、尺寸小、动作平稳、动力大、力与惯量比大、快速响应、易于实现直接驱动	适用于大型移动机器人，提供高功率、快速响应	易漏油，液压驱动系统的液体泄漏会对环境造成污染，维护困难；不确定性和非线性因素多，工作噪声比较大
气动驱动	使用可压缩流体，通常是压缩空气。可以在任务完成时释放大量可用的、易于访问的电源介质	相比于液压驱动，气动驱动的压力使得系统非常安全。与所有液体不同的是，空气具有良好的动态性能，无黏度、低刚度（高柔度）。气动驱动主要用于小型、简单的移动机器人执行“取放”任务，特别适用于小于 5 个自由度的小型移动机器人。气源获得方便、成本低、动作快	输出功率小、体积大、工作噪声较大、控制精度较差，难以实现伺服控制

1．电机驱动

电机驱动在移动机器人中最常用。电机驱动系统是利用各种电动机产生的力矩和力，直接或间接地驱动移动机器人本体以获得移动机器人的各种运动的执行机构。目前常用的电机有直流电机、伺服电机和步进电机，它们能将输入的电信号转换成电机轴上的角位移或角速度输出。深圳市大疆创新科技有限公司设计生产的教学和娱乐型移动机器人“机甲大师（RoboMaster）S1”（见图 2.2）是典型的电机驱动的移动机器人。RoboMaster S1 的轮组由 4 个各含 12 个辊子的麦克纳姆轮构成，可实现全向平移及任意旋转，配合前桥悬挂，全向移动实现自由走位。RoboMaster S1 上装配 M3508I 无刷电机，内置集成式 FOC 电调，输出转矩高达 0.25N • m，动力强悍。电机控制上采用线性霍尔传感器配合速度闭环控制算法，能够实现精细操控。无刷电机上有过压保护、过热保护、缓启动保护及短路保护等多重保护机制，以增强其控制的稳定性。

图 2.2　移动机器人“机甲大师（RoboMaster）S1”

2．液压驱动

以打造像人或动物那样能够在现实世界中灵活移动工作的移动机器人为目标，波士顿动力公司早在 2005 年就推出一款液压驱动的四足机械移动机器人——Big Dog（大狗）。它抛开传统的轮式或履带式移动机器人结构，参考哺乳动物的身躯四肢结构，机械式地组装四肢关节，通用性强，以便适应更多的地形地貌。

3．气动驱动

相比于液压驱动，气动驱动更加适合于小型移动机器人。长期以来，移动机器人界都想开发出通体由软体材料构成的移动机器人，但柔性电池和电路板的开发是一大难点。哈佛大学的研究人员另辟蹊径，研制出世界上第一个完全软体且自我驱动的移动机器人——“小章鱼”。

除了上述 3 种常用的驱动方式以外，还有一些特殊的驱动方式，如光化学反应材料、化学反应材料、形状记忆合金等智能材料的驱动。智能材料会对外界给予的刺激做出反应，这些刺激包括光、力、电场、磁场、温度等。通常，这些反应的规模都很小，因此，这种类型的驱动器主要用在体积小、微型的移动机器人上。

由于移动机器人常用电机驱动，因此接下来着重介绍电机驱动。

2.3.2　直流电机

直流电机是移动机器人的核心硬件，需要活动的地方就需要直流电机驱动，比如轮子的运动、手臂的运动、头部的运动、手指的运动等。直流电机又称直流电动机（Direct Current Motor），是一种以直流电驱动运行的电动机，能将直流电能转换成机械能，广泛应用在工业风扇、鼓风机和泵、机床、家用电器、电动工具、磁盘驱动器等。根据是否配置有常用的电刷换向器，可以将直流电机分为有刷直流电机和无刷直流电机。

1．有刷直流电机

有刷直流电机的结构由定子和转子两大部分组成，其结构如图 2.3 所示。直流电机运行时静止不动的部分称为定子，定子的主要作用是产生磁场，由机座、主磁极、换向极、端盖、轴承和电刷装置等组成。直流电机运行时转动的部分称为转子，转子的主要作用是产生电磁转矩和感应电动势，是直流电机进行能量转换的枢纽，所以通常又称为电枢，由电机轴、电枢铁心、电枢线圈、换向器等组成。有刷直流电机通过机械式电刷改变电机线圈中的电流，电刷接触电流变换器，将电流导入线圈。它的成本低、结构比较简单、启动转矩大、调速范围宽，而且容易实现控制，换碳刷时维护方便。但有刷直流电机会产生电磁干扰，使用寿命有限，对使用环境有一定要求，因此通常用于对成本敏感的普通工业和民用场合。

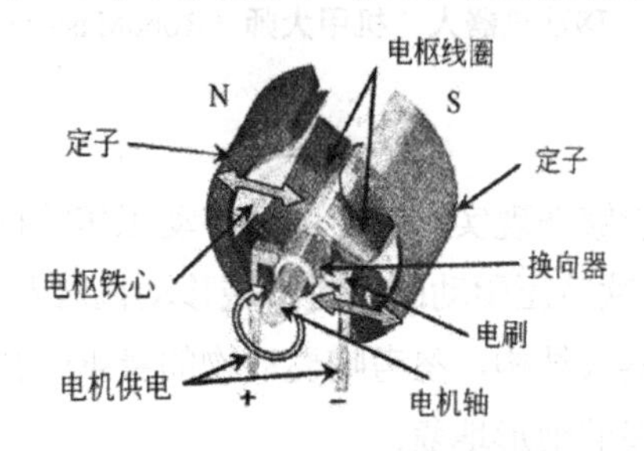

图 2.3　有刷直流电机的结构

2．无刷直流电机

相对于有刷直流电机，无刷直流电机是一种较新的电机技术。现代的无刷直流电机实际上也是一种永磁式同步电机。图 2.4 所示为常用的一种三相无刷直流电机，其中转子由永磁铁组成，定子上存在着多相绕组。

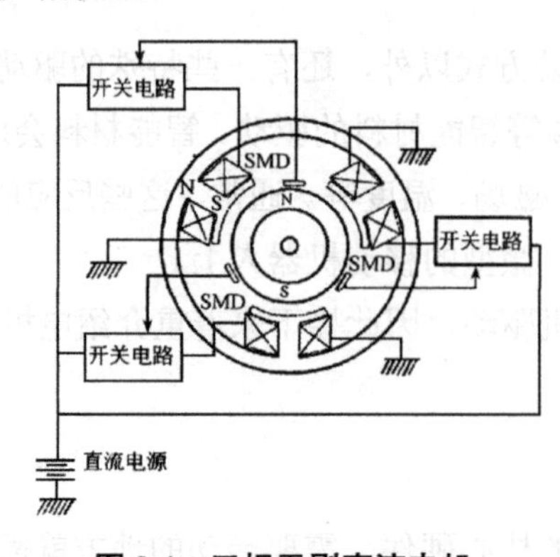

图 2.4　三相无刷直流电机

和有刷直流电机一样，无刷直流电机的工作原理也是改变电机内部绕组的极性，线圈通电时产生的磁场对壳体外部的永磁体施加推力或拉力。在无刷直流电机上转动的不是电机轴，而是外壳。由于与绕组相连的中心轴是静止的，因此可以直接将电源输送到绕组上，从而也就不需要电刷了。没有了电刷，无刷直流电机的磨损速度要比有刷直流电机慢得多，运行时的噪声也要小得多，速度也要快得多。无刷直流电机通过外壳旋转，它和内部固定绕组之间的唯一物理连接是滚珠轴承，这种机构意味着无刷直流电机的磨损相对有刷直流电机缓慢很多。与其他类型的直流电机相比，无刷直流电机的运行效率非常高，这意味着在相同的输出功率下，与有刷直流电机相比其功耗更低。无刷直流电机的体积小、质量小、出力大、响应快、速度高、惯量小、力矩稳定、转动平滑，在多旋翼飞机上得到了广泛的应用。然而，无刷直流电机需要专门的控制器和复杂的控制算法才能正常工作。

直流电机需要在其工作电压范围内的电源，工作电压一般为使直流电机达到最佳效率的推荐电压范围。较低的电压通常能转动直流电机，但会提供较低的输出功率。较高的电压虽然能增加输出功率，但会损害直流电机的使用寿命。施加恒定电压时，直流电机汲取的电流与做的功成正比。如果移动机器人推墙壁，由于墙壁对直流电机产生阻力，它会比在开放空间中自由移动时消耗更多的电流（即消耗更多的电池）。

2.3.3　伺服电机

伺服电机用于驱动移动机器人的关节，要有最大功率质量比和扭矩惯量比、高启动转矩、低惯量和较宽广且平滑的调速范围，特别是移动机器人的末端执行器（手爪）应采用体积、质量尽可能小的电机，尤其在要求快速响应时，伺服电机必须具有较高的可靠性，并且有较强的短时过载能力。目前，高启动转矩、大转矩、低惯量的交/直流伺服电机在工业移动机器人中得到广泛的应用。

伺服电机是移动机器人中常见的一种电机，可以直接或间接地驱动移动机器人本体获得移动机器人的各种运动，也是自动控制系统中广泛应用的一种执行元件。伺服系统使物体的位置、方位、状态等输出能够跟随输入量（或给定值）的任意变化而变化。伺服电机由直流电机、变速箱、位置传感器和控制电路组成，通过自带的位置传感器对电机轴旋转的角度（位置）进行反馈构成闭环控制，从而确保输入和输出一致。

直流电机的转速高、扭矩小，通过变速箱可以将速度降低到所需的程度，同时增大扭矩。在工业型伺服电机中，位置传感器通常是高精度编码器，而在较小的伺服电机中，位置传感器通常是一个简易的电位器。位置传感器的精度，如编码器的线数，在很大程度上决定了伺服电机的精度。首先这些设备捕获的实际位置被反馈到误差检测器，在那里将其与目标位置进行比较。然后控制器根据误差校正伺服电机的实际位置以匹配目标位置。伺服电机中的编码器又分为增量和绝对值两种，用于反馈速度和位置，有的机械结构可能容易产生相对滑动，会额外增加外部的编码器，如光栅尺，用于控制位置环。

按使用电源性质的不同，伺服电机分为直流伺服电机和交流伺服电机。其中，交流伺服电机无电刷和换向器，对维护和保养的要求低、工作可靠，定子绕组散热方便。同时，交流伺服电机的惯量小，易于提高系统的快速性，适合高速、大力矩的工作状态。

舵机（Steering Gear）是移动机器人中最常用的伺服电机系统，主要用于转向或转舵的驱动与控制。按照舵机的转动角度分为 180° 舵机和 360° 舵机。180° 舵机只能在 0°～180° 运动，超过这个范围，轻则齿轮打坏，重则烧坏舵机电路或舵机中的电机。360° 舵机转动的方式和普通的直流电机类似，可以连续转动。按照舵机的信号处理方式分为模拟舵机和数字舵机。由于舵机的价格低廉、结构紧凑，因此能够满足很多低端需求，移动机器人常采用舵机实现转向的驱动。

2.3.4 步进电机

步进电机在移动机器人领域应用广泛，最常见的是车轮，步进电机能够非常方便地实现加速、减速、前进和后退。

作为一种开环控制电机，步进电机因其旋转以固定角度一步一步进行，所以称为步进电机。它把电脉冲信号转变成角位移或线位移，在规定范围内，它的转速和转角由脉冲信号的频率和脉冲数决定，而不受负载影响。当接收到一个脉冲信号时，步进电机会按设定的方向转动一个固定的角度，称为步进角。步进角取决于步进电机的结构和驱动方式，步进电机根据类型的不同有各种各样的角度，如 7.5°、15° 等。以步进角等于 15° 的步进电机为例，每输入一个脉冲，便旋转 15°，最终旋转角度与脉冲数成正比。可以通过控制脉冲数控制角位移量，从而达到准确定位的目的。同时，可以通过控制脉冲频率控制步进电机转动的速度和加速度。若输入脉冲的周期长，则电机转得慢；相反，若输入脉冲的周期短，则电机转得快，从而达到调速的目的。此外，步进电机只有周期性误差，而无累积误差。它必须使用专门的步进电机驱动器才能工作，不能直接接到交流或直流电源上。

由于是开环控制的，步进电机的结构简单、可靠性不高，速度正比于脉冲频率，有比较宽的转速范围。其控制不当时容易产生共振，且难以运转到较高的转速，也难以获得较大的扭矩，能源利用率低。但步进电机的点位控制性能好、没有累积误差、易于实现开环控制，能够在负载力矩适当的情况下，以较低的成本与复杂度实现步进电机的同步控制。

2.4 传感器

要使移动机器人拥有智能、对环境变化做出反应，移动机器人须具有感知环境的能力。首先，用传感器采集信息是移动机器人智能化的第一步。其次，如何采取适当的方法将多个传感器获取的环境信息加以综合处理，控制移动机器人进行自主导航和智能作业则是提高移动机器人智能化程度的重要体现。因此，传感器及其感知处理系统是构成移动机器人智能的重要部分，它为移动机器人自主导航和智能作业提供决策依据。移动机器人的感知处理系统通常由多种传感器组成，用于感知移动机器人的自身状态和外部环境，通过此信息决策控制移动机器人完成特定或多项任务。目前，使用较多的移动机器人传感器有姿态传感器、接近觉传感器、距离传感器、视觉传感器等。本节主要介绍移动机器人常用的传感器及其工作原理。

2.4.1 传感器及其分类

研究移动机器人，首先从模仿人开始。通过考察人的劳动发现，人类是通过 5 种熟知的感官（视觉、听觉、嗅觉、味觉、触觉）接收外界信息的。这些信息通过神经传递给大脑，大脑对这些分散的信息进行加工、综合后发出行为指令，调动肌体（如手、足等）执行某些动作。移动机器人代替人类劳动，可以发现当今的计算机与大脑相当，移动机器人的机构本体（执行机构）与肌体相当，移动机器人的各种外部传感器与五官相当。也就是说，计算机是人类大脑或智力的外延，执行机构是人类肌体的外延，传感器是人类五官的外延。移动机器人要获得环境的信息，同人类一样需要通过感觉器官得到信息。人类具有 5 种感觉，即视觉、听觉、嗅觉、味觉和触觉，而移动机器人是通过传感器得到这些感觉信息的。

传感器处于连接外界环境与移动机器人的接口位置，是移动机器人获取信息的窗口。自主导航的移动机器人需要一些固定式机器人不需要的特殊传感器。从安全方面考虑，非常有必要为移动机器人配备多个传感器，例如，使移动机器人避免碰撞或利用传感器反馈的信息进行导航、定位及寻找目标等多种不同的传感器，即接触式触觉传感器、接近觉传感器、局部及整体位置传感器、水平传感器、视觉传感器等。

移动机器人需要的最重要、也是最困难的传感器之一是定位传感器。局部和整体位置信息往往是都需要的，这种信息的准确度对确定移动机器人的控制策略是很重要的，因为移动机器人作业的成功率和准确度与其定位的成功率和准确度直接相关。在室外环境，移动机器人可利用 GPS 或一些组合惯导进行定位。在室内，移动机器人可利用内部编码器、陀螺仪或惯性测量单元等传感器通过航位推算法进行定位。这些传感器对短距离的定位可提供准确信息，而由于轮子打滑及其他因素，对长距离的定位可能造成大的累积误差。所以，一些可修正位置的定位算法也是需要的。此外，移动机器人对外部环境感知的传感器也是十分需要的，只有正确地感知环境，进而建立环境的地图模型，才能使移动机器人在工作环境中更好地完成其任务。

移动机器人传感器一般可分为内部传感器和外部传感器。内部传感器用来确定移动机器人在其自身坐标系内的姿态位置，如用来测量位移、速度、加速度和应力的通用型传感器。外部传感器则用于移动机器人本身相对其周围环境的定位。外部传感器负责检测诸如距离、接近程度和接触程度之类的变量，便于引导移动机器人及识别和处理物体，从而以柔性的方式与环境互相作用。尽管距离传感器和接近觉传感器在提高移动机器人性能方面具有重大作用，但视觉被认为是移动机器人重要的感觉能力。视觉传感器使移动机器人能获取外部环境更丰富、更有用的信息，可为更高层次的移动机器人控制提供更好的适应能力，从而提高移动机器人的智能。使用传感器进行感知的技术，使移动机器人在应对环境时具有较高的智能，这是移动机器人领域中一项活跃的研究和开发课题。

2.4.2 内部传感器

对移动机器人来说，内部传感器是用于测量移动机器人自身状态的功能元件，并将测得的信息作为反馈信息送至控制器，形成闭环控制。内部传感器主要检测移动机器人的行程、速度、倾斜角等。常用的移动机器人的内部传感器包括编码器、陀螺仪及惯性测量单元等。

1. 编码器

编码器（Encoder）是将信号或数据编制、转换为可用于通信、传输和存储的信号形式的设备。根据位置感知原理的差异，编码器可分为磁性编码器和光学编码器。磁性编码器在设计上使用霍尔效应传感器（Hall Effect Sensor）技术，能够在条件恶劣的环境条件中输出可靠的数位信息回馈，具有密封稳固、操作温度广泛、抗击性高、抗震及抗污染的优势。由于其采用非接触式的设计，可以确保编码器长久稳定地运行。光学编码器一般指光电编码器，其使用光学辨识编码器的位置，在解析度或精度上都优于磁性编码器。因此，在移动机器人编码器的选择上，要根据所重视的效能判断是选择较高精度的光学编码器，还是选择能够在极端环境下稳定运行的磁性编码器。

在移动机器人的驱动轮上安装编码器，通过编码器的脉冲计数和移动机器人的运动模型来计算移动机器人行程的装置，称为里程计（Odometry）。

里程计是移动机器人进行相对定位的有效传感器，可以说是许多移动机器人平台的标配。其主要工作原理是检测安装在移动机器人的轮子上的光电编码器相对轮子在单位时间内转过的弧度，从而推算出移动机器人的相对运动。

由于移动机器人在二维地面上运动，所以其位姿可以通过二维坐标和方向角来描述，里程计运动模型如图 2.5 所示。

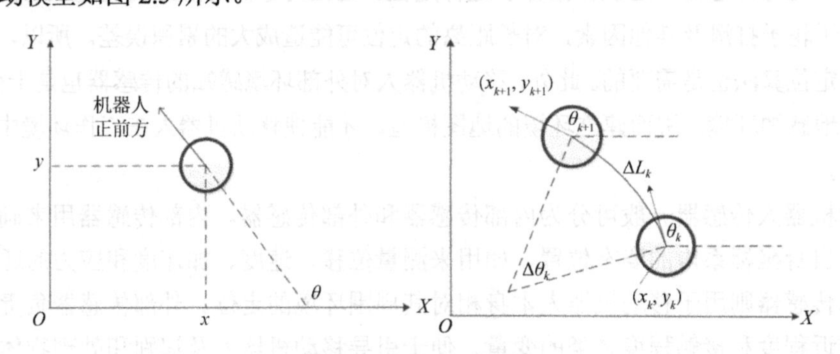

图 2.5 里程计运动模型

在图 2.5 中，我们使用三元组(x,y,θ)来表示移动机器人的位姿，(x,y)表示移动机器人在二维平面内运动时在世界坐标系下的位置点，θ 表示移动机器人正前方与水平轴的夹角。移动机器人的位姿与环境中对象的位置构成了 SLAM 所要估计的状态。

里程计运动模型可以分为直线型与圆弧型，考虑到移动机器人在进行自主探索时，常常伴随着转动，所以针对里程计运动模型，决定采用圆弧型，其表现形式如图 2.5 所示。下面给出基于圆弧型的里程计运动模型的具体形式

$$\begin{cases} x_{k+1}=x_k+\dfrac{\Delta L_k}{\Delta\theta_k}\left[\sin\left(\theta_k+\Delta\theta_k\right)-\sin\theta_k\right] \\ y_{k+1}=y_k+\dfrac{\Delta L_k}{\Delta\theta_k}\left[\cos\theta_k-\cos\left(\theta_k+\Delta\theta_k\right)\right] \\ \theta_{k+1}=\theta_k+\Delta\theta_k \end{cases} \tag{2-1}$$

式中，ΔL_k 表示移动机器人行走轨迹的弧长；$\Delta\theta_k$ 表示移动机器人转动的角度。

上式不方便求解里程计运动模型的概率分布，需要变换一下形式。我们不使用$\left[\Delta L_k,\Delta\theta_k\right]^{\mathrm{T}}$作为系统的输入，而改用$\left[\Delta x_k,\Delta y_k,\Delta\theta_k\right]^{\mathrm{T}}$，其中，$\Delta x_k$ 和 Δy_k 的计算方式如下：

$$\begin{cases} \Delta x_k=\dfrac{\Delta L_k}{\Delta\theta_k}\left[\sin\left(\theta_k+\Delta\theta_k\right)-\sin\theta_k\right] \\ \Delta y_k=\dfrac{\Delta L_k}{\Delta\theta_k}\left[\cos\theta_k-\cos\left(\theta_k+\Delta\theta_k\right)\right] \end{cases} \tag{2-2}$$

式（2-1）可以改写为

$$\begin{bmatrix} x_{k+1} \\ y_{k+1} \\ \theta_{k+1} \end{bmatrix}=\begin{bmatrix} x_k \\ y_k \\ \theta_k \end{bmatrix}+\begin{bmatrix} \Delta x_k \\ \Delta y_k \\ \Delta\theta_k \end{bmatrix} \tag{2-3}$$

里程计运动模型可以表示为

$$\boldsymbol{x}_{k+1}=\boldsymbol{A}_k\boldsymbol{x}_k+\boldsymbol{u}_k \tag{2-4}$$

式中，$\boldsymbol{A}_k$ 是状态转移矩阵；$\boldsymbol{u}_k$ 是系统的输入量。

上述模型是在无噪声影响情况下的系统的运动模型，但在实际当中，系统不可避免地会受到噪声的影响，针对上述运动模型，还需要引入噪声，如下所示。

$$\boldsymbol{x}_k=\boldsymbol{A}_k\boldsymbol{x}_{k-1}+\boldsymbol{u}_k+\boldsymbol{\omega}_k \tag{2-5}$$

式中，$\boldsymbol{\omega}_k$ 表示引入的白噪声。

2. 陀螺仪

早期的轮式移动机器人一般采用编码器获得移动机器人的航向与里程信息。但是，依

靠编码器进行航迹推测的误差很大，尤其是用编码器信息计算移动机器人的航向。近年来，随着光纤技术的发展，新型惯性仪表光纤陀螺仪（Fiber Optic Gyroscope，FOG）已经广泛应用于移动机器人导航控制系统中移动机器人航向角的测量。相比于传统机电陀螺仪，光纤陀螺仪的体积小、质量小、功耗低、寿命长，同时其可靠性高、动态范围大、启动快速，这使其得到大力研究和发展。

作为移动机器人航迹推测的主要器件之一，光纤陀螺仪性能的好坏直接影响到移动定位的精度。光纤陀螺仪的主要性能指标有零偏、标度因素、零漂和随机游走系数。其中零偏是输入角速度为零（即陀螺静止）时光纤陀螺仪的输出量，用规定时间内输出量的平均值对应的等效输入角速度表示，在理想情况下为自转角速度的分量；标度因素是光纤陀螺仪的输出量与输入角速度的比值，在坐标轴上可以用某一特定的直线斜率表示，它是反映光纤陀螺仪灵敏度的指标，其稳定性和精确性是光纤陀螺仪的一项重要指标，综合反映了光纤陀螺仪的测试和拟合精度；零漂又称零偏稳定性，它的大小值标志着观测值围绕零偏的离散程度；随机游走系数是由白噪声产生的随时间累积的输出误差系数，它反映了光纤陀螺仪输出随机噪声的强度。

3．惯性测量单元

惯性测量单元是一种电子装置，它使用一个或多个加速度计、陀螺仪的组合测量物体的加速度和角速度。加速度计检测物体在独立三轴载体坐标系的加速度信号，陀螺仪通过检测载体相对于导航坐标系的角速度信号，从而测量物体在三维空间中的加速度和角速度，并以此计算出物体的姿态。典型的惯性测量单元的配置包括三轴加速度计和三轴陀螺仪，有些还包括三轴磁力计，以此可检测到物体的俯仰角、横滚角和偏航角，惯性测量单元的工作原理如图 2.6 所示。

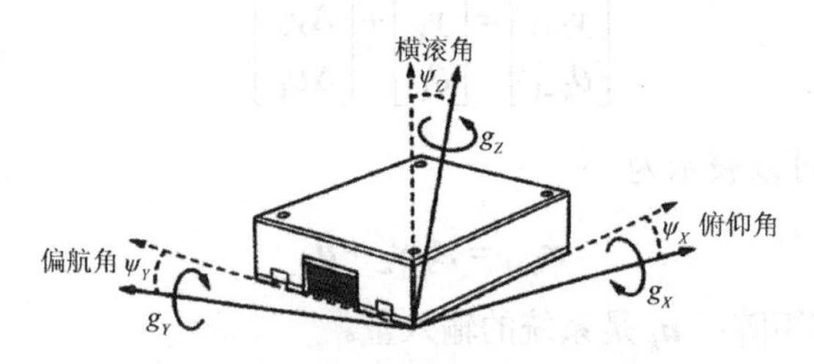

图 2.6　惯性测量单元的工作原理

通常，采用原始的惯性测量单元测量计算姿态、角速度、线速度和相对于全局参考坐标系位置的系统，称为惯性导航系统（Inertial Navigation System，INS），简称惯导。在惯性导航系统中，惯性测量单元汇报的数据被输入处理器，处理器通过算法计算出姿态、速度和位置。

2.4.3　外部传感器

外部传感器是移动机器人与周围交互工作的信息通道，主要有定位、视觉、接近觉、距离传感器等，用于获得有关移动机器人自身、作业对象及外界环境等方面的信息。利用外部传感器使得移动机器人对环境具有自适应和自校正能力。目前，在移动机器人中，常用的外部传感器包括 GPS、声呐、激光雷达、毫米波雷达及视觉传感器等。

1．GPS

全球导航卫星系统（Global Navigation Satellite System，GNSS）是能在地球表面或近地空间的任何地点利用一组卫星的伪距、星历、卫星发射时间等观测量和用户钟差，为用户提供全天候的三维坐标和速度及时间信息的空基无线电导航定位系统。目前全球已建成的 GNSS 有美国的 GPS、俄罗斯的 GLONASS 导航系统、欧盟的 GALILEO 和中国的北斗卫星导航系统。以下对目前最常用的 GPS 做详细介绍。

GPS 又称全球卫星定位系统，是美国国防部研制和维护的中距离圆形轨道卫星导航系统。该系统由美国政府于 1970 年开始研制，并于 1994 年全面建成。使用者只需拥有 GPS 接收机即可使用该服务，无须另外付费。它可以为地球表面绝大部分地区（98%）提供准确的定位、测速和高精度的标准时间。GPS 可满足位于全球地面任何一处或近地空间的军事用户连续且精确地确定三维位置、三维运动和时间的需求。

2．声呐

在移动机器人的应用研究中，声呐（Sonar）由于其价格便宜、操作简单、任何光照条件下都可以使用等特点得到了广泛的应用，已经成为移动机器人上的标准配置。声呐是一种距离传感器，可以获得某个方向上障碍物与移动机器人间的距离。

声呐的中文全称为声音导航与测距（Sound Navigation and Ranging），是一种利用声波在空气和水下的传播特性，通过电声转换和信息处理，完成目标探测和通信任务的电子设备。由于其一般采用超声波，因此也称为超声测距传感器。声呐在发送信息与接收信息时，探测到的障碍物与移动机器人之间的距离是通过飞行时间（Time Of Flight，TOF）方法获得的，其工作原理是：由换能器将电信号转换为声信号发射一列声波（一般为超声波），声波遇到障碍物反射后被换能器接收，换能器将其变成电信号并可显示在显示器上。声呐的工作原理图如图 2.7 所示。

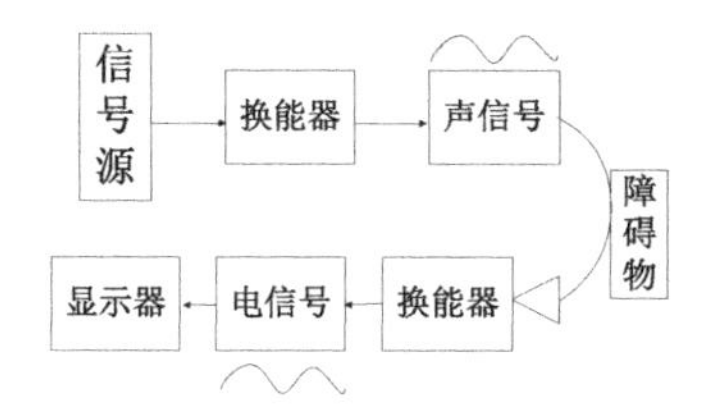

图 2.7　声呐的工作原理图

3．激光雷达

激光雷达是移动机器人常用的外部传感器之一，它发射一圈的激光束之后就能扫描完以移动机器人为圆心的周围环境信息，相比于相机它具有快速识别物体位置信息、探测距离更远、抗干扰性强等特点。所以针对大场景环境，一般采用激光雷达作为移动机器人的外部传感器。

激光雷达主要分为单线激光雷达和多线激光雷达。单线激光雷达，顾名思义，即只发射和接收一道激光，放置于空间中可以理解为激光雷达旋转一圈只能得到激光雷达所在平面的物体到激光雷达的距离，如图 2.8 所示。多线激光雷达则每次发射和接收多道激光，在空间中扫描一圈可以得到立体空间中很多物体到激光雷达的距离，如图 2.9 所示。

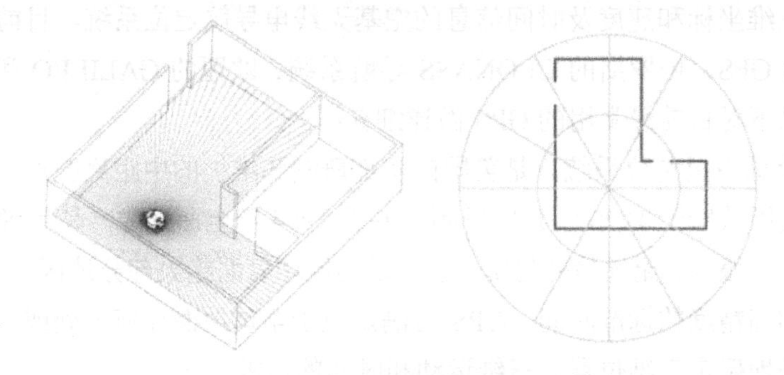

图 2.8　单线激光雷达

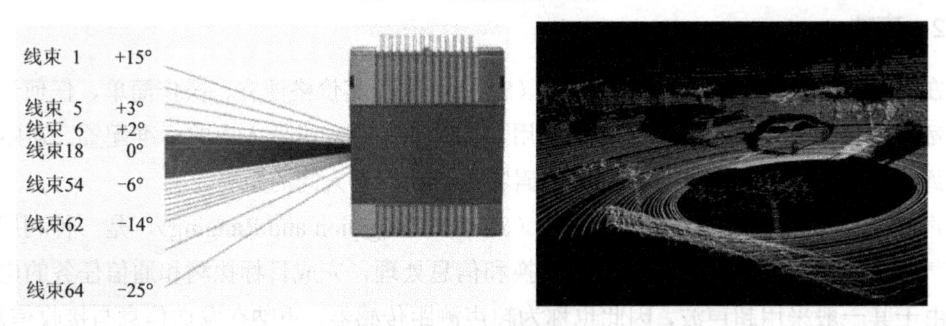

图 2.9　多线激光雷达

激光雷达的测距原理主要可以分为两类：一是三角测距，二是 TOF 测距。三角测距的激光雷达由一个激光发射装置和相机组成，激光发射装置将激光发射出去，遇到障碍物后便将激光反射回来，当安装在另一头的相机接收到反射的激光后就能够计算出该物体的距离信息。图 2.10 所示为三角测距的原理示意图。

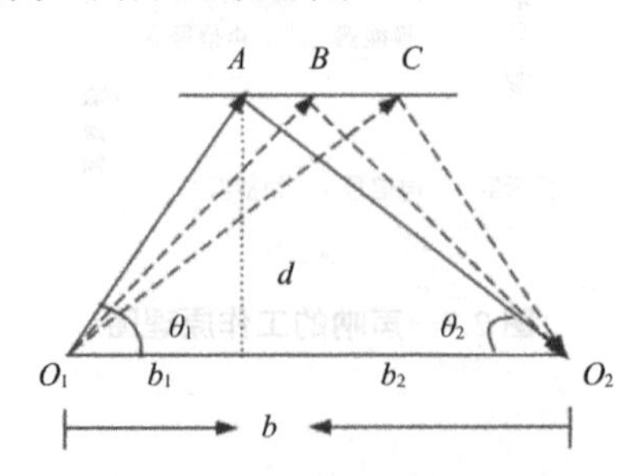

图 2.10　三角测距的原理示意图

如图 2.10 所示，O_1 是激光发射装置；O_2 是相机；A、B、C 分别是所探测到的物体表面的 3 个点。以 A 点为例，激光发射装置射出一束激光到 A 点，b 是发射装置和相机光心的距离，称为基线长度，是已知的，O_2 接收激光后，由于光线与基线的两个夹角 θ_1 和 θ_2 均可获知，由三角关系可以得到

$$\begin{cases} \tan\theta_1 = \dfrac{d}{b_1} \\ \tan\theta_2 = \dfrac{d}{b_2} \\ b = b_1 + b_2 \end{cases} \tag{2-6}$$

解上述方程组可以得到

$$d = b\frac{\sin\theta_1 \sin\theta_2}{\sin\left(\theta_1 + \theta_2\right)} \tag{2-7}$$

式中，d 就是 A 点到移动机器人的距离。

TOF 是通过记录激光在空中的飞行时间来测距的。图 2.11 所示为 TOF 测距原理示意图，激光发射器发射一束激光到空间障碍物，计时器记录下此时的发射时刻，接收器接收到反射回来的激光的同时，计时器记录下此时的接收时刻，两数之差就是激光的飞行时间，由于光速是固定的（约 3×10^8m/s），所以，用时间乘以光速再除以 2 就能算出物体的距离信息，即 $s = vt/2$。

图 2.11　TOF 测距原理示意图

由式（2-7）可知，三角测距的测量精度与基线长度成正比，而与物体距离的大小成反比，所以它一般适用于室内近距离的测量环境，而对于室外远距离物体的测量精度比较低。TOF 测距和三角测距正好相反，因为它的测量结果是光速与时间相乘得到的，距离越近时激光的飞行时间越短，对这个时间的捕捉就越困难，这便造成了近距离测量的误差，所以它常用于室外测距。

4．视觉传感器

视觉传感器是指通过对摄像机拍摄到的图像进行图像处理，计算目标物体的特征量（如面积、重心、长度、位置等），并输出数据和判断结果的传感器。视觉传感器使用摄像机捕捉的图像确定目标的存在、方向和精度。不同于图像检测系统，它的摄像机、灯光和控制器都包含在一个单元中，单元的构造和操作简单。它的主要功能是获取足够的机器视觉系

统要处理的最原始的图像。视觉传感器具有从一整幅图像捕获光线的数以千计的像素。图像的清晰和细腻程度通常用分辨率衡量，用像素数量表示。在捕获图像之后，视觉传感器将其与内存中存储的基准图像进行比较，做出分析。

视觉传感器可分为单色模型和彩色模型（Color Model）。单色模型的传感器头（摄像头）捕获的图像通过透镜，并由光接收元件（在大多数情况下是 CMOS）转换为电信号。然后，根据光接收元件每个像素的亮度和强度信息确定目标的亮度和形状。彩色模型的光接收元件是一种颜色类型。与单色模型不同，彩色模型标识白光和黑光之间的强度范围，接收到的光信息被分为 3 种颜色（RGB）。识别出每种颜色的强度范围，这样，即使目标颜色的强度差异很小，也可以区分目标。

深度相机一般指的是可以直接获得深度图的相机，如 Kinect 1、Kinect 2，Kinect 2 的结构如图 2.12 所示。Kinect 2 主要由彩色相机、深度相机、红外发射器组成，其内部原理类似于激光雷达，即红外发射器发射红外激光，然后深度相机（红外相机）接收红外激光，根据相关算法得到物体到 Kinect 2 相机坐标系上的 Z 轴距离，即深度图。注意：深度图并不表示物体与相机的距离，而是 Z 轴距离值，需要分解。深度信息获取方法可以分为结构光法和 TOF 法两种，Kinect 1 采用结构光法，Kinect 2 采用 TOF 法。彩色相机类似单目相机，直接获取环境的彩色图像。

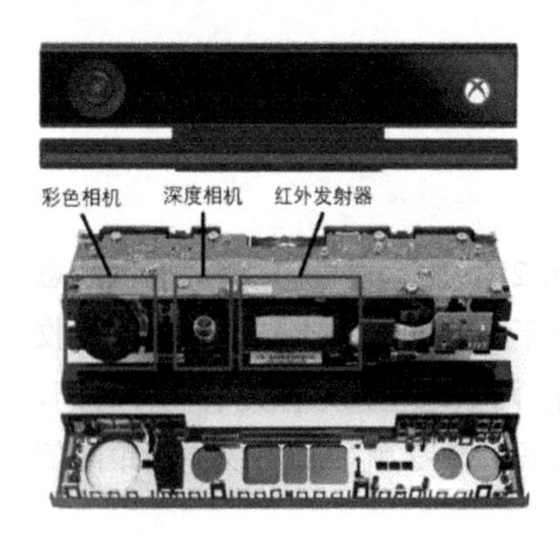

图 2.12 Kinect 2 的结构

单目相机，即普通的定焦距相机，其结构简单、成本低，本质上是拍照时的场景在相机的成像平面上留下一个投影，以二维的形式反映三维的世界。

双目相机简单来看就是两个单目相机的集合体，两个单目相机都输出采集到的彩色图像，类似于人眼。双目相机利用视差原理从不同的位置获取被测物体的两幅图像，通过计算图像对应点间的位置偏差来恢复出物体的三维几何信息。首先对双目相机进行标定得到内、外参数和单应矩阵，通过内参数做畸变校正并用单应矩阵将两张图像转换到同一平面上，然后对校正后的两张图像根据极线约束进行像素配准，最后根据配准结构计算每个像素的深度从而得到环境物体的深度信息，双目相机如图 2.13 所示。

图 2.13 双目相机

此外，视觉传感器技术还包括 3D 视觉传感器技术。3D 视觉传感器，如双目视觉传感器、结构光传感器等具有广泛的用途，如用于多媒体手机、网络摄像、数码相机、机器人视觉导航、汽车安全系统、生物医学像素分析、人机界面、虚拟现实、监控、工业检测、无线远距离传感、显微镜技术、天文观察、海洋自主导航、科学仪器等。这些不同的应用均基于 3D 视觉传感器技术，该技术在工业控制、汽车自主导航中具有重要的应用。

2.5　本章小结

本章主要针对移动机器人的结构进行介绍。移动机器人的硬件系统主要由控制器、驱动器、传感器和运动机构组成，本章分别从控制器、驱动器和传感器进行详细介绍，对移动机器人中常用的控制器，如单片机、嵌入式控制器、工控机等进行介绍。驱动器是用来使移动机器人发出动作的动力机构，根据驱动系统的不同，分别阐述各种驱动方式的特点，并对常见的驱动器进行详细介绍。传感器用于感知移动机器人自身和环境的状态，主要介绍移动机器人常用的传感器及其工作原理。

习题 2

一、选择题

1. 移动机器人的硬件系统主要由（　　）组成。

   A. 控制器　　B. 驱动器　　C. 传感器　　D. 运动机构

2. 关于测距传感器，下列哪个说法是错误的？（　　）

   A. 超声波测距传感器发出的超声波振动频率高于 20kHz

   B. TOF 激光雷达的测距精度依赖于其对时间的测量精度

   C. 相比于 TOF 激光雷达，超声波传播的定向性更好

   D. 要求测距精度控制在 0.03m 以内，则 TOF 激光雷达的时间测量精度达到秒级

3. 假设要研制一台服务机器人，工作环境为写字楼，楼层内存在大量透明玻璃墙及玻璃门，要求机器人能够自主避障，应该选择以下哪种传感器？（　　）

   A. TOF 激光雷达　　B. 超声波传感器　　C. 三角测距激光雷达　　D. RGB-D 相机

4. 下列传感器中，（　　）属于无源传感器。

   A. 超声波测距传感器　　B. 红外线激光雷达

   C. 红外热像仪　　D. 光编码 RGB-D 相机

5. 关于嵌入式系统，下列说法正确的是（　　）。

A. 由运算器、控制器、存储器、输入/输出设备构成

B. 由嵌入式微处理器、外围硬件设备、嵌入式操作系统、特定的应用程序组成

C. 可用单片机实现，也可用其他可编程的电子器件实现

D. 被安装在目标应用系统内，主导控制关系，是控制目标应用系统运行的逻辑处理系统，是一个专用系统

6. 以下属于内部传感器的是（　　）。

A. 编码器　　B. 陀螺仪　　C. 惯性测量单元　　D. 声呐

7. 光纤陀螺仪的主要性能指标有（　　）。

A. 零偏　　B. 标度因素　　C. 零漂　　D. 随机游走系数

8. 下列哪些是惯性导航的优势：（　　）

A. 不依赖于任何外部信息，也不向外部辐射能量，是一种完全自主式的系统。其隐蔽性好，不受外 界电磁干扰的影响

B. 可全天候工作于空中、地球表面乃至水下

C. 能提供位置、速度、航向和姿态角数据，产生的导航信息连续性好，而且噪声低

D. 数据的更新频率高、短期精度和稳定性好

9. 以下属于外部传感器的是（　　）。

A. GPS　　B. 声呐　　C. 激光雷达　　D. 视觉传感器

二、填空题

1. 移动机器人中常用的控制器有_____、_____、_____。

2. 在移动机器人系统中，常见的驱动方式有_____、_____、_____。

3. 工控机的主要类别有_____、_____、_____、_____、_____。

4. 从移动机器人驱动的角度，对于一个电机，考虑的参数主要有_____、_____、_____、_____、_____。

第 3 章　移动机器人的数学模型

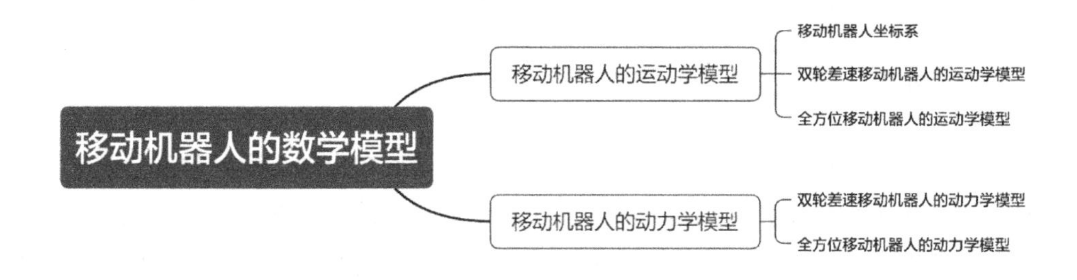

本章导读

类似于自然界中的各种生物，移动机器人的运动方式也有很多种，如步行（腿）、滚动（轮子）、滑动（波动）、跳跃、飞行、游泳等。不同的运动方式需要通过不同的运动机构和运动机理实现。本章着重以轮式移动机器人为对象，介绍其运动学模型和动力学模型。

本章要点

- 移动机器人的运动学模型
- 移动机器人的动力学模型

3.1　移动机器人的运动学模型

运动学是对机械系统如何运行的最基本的研究。研究移动机器人的运动学的目的之一是通过改变轮子的运动速度或运动方向来调整移动机器人的姿态。1987 年，Muir 和 Neuman 提出了一种研究轮式移动机器人运动学问题的方法：先对每个轮子的运动建模，再合并这些信息去描述整个轮式移动机器人的运动。到 1989 年，Alexander 与 Maddocks 在上述研究的基础上，对轮式移动机器人的运动学问题进行了比较详尽的阐述。

轮式移动机器人的运动学分析应从描述各轮对运动所做的贡献开始。在整个移动机器人的运动中，各轮都有作用，相似地，各轮也在移动机器人的运动中被加上约束，如拒绝横向刹车。由于目前主流的移动机器人为双轮差速移动机器人或全方位移动机器人，因此在下面的论述中，将用全局参考坐标系和移动机器人局部参考坐标系来描述移动机器人的运动，用此概念，分别介绍双轮差速移动机器人和全方位移动机器人前向运动的运动学模型。

3.1.1 移动机器人坐标系

为整个移动机器人的运动建立一个模型，是一个由底向上的过程。移动机器人中各单个轮子对移动机器人的运动做贡献，同时又对移动机器人的运动施加约束。根据移动机器人底盘的几何特征，多个轮子是通过一定的机械结构连在一起的，所以它们的约束将联合起来，形成对移动机器人底盘运动的约束。这里，需要用相对清晰和一致的参考坐标系来表达各轮的力和约束。在移动机器人学中，由于移动机器人独立移动的本质，它需要在全局和局部参考坐标系之间有一个清楚的映射。我们从定义这些参考坐标系开始，阐述单独轮子和整个移动机器人的运动学之间的关系。

在整个分析过程中，把移动机器人建模成轮子上的一个刚体，其运行在平面上。

在平面上，该移动机器人底盘的总维数是三：两个为平面中的位置，另一个为沿垂直轴方向的转动，它与平面正交。当然，由于存在轮轴，轮的操纵关节和小脚轮关节，还会有附加的自由度和灵活性。然而就移动机器人底盘而言，我们只把它看作刚体，忽略移动机器人和它的轮子间内在的关联和自由度。为了确定移动机器人在平面中的位置，如图 3.1 所示，建立全局参考坐标系和移动机器人局部参考坐标系之间的关系。

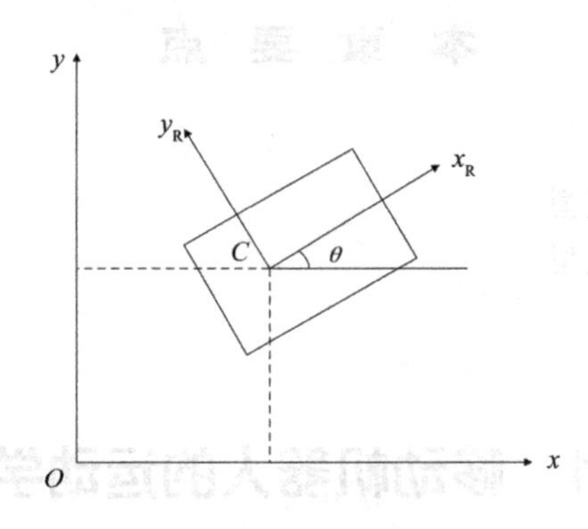

图 3.1 全局参考坐标系和移动机器人局部参考坐标系之间的关系

将平面上任意一点选为原点 O，以相互正交的 x 轴和 y 轴建立全局参考坐标系。为了确定移动机器人的位置，选择移动机器人底盘上的一个 C 点作为它的位置参考点。通常 C

点与移动机器人的重心重合。基于$\{x_R, y_R\}$定义移动机器人底盘上相对于C点的两个轴，从而定义移动机器人局部参考坐标系。在全局参考坐标系上，C点的位置由坐标x和y确定，全局和局部参考坐标系之间的角度差由θ给定，可以将移动机器人的姿态描述为具有这 3 个元素的矢量。

$$\boldsymbol{\xi}_1 = \begin{bmatrix} x \\ y \\ \theta \end{bmatrix} \tag{3-1}$$

为了根据分量的移动描述移动机器人的移动，需要把沿全局参考坐标系的运动映射成沿移动机器人局部参考坐标系的运动。该映射用式（3-2）所示的正交旋转矩阵来完成。

$$\boldsymbol{R}(\theta) = \begin{bmatrix} \cos\theta & \sin\theta & 0 \\ -\sin\theta & \cos\theta & 0 \\ 0 & 0 & 1 \end{bmatrix} \tag{3-2}$$

可以用该矩阵将全局参考坐标系$\{x, y\}$中的运动映射到移动机器人局部参考坐标系$\{x_R, y_R\}$中。其中$\boldsymbol{\xi}_1$为全局参考坐标系下移动机器人的运动状态矢量，$\boldsymbol{\xi}_R$为移动机器人局部坐标系下移动机器人的运动状态矢量：

$$\boldsymbol{\xi}_R = \boldsymbol{R}(\theta)\boldsymbol{\xi}_1 \tag{3-3}$$

反之可得

$$\boldsymbol{\xi}_1 = \boldsymbol{R}(\theta)^{-1}\boldsymbol{\xi}_R \tag{3-4}$$

图 3.2 所示为与全局参考坐标系轴并排的移动机器人，对该移动机器人，因为$\theta = \dfrac{\pi}{2}$，所以可以很容易地计算出瞬时的旋转矩阵

$$\boldsymbol{R}\left(\frac{\pi}{2}\right) = \begin{bmatrix} 0 & 1 & 0 \\ -1 & 0 & 0 \\ 0 & 0 & 1 \end{bmatrix} \tag{3-5}$$

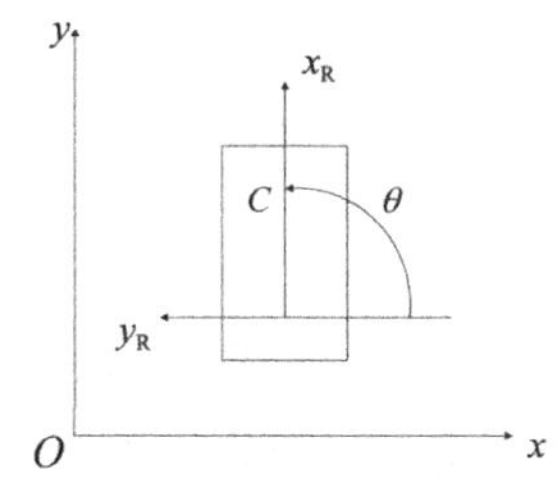

图 3.2　与全局参考坐标系轴并排的移动机器人

在这种情况下，由于移动机器人的特定角度，沿x_R的运动速度等于y，沿y_R的运动速度等于$-x$。

$$a\xi_R = R\left(\frac{\pi}{2}\right)\xi_I = \begin{bmatrix} 0 & 1 & 0 \\ -1 & 0 & 0 \\ 0 & 0 & 1 \end{bmatrix}\begin{bmatrix} x \\ y \\ \theta \end{bmatrix} = \begin{bmatrix} y \\ -x \\ \theta \end{bmatrix} \quad (3\text{-}6)$$

3.1.2 双轮差速移动机器人的运动学模型

双轮差速移动机器人如图 3.3 所示，讨论图中的双轮差速移动机器人的运动学模型，即讨论给定移动机器人的几何特征和它的轮子速度后，移动机器人的运动方程。

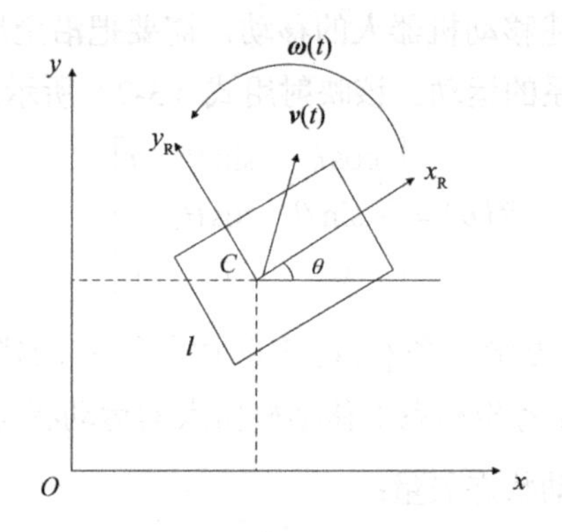

图 3.3 双轮差速移动机器人

如图 3.3 所示，假设该双轮差速移动机器人局部参考坐标系的原C点位于两轮中心，并且C点与移动机器人的重心重合，局部参考坐标系中y_R轴与移动机器人的两轮轴线平行，与车体正前方垂直；x_R轴与全局参考坐标系x轴的夹角为θ。移动机器人有两个主动轮子，直径为r，两轮的轮间距为l。

假定移动机器人在运动中质心的线速度为$\boldsymbol{v}(t)$，角速度为$\boldsymbol{\omega}(t)$，左右两轮的转速分别为$\dot{\boldsymbol{\varphi}}_1$和$\dot{\boldsymbol{\varphi}}_2$，移动机器人左右两轮的运动速度分别为$\boldsymbol{V}_L$和$\boldsymbol{V}_R$。给定$r$、$l$和$\theta$，以及根据图 3.3 所示的几何关系，考虑到移动机器人满足刚体运动规律，其会有下面的运动学方程：

$$\begin{gathered} \boldsymbol{V}_L = \dot{\boldsymbol{\varphi}}_1 \frac{r}{2} \qquad \boldsymbol{V}_R = \dot{\boldsymbol{\varphi}}_2 \frac{r}{2} \\ \boldsymbol{\omega}(t) = \frac{\boldsymbol{V}_R - \boldsymbol{V}_L}{l} \quad \boldsymbol{v}(t) = \frac{\boldsymbol{V}_R + \boldsymbol{V}_L}{2} \end{gathered} \quad (3\text{-}7)$$

由式（3-4）可得

$$\xi_I = \begin{bmatrix} x \\ y \\ \theta \end{bmatrix} = R(\theta)^{-1}\xi_R = \begin{bmatrix} \cos\theta & -\sin\theta & 0 \\ \sin\theta & \cos\theta & 0 \\ 0 & 0 & 1 \end{bmatrix}\begin{bmatrix} \boldsymbol{v}(t) \\ \boldsymbol{\omega}(t) \end{bmatrix} \quad (3\text{-}8)$$

联立上面两个方程，得到双轮差速移动机器人的运动学模型：

$$\boldsymbol{\xi}_1 = \boldsymbol{R}(\theta)^{-1}\begin{bmatrix} \dfrac{r\dot{\varphi}_1 + r\dot{\varphi}_2}{2} \\ 0 \\ \dfrac{-r\dot{\varphi}_1 + r\dot{\varphi}_2}{l} \end{bmatrix} = \boldsymbol{R}(\theta)^{-1}\begin{bmatrix} \dfrac{r}{2} & \dfrac{r}{2} \\ 0 & 0 \\ -\dfrac{r}{l} & \dfrac{r}{l} \end{bmatrix}\begin{bmatrix} \dot{\varphi}_1 \\ \dot{\varphi}_2 \end{bmatrix} \tag{3-9}$$

定义移动机器人的广义位姿的位置矢量为$\boldsymbol{q} = (x, y, \theta, \dot{\varphi}_1, \dot{\varphi}_2)^{\mathrm{T}}$，速度矢量为$\boldsymbol{v} = (\dot{\varphi}_1, \dot{\varphi}_2)^{\mathrm{T}}$，则移动机器人的运动学模型可表述为

$$\dot{\boldsymbol{q}} = \boldsymbol{S}(\boldsymbol{q})\boldsymbol{v} = \begin{bmatrix} \dfrac{r\cos\theta}{2} & \dfrac{r\sin\theta}{2} & -\dfrac{r}{2l} & 1 & 0 \\ \dfrac{r\cos\theta}{2} & \dfrac{r\sin\theta}{2} & \dfrac{r}{2l} & 0 & 1 \end{bmatrix}^{\mathrm{T}} \tag{3-10}$$

3.1.3　全方位移动机器人的运动学模型

具有传统车轮的移动机器人只能有两个自由度的运动，所以在运动学上，它等价于传统的陆上车辆。然而，具有全方位轮的移动机器人有 3 个自由度的运动能力，即沿着平面上 x 轴、y 轴及绕自身中心旋转的运动能力，这充分提高了移动机器人的运动性。因此本节将给出这种全方位移动机器人的运动学模型。

全方位轮的种类有很多，本节以图 3.4 所示的全方位轮为例进行讨论，它的组成是在轮毂的外缘上设置可绕自己的轴旋转的辊子，且均匀分布于轮毂周围，这些辊子轴线 E_i 和轮毂轴线 S_i 的夹角 α 为 90°。

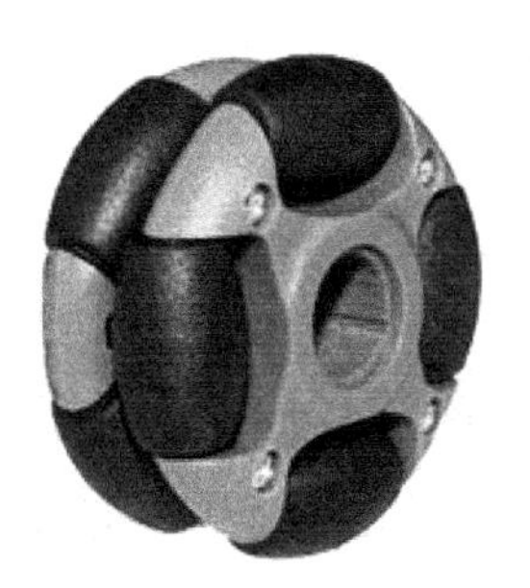

图 3.4　全方位轮

全方位轮由双排自由滚动的辊子组成，使得轮子在地面滚动时形成连续的接触点。全方位轮在运动时轮毂是驱动机构，辊子是从动机构，因此在本节中主动轮由轮毂与边沿辊子组成，从动轮由车轮辊子组成，主动轮、从动轮与地面的接触点均为辊子与地面的接触点。

由于全方位轮的结构特殊性，全方位移动机器人可以由不同数量的全方位轮组成，理论上说可以由大于 2 的任意个轮子组成，但从可控性及经济性方面考虑，常见的由 3 轮、4 轮组成。不同数量（K）全方位轮组成的全方位移动机器人有着不同的运动性能，K 越大，

震动越弱；但同时带来了许多机构上的问题，如在不平地面上运动时，当$K \geqslant 4$时需要加弹性悬架机构来保证每个轮子都与地面接触。为了选取合适的K值以获得需要的运动性能，必须对移动机器人进行运动学建模。

图3.5所示为第i个轮子在移动机器人系统中的参数。设全方位移动机器人由K个全方位轮以一定的角度安装于本体上，其中$\boldsymbol{S}_i$和$\boldsymbol{E}_i$分别表示轮毂和辊子的转速负方向；$\boldsymbol{T}_i$和$\boldsymbol{F}_i$分别表示轮毂和辊子中心的线速度正方向；O_i为第i个轮子的中心。在不考虑运动性能的情况下，全方位轮可以以任意角度安装在移动机器人本体上。其中移动机器人的重心C到轮子中心O_i的矢量为$\boldsymbol{d}_i$，$\boldsymbol{d}_i$与x轴的夹角为β，轮毂转速负方向$\boldsymbol{S}_i$与x轴的夹角为γ_i。以上各参数确定后，全方位轮的安装方式便可以确定。

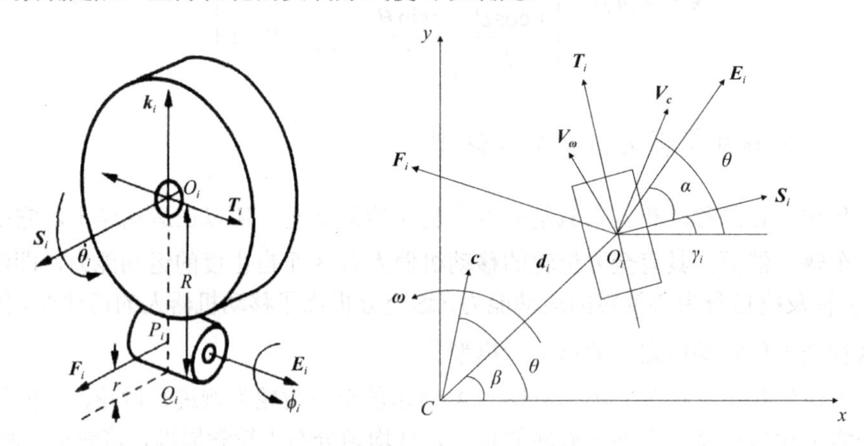

图3.5　第i个轮子在移动机器人系统中的参数

如图3.5所示，可以得到如下等式

$$\dot{\boldsymbol{o}}_i = \dot{\boldsymbol{p}}_i + \boldsymbol{v}_i \tag{3-11}$$

式中，$\dot{\boldsymbol{o}}_i$为第i个全方位轮中心的速度；$\dot{\boldsymbol{p}}_i$为与地面相接触的从动轮的轴心速度；$\boldsymbol{v}_i$为点O_i与P_i的相对速度。

设主动轮与从动轮的角速度矢量分别为$\boldsymbol{\omega}_\mathrm{d}$、$\boldsymbol{\omega}_\mathrm{p}$，它们有如下关系。

$$\boldsymbol{\omega}_\mathrm{d} = \omega \boldsymbol{k}_i + \dot{\theta}_i \boldsymbol{S}_i \qquad \boldsymbol{\omega}_\mathrm{p} = \boldsymbol{\omega}_\mathrm{d} + \dot{\phi}_i \boldsymbol{E}_i \tag{3-12}$$

由式（3-11）和式（3-12）可推得等式如下：

$$\dot{\boldsymbol{p}}_i = \boldsymbol{\omega}_\mathrm{p} \times Q_i P_i = -r\left(\dot{\theta}_i \boldsymbol{T}_i + \dot{\phi}_i \boldsymbol{F}_i\right) \tag{3-13}$$

由式（3-13）和已知关系式（3-14）可以最终推导得式（3-15），获得主动轮中心的速度公式。

$$\boldsymbol{v}_i = \boldsymbol{\omega}_\mathrm{d} \times P_i O_i = -\dot{\theta}_i \left(R - r\right) \boldsymbol{T}_i \tag{3-14}$$

$$\dot{\boldsymbol{o}}_i = -R\dot{\theta}_i \boldsymbol{T}_i - r\dot{\phi}_i \boldsymbol{F}_i \tag{3-15}$$

同时主动轮的中心速度可以由移动机器人的中心速度变量$\dot{\boldsymbol{c}}$和移动机器人的角速度$\boldsymbol{\omega}$

表示，如等式（3-16）所示。

$$\dot{\boldsymbol{o}}_i = \dot{\boldsymbol{c}} + \boldsymbol{\omega}\boldsymbol{\xi}\boldsymbol{d} \tag{3-16}$$

式中，$\boldsymbol{\xi} = \begin{bmatrix} 0 & -1 \\ 1 & 0 \end{bmatrix}$。由于辊子是随动的，并不由驱动器控制，是非控制量，所以在运动分析时不考虑该速度 $\dot{\boldsymbol{\phi}}_i$，因此在式（3-15）和式（3-16）两边点乘以 $\boldsymbol{E}_i$，将两式联立从而推导出式（3-17）。

$$-R\dot{\boldsymbol{\theta}}_i = \boldsymbol{k}_i\boldsymbol{t} \quad i = 1,2,\cdots,n \tag{3-17}$$

式中，$\boldsymbol{k}_i = \left[\boldsymbol{E}_i^{\mathrm{T}}\boldsymbol{\xi}\boldsymbol{d}_i \ \boldsymbol{E}_i^{\mathrm{T}}\right]$；$\boldsymbol{t} = \begin{bmatrix} \boldsymbol{\omega} \\ \dot{c} \end{bmatrix}$，为运动旋量矩阵。

取式（3-18）所示的定义，则可将全方位移动机器人的运动学模型表示为式（3-19）所表示的矩阵形式。

$$\begin{cases} \boldsymbol{J} = -R\boldsymbol{I} \\ \boldsymbol{K} = \begin{bmatrix} \boldsymbol{E}_1^{\mathrm{T}}\boldsymbol{\xi}\boldsymbol{d}_1 & \boldsymbol{E}_1^{\mathrm{T}} \\ \vdots & \vdots \\ \boldsymbol{E}_n^{\mathrm{T}}\boldsymbol{\xi}\boldsymbol{d}_n & \boldsymbol{E}_n^{\mathrm{T}} \end{bmatrix} \\ \dot{\boldsymbol{\theta}} = \left[\dot{\boldsymbol{\theta}}_1, \dot{\boldsymbol{\theta}}_2, \cdots, \dot{\boldsymbol{\theta}}_n\right] \end{cases} \tag{3-18}$$

$$\boldsymbol{J}\dot{\boldsymbol{\theta}} = \boldsymbol{K}\boldsymbol{t} \tag{3-19}$$

式中，$\boldsymbol{J}$ 为全方位轮半径参数构成的矩阵；$\dot{\boldsymbol{\theta}}$ 为全方位轮的转速矩阵；$\boldsymbol{K}$ 为全方位移动机器人的运动学方程的雅可比矩阵；$\boldsymbol{t}$ 为运动旋量矩阵；$\boldsymbol{I}$ 为单位矩阵。

对图 3.6 所示的 3 轮和 4 轮全方位移动机器人的运动学模型可以先按照上述方法做进一步的描述。为清楚地表示移动机器人的各运动参数，将移动机器人的线速度 $\dot{\boldsymbol{c}}$ 表示为 $\left(\boldsymbol{V}_x, \boldsymbol{V}_y\right)$，各轮子速度表示为 $\boldsymbol{V}_i\left(i = 1,2,\cdots,K\right)$，则 3 轮和 4 轮全方位移动机器人的逆运动学方程可表示为式（3-20）和式（3-21）。

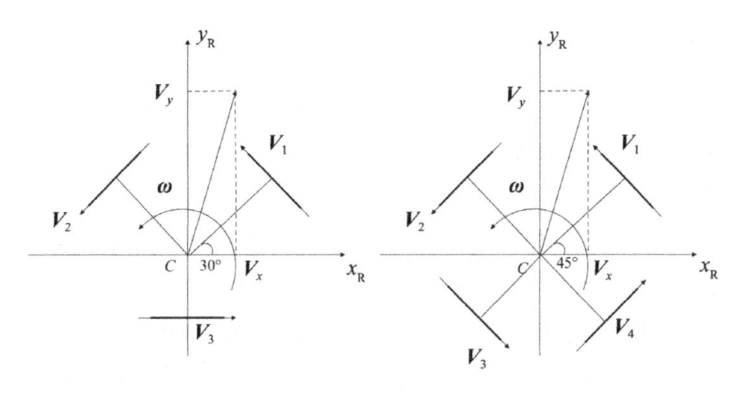

图 3.6　3 轮和 4 轮全方位移动机器人

$$\begin{bmatrix} \boldsymbol{V}_1 \\ \boldsymbol{V}_2 \\ \boldsymbol{V}_3 \end{bmatrix} = \begin{bmatrix} -\frac{1}{2} & \frac{\sqrt{3}}{2} & R \\ -\frac{1}{2} & -\frac{\sqrt{3}}{2} & R \\ 1 & 0 & R \end{bmatrix} \begin{bmatrix} \boldsymbol{V}_x \\ \boldsymbol{V}_y \\ \dot{\boldsymbol{\phi}} \end{bmatrix} \tag{3-20}$$

$$\begin{bmatrix} \boldsymbol{V}_1 \\ \boldsymbol{V}_2 \\ \boldsymbol{V}_3 \\ \boldsymbol{V}_4 \end{bmatrix} = \begin{bmatrix} -\frac{\sqrt{2}}{2} & \frac{\sqrt{2}}{2} & R \\ -\frac{\sqrt{2}}{2} & -\frac{\sqrt{2}}{2} & R \\ \frac{\sqrt{2}}{2} & -\frac{\sqrt{2}}{2} & R \\ \frac{\sqrt{2}}{2} & \frac{\sqrt{2}}{2} & R \end{bmatrix} \begin{bmatrix} \boldsymbol{V}_x \\ \boldsymbol{V}_y \\ \dot{\boldsymbol{\phi}} \end{bmatrix} \tag{3-21}$$

3.2 移动机器人的动力学模型

轮式移动机器人的动力学类似于其他移动机器人机械系统的动力学，它包括两方面的问题，逆向和前向动力学。在这里，我们对这两方面的问题使用同一个数学模型。轮式移动机器人的约束系统通常可分为完整约束系统和非完整约束系统两类。完整约束系统和非完整约束系统的主要区别在于，完整约束系统独立的驱动数等于定义系统的一个位姿（位形）需要的变量（拉格朗日力学中的动力广义坐标）数；而非完整约束系统定义系统位姿需要的变量数多于独立的驱动数。本节分别对这两类问题进行讨论，对于前者，以传统双轮差速移动机器人为例进行研究；对于后者，则以全方位移动机器人为例进行研究，对于全方位轮，这里仅研究麦克纳姆轮。

3.2.1 双轮差速移动机器人的动力学模型

动力学模型与运动学模型不同，它主要是为了确定物体在受到外力作用时的运动结果。以图 3.3 为例假设移动机器人整体的质量为m，绕C点的转动惯量为 $\boldsymbol{J}$，设左右两轮输出轴的转动惯量分别为$\boldsymbol{J}_1$和$\boldsymbol{J}_2$。

左右电机驱动力矩分别为$\boldsymbol{T}_1$和$\boldsymbol{T}_2$，左右两轮的转速分别为$\dot{\boldsymbol{\varphi}}_1$和$\dot{\boldsymbol{\varphi}}_2$，左右两轮受到的$x_{\mathrm{R}}$方向的约束反力分别为$\boldsymbol{F}_{x_{\mathrm{R}}1}$、$\boldsymbol{F}_{x_{\mathrm{R}}2}$，左右两轮沿$y_{\mathrm{R}}$轴方向受到的约束反力之和为$\boldsymbol{F}_{y_{\mathrm{R}}}$。

在x_{R}、y_{R}及z方向和电机轴方向对移动机器人进行受力分析，移动机器人满足x_{R}、y_{R}方向的力平衡及z方向的力矩平衡，在电机轴上满足力矩平衡的三大平衡条件，于是得到动力学方程为

$$
\begin{cases}
m\ddot{x}-\left(\boldsymbol{F}_{x_{\mathrm{R}}1}+\boldsymbol{F}_{x_{\mathrm{R}}2}\right)\cos\theta+\boldsymbol{F}_{y_{\mathrm{R}}}\sin\theta=0 \\
m\ddot{y}-\left(\boldsymbol{F}_{x_{\mathrm{R}}1}+\boldsymbol{F}_{x_{\mathrm{R}}2}\right)\sin\theta-\boldsymbol{F}_{y_{\mathrm{R}}}\cos\theta=0 \\
\boldsymbol{J}\ddot{\theta}+\dfrac{l}{2}\left(\boldsymbol{F}_{x_{\mathrm{R}}1}-\boldsymbol{F}_{x_{\mathrm{R}}2}\right)=0 \\
\boldsymbol{J}_1\ddot{\boldsymbol{\varphi}}_1+\dfrac{r}{2}\boldsymbol{F}_{x_{\mathrm{R}}1}=\boldsymbol{T}_1 \\
\boldsymbol{J}_2\ddot{\boldsymbol{\varphi}}_2+\dfrac{r}{2}\boldsymbol{F}_{x_{\mathrm{R}}2}=\boldsymbol{T}_2
\end{cases}
\tag{3-22}
$$

移动机器人广义位姿的位置矢量$\boldsymbol{q}=\left(x,y,\theta,\boldsymbol{\varphi}_1,\boldsymbol{\varphi}_2\right)^{\mathrm{T}}$，式（3-22）整理成拉格朗日的标准形式为

$$
\boldsymbol{M}\ddot{\boldsymbol{q}}=\boldsymbol{E}\boldsymbol{\tau}-\boldsymbol{A}^{\mathrm{T}}\left(\boldsymbol{q}\right)\boldsymbol{\lambda} \tag{3-23}
$$

式中，$\boldsymbol{M}$ 为惯量矩阵，$\boldsymbol{M}=\mathrm{diag}\left\{m,m,\boldsymbol{J},\boldsymbol{J}_1,\boldsymbol{J}_2\right\}$；$\boldsymbol{E}$ 为转换矩阵，$\boldsymbol{E}=\begin{pmatrix}0&0&0&1&0\\0&0&0&0&1\end{pmatrix}$；$\boldsymbol{\lambda}$ 为对应于约束力的拉格朗日乘数因子矩阵，$\boldsymbol{\lambda}=\left(\boldsymbol{F}_{y_{\mathrm{R}}},\boldsymbol{F}_{x_{\mathrm{R}}1},\boldsymbol{F}_{x_{\mathrm{R}}2}\right)^{\mathrm{T}}$；$\boldsymbol{\tau}$ 为输入力矩矢量，$\boldsymbol{\tau}=\left(\boldsymbol{T}_1,\boldsymbol{T}_2\right)^{\mathrm{T}}$。

易验证广义位姿的速度矢量 $\dot{\boldsymbol{q}}$ 满足非完整约束方程

$$
\boldsymbol{A}\left(\boldsymbol{q}\right)\dot{\boldsymbol{q}}=0 \tag{3-24}
$$

式中，

$$
\boldsymbol{A}\left(\boldsymbol{q}\right)=\begin{bmatrix}
\sin\theta & -\cos\theta & 0 & 0 & 0 \\
-\cos\theta & -\sin\theta & \dfrac{l}{2} & \dfrac{r}{2} & 1 \\
-\cos\theta & -\sin\theta & -\dfrac{l}{2} & 0 & \dfrac{r}{2}
\end{bmatrix}
$$

由前面的双轮差速移动机器人的运动学模型可知，$\boldsymbol{A}\left(\boldsymbol{q}\right)$ 和 $\boldsymbol{S}\left(\boldsymbol{q}\right)$ 满足等式 $\boldsymbol{A}\left(\boldsymbol{q}\right)\boldsymbol{S}\left(\boldsymbol{q}\right)=0$。

整合上述方程，可得到简化后的动力学方程为

$$
\boldsymbol{\tau}=\boldsymbol{S}^{\mathrm{T}}\left(\boldsymbol{q}\right)\boldsymbol{M}\ddot{\boldsymbol{q}} \tag{3-25}
$$

由此，我们得到了被控量电机驱动力矩 $\boldsymbol{\tau}$ 与移动机器人广义位姿的加速度矢量 $\ddot{\boldsymbol{q}}$ 之间的表达式，为之后实现自动控制打下基础。

3.2.2 全方位移动机器人的动力学模型

全方位移动机器人大致可分为单轮移动机器人和多轮移动机器人，在大部分研究中都将轮子设为刚体、不可变形的圆盘，并将轮子与地面的相互作用当作是点接触。实际上，

大部分轮子是由可变形材料（如橡胶）制成的，所以产生相互作用的是接触面。在本节中，假设全方位移动机器人的重心不高，因此当全方位移动机器人加速运动时由重心偏高产生的各轮对地面压力的变化忽略不计。

基于车辆动力学理论，当全方位移动机器人加速运动时，驱动轮与地面由于接触变形所产生的切向力是车辆或移动机器人运动的牵引驱动力。只要轮子和地面间的接触区域，即轮子接地印迹上承受切向力，就会出现不同程度的打滑，因此严格来讲理想纯滚动的假设条件并不符合实际情况。将加速过程中车轮的打滑减到最少是移动机器人运动控制的目标，也是对单个轮子进行动力学分析的前提。

当轮子在地面上滚动时，轮子与地面在接触区域内产生的各种相互作用力和相应的变形都伴随着能量损失，这种能量损失是产生滚动阻力的根本原因。为了提高移动机器人的加速性能，很多轮子都采用橡胶轮或由其他具有塑性变形的材料制成，而且一些家用机器人或娱乐机器人（足球机器人）都会在地毯上运动，因此移动机器人运动时更容易产生滚动阻力。这种弹性变形产生的弹性迟滞损失形成了阻碍轮子滚动的一种阻力偶，当轮子只受径向载荷而不滚动时，地面对轮子的法向反作用力的分布是前后对称的，其合力 $\boldsymbol{F}_z$ 与法向载荷 $\boldsymbol{P}$ 重合于法线 $n-n'$ 方向，轮子静止时的受力情况如图 3.7（a）所示。当轮子滚动时，法线 $n-n'$ 前后相对应点的变形虽然相同，但由于弹性迟滞现象，处于加载压缩过程的前部的地面法向反作用力就会大于处于卸载恢复过程的后部的地面法向反作用力。这样就使地面法向反作用力前后的分布不对称，使它们的合力 $\boldsymbol{F}_z$ 相对于法线 $n-n'$ 向前移动距离 e，轮子滚动时的受力情况如图 3.7（b）所示，地面法向反作用合力随弹性迟滞损失的增大而变大。法向反作用合力 $\boldsymbol{F}_z$ 与法向载荷 $\boldsymbol{P}$ 的大小相等，方向相反。

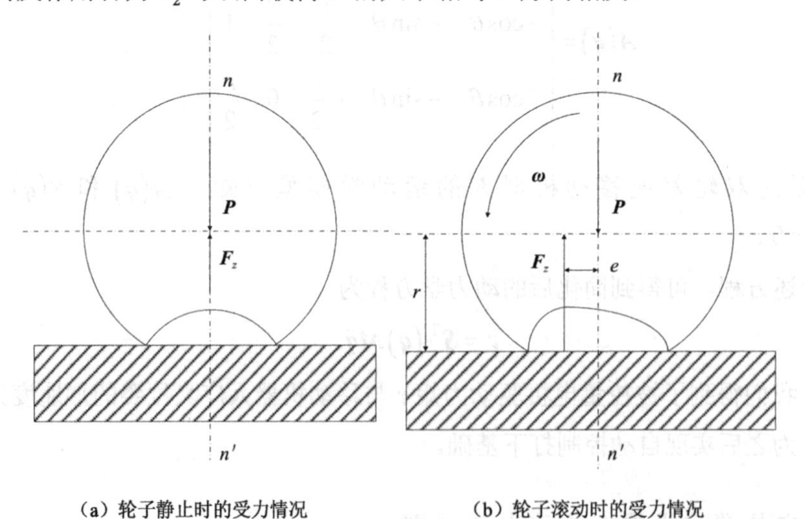

（a）轮子静止时的受力情况　　（b）轮子滚动时的受力情况

图 3.7　轮子的受力情况

如果将法向反作用合力 $\boldsymbol{F}_z$ 向后平移至通过轮子中心，与其垂线重合，则轮子在地面上滚动时的受力情况如图 3.8 所示，出现一个附加的力偶矩 $\boldsymbol{T}_\mathrm{f}=\boldsymbol{F}_z e$，这个阻碍车轮滚动的力偶矩称为滚动阻力偶矩。由图 3.8 可知，欲使轮子在地面上保持匀速滚动，必须在轮轴上加一驱动力矩 $\boldsymbol{\tau}$ 或加一推力 $\boldsymbol{F}_{\mathrm{P}}$，从而克服上述滚动阻力偶矩。相关数学关系如下所示。

$$\boldsymbol{\tau}=\boldsymbol{T}_{\mathrm{f}}=\boldsymbol{F}_{z}e \tag{3-26}$$

$$\boldsymbol{F}_{\mathrm{P}}r=\boldsymbol{T}_{\mathrm{f}}=\boldsymbol{F}_{z}e \tag{3-27}$$

$$\boldsymbol{F}_{\mathrm{P}}=\boldsymbol{F}_{z}\frac{e}{r}=\boldsymbol{P}\frac{e}{r} \tag{3-28}$$

$$\mu_{\mathrm{R}}=\frac{e}{r} \tag{3-29}$$

$$\boldsymbol{F}_{\mathrm{f}}=\boldsymbol{P}\mu_{\mathrm{R}} \tag{3-30}$$

式中，μ_{R} 称为滚动阻力系数。由上式可知，滚动阻力系数是指在一定条件下，轮子滚动所需的推力与车轮所受径向载荷之比，即要使轮子滚动，单位车重所需的推力。所以轮子的滚动阻力等于轮子径向垂直载荷与滚动阻力系数之乘积，如式（3-30）所示。真正作用在轮子上驱动移动机器人运动的力为地面对轮子的切向反作用力，该值为驱动力减去轮子的滚动阻力。

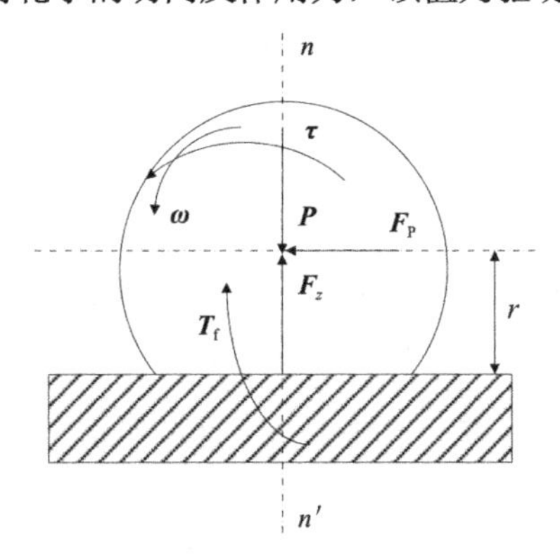

图 3.8　轮子在地面上滚动时的受力情况

图 3.9（b）、（c）分别是驱动轮、从动轮在加速过程中的受力图。各参数说明如下：R 和 r 分别为驱动轮和从动轮的半径；$\boldsymbol{P}$ 和 $\boldsymbol{P}_{\mathrm{p}}$ 分别为全方位轮、从动轮上的载荷；$\boldsymbol{N}_{\mathrm{d}}$ 和 $\boldsymbol{N}_{\mathrm{p}}$ 分别为地面对驱动轮、从动轮的法向反作用力；$\boldsymbol{f}_{\mathrm{d}i}$ 和 $\boldsymbol{f}_{\mathrm{p}i}$ 分别为作用在驱动轮、从动轮上的地面切向反作用力；$\boldsymbol{M}_{\mathrm{d}}$ 和 $\boldsymbol{M}_{\mathrm{p}}$ 分别为驱动轮、从动轮的滚动力偶矩，在移动机器人载荷一定的情况下，近似不变；$\boldsymbol{\varepsilon}_{\mathrm{d}i}$ 和 $\boldsymbol{\varepsilon}_{\mathrm{p}i}$ 分别为驱动轮、从动轮的角加速度；$\boldsymbol{a}_{\mathrm{d}i}$ 和 $\boldsymbol{a}_{\mathrm{p}i}$ 分别为驱动轮、从动轮轴心平行于地面的加速度；$\boldsymbol{J}_{\mathrm{d}}$ 和 $\boldsymbol{J}_{\mathrm{p}}$ 分别为主动轮与从动轮的转动惯量；$\boldsymbol{T}$ 为电机作用于驱动轮的转矩；e_{d} 与 e_{p} 为轮子与地面之间的印迹表面上存在的压力分布问题使得地面对轮子法向反作用力偏移的距离。

根据图 3.9（a）所示受力分析，驱动轮与从动轮的动力学模型分别如式（3-31）和式（3-32）所示。其中 m_{d} 为驱动轮的质量，m_{p} 为从动轮的质量。

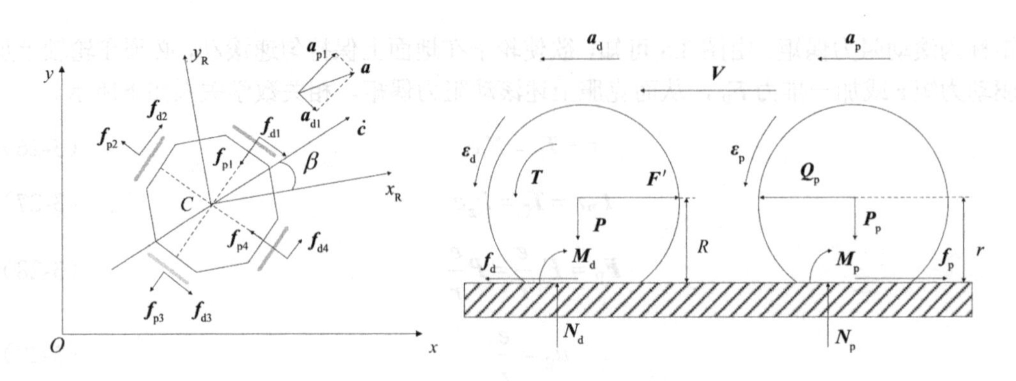

（a）受力分析　　（b）驱动轮在加速过程中的受力图　（c）从动轮在加速过程中的受力图

图 3.9　车轮动力学模型

$$m_d \boldsymbol{a}_{di} = \boldsymbol{f}_{di} - \boldsymbol{F}' \tag{3-31}$$

$$J_d \boldsymbol{\varepsilon}_{di} = \boldsymbol{T} - \boldsymbol{f}_{di} R - \boldsymbol{M}_d \tag{3-32}$$

$$m_p \boldsymbol{a}_{pi} = \boldsymbol{Q}_p - \boldsymbol{f}_{pi} \tag{3-33}$$

$$\boldsymbol{J}_p \boldsymbol{\varepsilon}_{pi} = \boldsymbol{f}_{pi} r - \boldsymbol{M}_p \tag{3-34}$$

$$\boldsymbol{f}_h = u_h \boldsymbol{P} \tag{3-35}$$

$$\boldsymbol{f}_g = u_g \boldsymbol{P} \tag{3-36}$$

地面对轮子切向反作用力的极限值 $\boldsymbol{f}_{max}$ 称为附着力 $\boldsymbol{f}_h$，其值大小如式（3-35）所示。式中，u_h 为附着系数，它是由地面与轮子决定的，所以地面切向反作用力不可能大于附着力，附着系数是产生加速度的关键。当轮子与地面产生滑动时，地面对轮子的切向反作用力便由轮子的滑动系数决定，设滑动系数为 u_g，则滑动时的切向反作用力 $\boldsymbol{f}_g$ 有式（3-36）所示关系。由于 $u_h > u_g$，因此 $\boldsymbol{f}_{max}$ 为一有限大的值，当 $\boldsymbol{T}$ 过大时，轮子产生滑动，此时 $\boldsymbol{f}_{max}$ 变为 $\boldsymbol{f}_g$。只要 $\boldsymbol{T} \geqslant \boldsymbol{M}_p$ 成立，就能驱动轮子，即 $\boldsymbol{a} > 0$；当 $\boldsymbol{T}$ 小时，地面对轮子的切向反作用力也小（即驱动力小）；当 $\boldsymbol{T}$ 增大时，地面对轮子的切向反作用力也增大；当 $\boldsymbol{a}$ 不断增大时，直到 $\boldsymbol{f} \to \boldsymbol{f}_{max}$，此时 $\boldsymbol{a} \to \boldsymbol{a}_{max}$，$\boldsymbol{f}_{hmax}$ 为最大驱动力；当 $\boldsymbol{T}$ 继续增大时，轮子将产生滑动，此时 $\boldsymbol{f} = \boldsymbol{f}_g = u_g \boldsymbol{P}$，驱动能力反而减小。

由式（3-31）可知，$\boldsymbol{a}_d$ 有一极限值，当电机转矩 $\boldsymbol{T}$ 过大时，附着力提供的轮子中心的最大加速度小于由 $\boldsymbol{T}$ 作用而产生的加速度，即当 $\boldsymbol{a}_{d\max} < \boldsymbol{\varepsilon}_{d\max} R$ 时，将发生驱动轮打滑现象；同理作用于从动轮的 $\boldsymbol{Q}_p$ 过大时，从动轮同样将发生打滑。

接下来再介绍全方位移动机器人的整体动力学模型。根据图 3.9（a）所示的对单个轮子的受力分析和图 3.10 所示的全方位移动机器人的运动坐标系，使用牛顿-欧拉方程，可以对全方位移动机器人建立动力学模型，整个动力学模型为式（3-31）、式（3-32）和式（3-37），其中 m_R 为全方位移动机器人的质量，(x_C, y_C) 为全方位移动机器人的中心位置坐标。

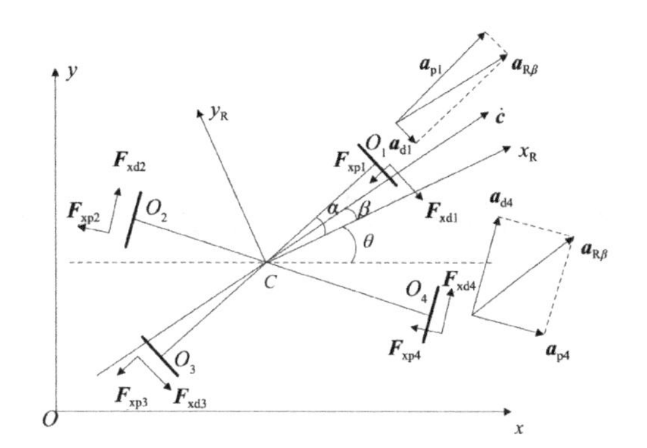

图 3.10　全方位移动机器人的运动坐标系

$$
\begin{aligned}
m_{\mathrm{R}}\ddot{x}_c = &\left(\boldsymbol{F}_{\mathrm{xd2}}+\boldsymbol{F}_{\mathrm{xd4}}\right)\sin\left(\alpha-\theta\right)+\left(\boldsymbol{F}_{\mathrm{xd1}}+\boldsymbol{F}_{\mathrm{xd3}}\right)- \\
&\left(\boldsymbol{F}_{\mathrm{xp2}}+\boldsymbol{F}_{\mathrm{xp4}}\right)\cos\left(\alpha-\theta\right)+\left(\boldsymbol{F}_{\mathrm{xp1}}+\boldsymbol{F}_{\mathrm{xp3}}\right)\cos\left(\alpha+\theta\right)
\end{aligned} \tag{3-37}
$$

$$
\begin{aligned}
m_{\mathrm{R}}\ddot{y}_c = &\left(\boldsymbol{F}_{\mathrm{xd2}}+\boldsymbol{F}_{\mathrm{xd4}}\right)\cos\left(\alpha-\theta\right)-\left(\boldsymbol{F}_{\mathrm{xd1}}+\boldsymbol{F}_{\mathrm{xd3}}\right)\cos\left(\alpha+\theta\right)+ \\
&\left(\boldsymbol{F}_{\mathrm{xp2}}+\boldsymbol{F}_{\mathrm{xp4}}\right)\sin\left(\alpha-\theta\right)-\left(\boldsymbol{F}_{\mathrm{xp1}}+\boldsymbol{F}_{\mathrm{xp3}}\right)\sin\left(\alpha+\theta\right)
\end{aligned} \tag{3-38}
$$

由以上对运动学、动力学的建模分析可知，移动机器人沿不同方向的最大速度、最大加速度、运动效率各不相同，运动时存在着各向相异性，因此移动机器人沿各个方向运动的效果将存在很大差异，为了更好地对移动机器人进行控制及获得更优的路径规划，必须在控制算法中引入该特性的影响。

3.3　本章小结

本章从移动机器人的数学模型入手，主要介绍移动机器人的运动学模型和动力学模型，阐述每一部分的基础知识及应用方法，包括以下几个方面的内容：①移动机器人坐标系的基本概念及如何建立移动机器人坐标系；②双轮差速移动机器人的运动学模型和动力学模型的基本概念及其数学表述；③全方位移动机器人的运动学模型和动力学模型的基本概念及其数学表述。

习题 3

一、简答题

1．移动机器人运动学的坐标系一般有几种？

2．全方位移动机器人与传统车轮移动机器人相比有什么不同？

3．举出双轮差速移动机器人的实例。

第4章　移动机器人定位

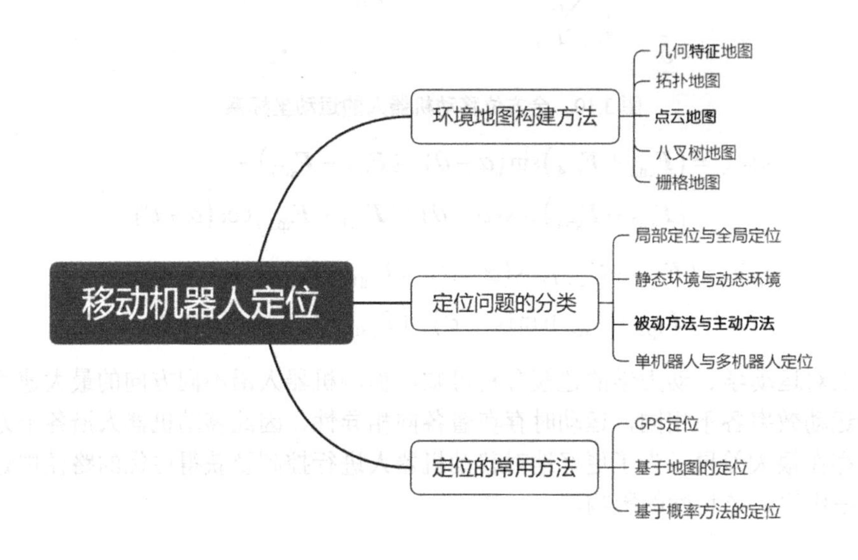

本章导读

移动机器人定位就是确定给定地图环境的移动机器人的位姿的，经常被称为位置估计。移动机器人定位是通用定位问题的一个实例，也是移动机器人学中最基本的感知问题。几乎所有移动机器人技术的任务都需要正在被操控目标的位置信息。本章提出了一些基本的移动定位概率算法，也通过一系列扩展表述不同的定位问题。

本章要点

- 马尔可夫定位
- 扩展卡尔曼滤波定位
- 蒙特卡罗定位

移动机器人定位被看成进行坐标变换，地图用全局参考坐标系描述，独立于移动机器人的位姿。定位是建立地图坐标系与移动机器人局部参考坐标系一致性的过程。该坐标变换使移动机器人能够在自己坐标系里（移动机器人导航必需的先决条件）表示感兴趣的目标位置。读者容易证明，如果表示移动机器人位姿的坐标系与地图坐标系相同，那么知道移动机器人的位姿 $\boldsymbol{x}_t=\begin{pmatrix}x & y & \theta\end{pmatrix}^{\mathrm{T}}$ 足以确定这个坐标变换。

4.1　环境地图构建方法

对移动机器人来说，地图是其能够在未知环境中运动的根本，移动机器人依赖该地图与现实世界建立联系，从而认识其周围环境并确认自身在该地图中的位置，进而知道自己在世界坐标系下的位置。

建图（Mapping）是指构建地图的过程，地图的用途大致有以下几种。

（1）定位。通过已构建并存储的环境地图即可获得移动机器人的位置信息，无须再次运行系统进行建图。

（2）导航。导航是指移动机器人能够在地图中进行路径规划，从任意两个地图点间寻找路径，然后控制自己运动到目标点的过程。但该用途需要构建稠密地图才可实现。

（3）避障。避障也是移动机器人经常碰到的一个问题。它与导航类似，但更注重局部的、动态的障碍物的处理。同样地，仅有特征点，我们无法判断某个特征点是否为障碍物，所以也需要稠密地图。

（4）重建。可利用 SLAM 获得周围环境的重建效果，使其他人能够远程地观看我们重建得到的三维物体或场景——三维的视频通话或网上购物等。这种地图亦是稠密的，并且我们还对它的外观有一些要求。

（5）交互。交互主要指人与地图之间的互动。例如，在增强现实中，我们会在房间里放置虚拟物体，并与这些虚拟物体之间有一些互动。

因移动机器人可能涉足的环境多种多样，目前还没有找到能够适用于所有环境的统一方法。针对此种情况，人们设计了不同的环境地图，以使其能够适用于不同的场合，典型地图类型如图 4.1 所示。下面针对图中所列出的具体的地图形式进行详细分析。

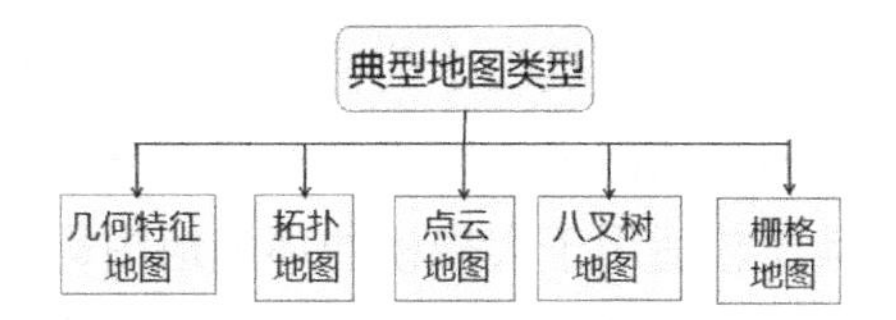

图 4.1　典型地图类型

4.1.1 几何特征地图

几何特征地图是由环境中的路标所组成的，每个路标的特征用点、线、面等几何原型来近似。几何特征地图能够为移动机器人的定位提供所需要的度量信息，并且该地图所需的存储量比较小，有利于移动机器人的位姿估计及环境中的目标识别。该类方法的问题主要有如何从移动机器人所收集的环境信息中找出几何特征，并且如何按照当前移动机器人的位姿和所观测到的环境中的路标在几何特征地图中寻找对应的位置。提取几何特征需要对所观测到的信息进行额外的处理，并且需要使用一定数量的观测数据才能得到想要的结果。假如是在室内环境下，通常可以将环境中的桌子、墙壁、楼梯定义为更加抽象化的面、角、边等几何特征。一般情况下，室外环境的几何特征不易提取。综上所述，几何特征地图比较适合于描述室内环境。具体地，几何特征地图如图 4.2 所示，它又称为基于特征的地图（Feature-based Maps），使用全局坐标表示环境中的一些基本几何图元。由于几何特征地图既能提供规划及定位所需要的度量信息，存储量又相对较小，因此它经常出现在许多基于视觉 SLAM 的研究中。在这类研究中，移动机器人一般只在一定范围空旷的区域内（无障碍）活动。几何特征地图一般用来表征路标等移动机器人感兴趣的特征信息，其优点是表示方法较紧凑，且便于定位和目标识别，但如何从自然环境中提取稳定的特征信息是其需要解决的问题之一。

图 4.2 几何特征地图

4.1.2 拓扑地图

拓扑地图（见图 4.3）是一种更加抽象的环境地图形式，将空间环境以拓扑结构图的形式进行描述。拓扑地图中的节点表示环境当中的特殊位置点，其中的边表示节点之间的连接关系。拓扑地图一般以图表的形式出现，所需要的存储空间相对较小，利用拓扑地图进行路径规划的效率会很高，其比较适用于大规模的环境地图构建。然而由于没有精确的尺度信息，所以该地图不适用于移动机器人的定位。当移动机器人所处的环境中存在两个相似的特征时，依据拓扑地图将难以确定该特征是否属于同一节点。目前用得比较多的拓扑地图表示方法是 Voronoi 图法，其常被用来描述环境中路标之间的联系。

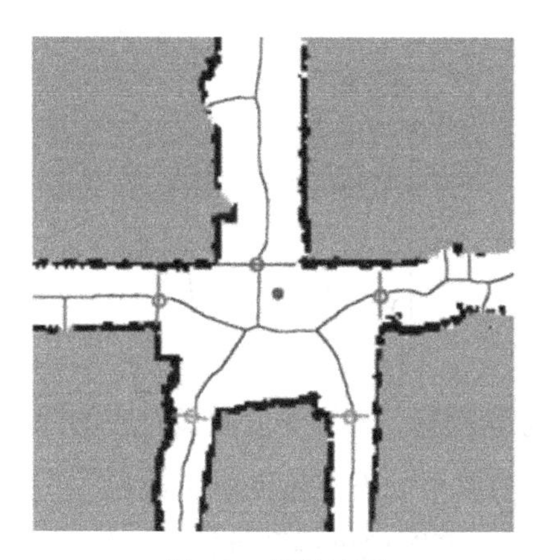

图 4.3　拓扑地图

4.1.3　点云地图

所谓点云，是三维空间中离散的一组点，除了包含基本的三维坐标 x、y、z 外，还可以具有 r、g、b 的彩色信息，那么，点云中的每一个点都具有 $[r,g,b,x,y,z]^{\mathrm{T}}$ 的形式。首先，点云地图是一种度量地图，能够清晰地描述环境中物体间的位置关系，并且在相对稠密的点云地图中，物体的表面信息能够被较好地描述。点云地图的状态表达相对简单，存在点云的地方就是被占据的，反之，则为空闲。

利用 RGB-D 相机进行稠密建图是相对容易的。不过，根据地图形式的不同，也存在着若干种不同的主流建图方式。最直观、最简单的方法就是根据估算的相机位姿，将 RGB-D 数据转化为点云，然后进行拼接，最后得到一个由离散的点组成的点云地图。

所谓点云地图，就是由一组离散的点表示的地图。最基本的点包含 x、y、z 三维坐标，也可以带有 r、g、b 的彩色信息。由于 RGB-D 相机提供了彩色图和深度图，很容易根据相机内参数来计算 RGB-D 点云。如果通过某种手段得到了相机的位姿，那么只要直接把点云进行加和，就可以获得全局的点云。

空间点与图像中的像素点存在如下投影关系：

$$Z_{\mathrm{c}}\begin{bmatrix}u\\v\\1\end{bmatrix}=\boldsymbol{K}\begin{bmatrix}X_{\mathrm{c}}\\Y_{\mathrm{c}}\\Z_{\mathrm{c}}\end{bmatrix}=\begin{bmatrix}f_x & 0 & c_x\\0 & f_y & c_y\\0 & 0 & 1\end{bmatrix}\begin{bmatrix}X_{\mathrm{c}}\\Y_{\mathrm{c}}\\Z_{\mathrm{c}}\end{bmatrix} \tag{4-1}$$

式中，$[X_{\mathrm{c}},Y_{\mathrm{c}},Z_{\mathrm{c}}]^{\mathrm{T}}$ 为空间中一点 P 在彩色相机坐标系下的坐标，其投影在彩色图像上的像素坐标为 $[u,v]^{\mathrm{T}}$；$\boldsymbol{K}$ 为彩色相机内参数矩阵；f_x、f_y、c_x、c_y 均为内参数矩阵的具体参数。

深度相机经过标定得到相机内参数和畸变系数后，对彩色图像和深度图像进行配准和去畸变。在已知彩色图像像素点坐标和对应深度值时，即可根据式（4-1）得到该点在相机坐标系下的坐标。

$$\begin{cases} Z_c = \dfrac{d}{s} \\ X_c = \dfrac{Z_c\left(u - c_x\right)}{f_x} \\ Y_c = \dfrac{Z_c\left(v - c_y\right)}{f_y} \end{cases} \tag{4-2}$$

式中，$[u,v]^{\mathrm{T}}$ 为彩色图像的像素坐标；d 为深度图像对应的深度值；s 为比例系数。对图像中每个像素点利用式(4-2)计算其空间点在相机坐标系下的坐标，即可得到整张图像的点云。

根据关键帧的彩色图像、深度图像可得到单帧点云如图 4.4 所示，全局地图由单帧点云拼接而成。已知空间中一点在世界坐标系下的坐标为 $\boldsymbol{P}_{\mathrm{w}}$，在相机坐标系下的坐标为 $\boldsymbol{P}_{\mathrm{c}}$，对应图像中的像素坐标为 $\boldsymbol{p}_{uv}$，则它们存在关系

$$s\boldsymbol{p}_{uv} = \boldsymbol{K}\boldsymbol{P}_{\mathrm{c}} = \boldsymbol{K}\boldsymbol{T}_{\mathrm{cw}}\boldsymbol{P}_{\mathrm{w}} \tag{4-3}$$

$$\boldsymbol{P}_{\mathrm{w}} = \boldsymbol{T}_{\mathrm{cw}}^{-1}\boldsymbol{P}_{\mathrm{c}} \tag{4-4}$$

式中，$\boldsymbol{K}$ 为相机内参数矩阵，s 为比例系数，$\boldsymbol{T}_{\mathrm{cw}}$ 为从世界坐标系转换到相机坐标系的变换矩阵。在视觉 SLAM 中，相机的位姿为相机相对于世界坐标系的坐标和相机坐标系相对于世界坐标系的旋转，故 $\boldsymbol{T}_{\mathrm{cw}}$ 为通过视觉 SLAM 系统得到的相机位姿。一般情况下，将相机输入视觉 SLAM 系统的第一帧数据对应的坐标系作为世界坐标系，且将该帧设置为关键帧。因此，点云的拼接过程可以描述如下。

假设利用第 i 帧关键帧生成的点云为 Cloud_i，第 i 帧关键帧的相机位姿为 $\boldsymbol{T}_i$，第 j 帧关键帧生成的点云为 Cloud_j，第 j 帧关键帧的相机位姿为 $\boldsymbol{T}_j$，拼接这两帧点云的过程如下。

（1）将两帧点云分别转化到世界坐标系下。

$$\begin{aligned} \mathrm{Cloud}_i' &= \boldsymbol{T}_i^{-1}\mathrm{Cloud}_i \\ \mathrm{Cloud}_j' &= \boldsymbol{T}_j^{-1}\mathrm{Cloud}_j \end{aligned} \tag{4-5}$$

（2）点云拼接，得到新的点云。

$$\mathrm{Cloud}^* = \mathrm{Cloud}_i' + \mathrm{Cloud}_j' \tag{4-6}$$

图 4.4　单帧点云

点云地图如图 4.5 所示，它为我们提供了比较基本的可视化地图，让我们能够大致了解环境的样子。它以三维方式存储，使得我们能够快速地浏览场景的各个角落，乃至在场景中进行漫游。点云地图的一大优势是可以直接由 RGB-D 图像高效地生成，不需要额外处理。它的滤波操作非常直观，处理效率尚能接受。

图 4.5　点云地图

但是点云地图也存在缺陷，在点云地图中，我们虽然有了三维结构，亦进行了体素滤波以调整分辨率，但点云地图通常规模很大，所以一个 PCD 文件也会很大。一张 640×480 的图像，会产生 30 万个空间点，需要大量的存储空间，其中有很多不必要的细节，即使经过一些滤波之后，PCD 文件也是很大的。除非我们降低分辨率，否则在有限的内存中，无法建模较大的环境。然而降低分辨率会导致地图质量下降，且点云地图无法实现是否占据的描述，因此无法应用于导航等功能。

4.1.4　八叉树地图

八叉树地图是一种灵活的、能随时进行压缩的地图形式，其通过八叉树结构来描述空间环境。八叉树地图如图 4.6 所示，又称为 Octomap，是一种栅格地图，以八叉树（Octree）结构的形式存储并基于占据概率的形式表示。同时八叉树地图是一种灵活的、可压缩的，又能随时更新的地图形式，更适合于移动机器人的环境地图描述。

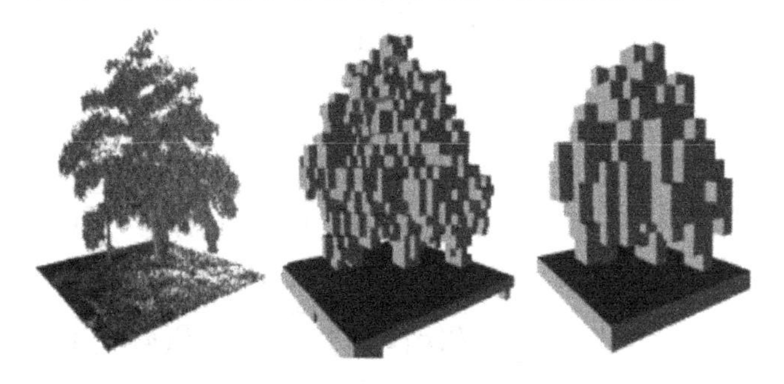

图 4.6　八叉树地图

八叉树地图像是由很多个小方块组成的。当其分辨率较高时，方块很小；当其分辨率较低时，方块很大。每个方块表示该格被占据的概率，因此可以通过查询某个方块或点“是否可以通过"，从而实现不同层次的导航。简而言之，环境较大时采用较低分辨率，而较精细的导航可采用较高分辨率，十分方便。

八叉树结构通过对三维空间的几何实体进行体元剖分，从而形成一个具有根节点的方向图。其中图 4.7（a）所示为八叉树在空间中的表现形式，可以看出利用八叉树可以任意地分割空间，满足不同的地图精度要求。图 4.7（b）所示为八叉树的数据结构，树根可以不断地往下扩展，每次分成八个枝，直到叶子为止。叶子节点代表了分辨率最高的情况，图中的黑方块代表的就是叶子节点。

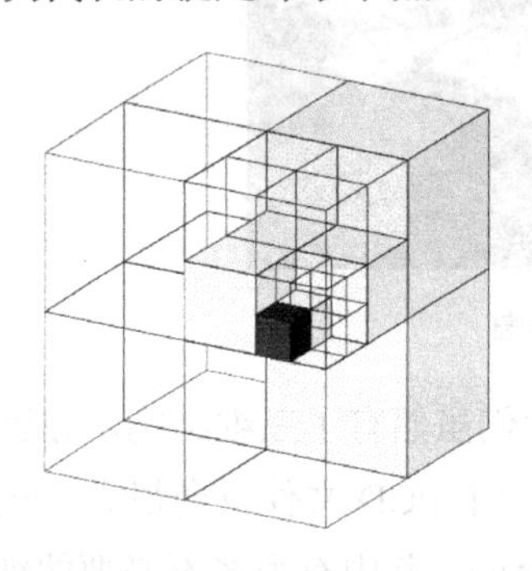

（a）八叉树在空间中的表现形式

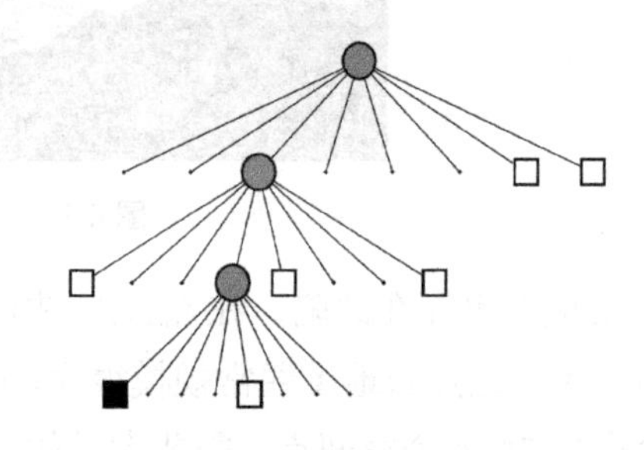

（b）八叉树的数据结构

图 4.7 八叉树结构

如果对每个叶子节点分配一个概率，则父节点的概率为其所有子节点的概率之和。对于已经确定被占据的节点，其概率为 1，相应地，确定未被占据的节点的概率为 0。对一个叶子节点 n，在 $1,2,\cdots,t$ 的不同时刻，有观测数据 $z_1,z_2,\cdots,z_t$，那么叶子节点的概率为

$$P(n\mid z_{1:t})=\left[1+\frac{1-P(n\mid z_t)}{P(n\mid z_t)}\frac{1-P(n\mid z_{1:t-1})}{P(n\mid z_{1:t-1})}\frac{P(n)}{1-P(n)}\right]^{-1} \tag{4-7}$$

上式中 $P(n)$ 的先验（未知状态时）为 0.5。根据对数变换

$$\log it(p)=\ln\left(\frac{p}{1-p}\right) \tag{4-8}$$

可得

$$\begin{aligned}\ln\frac{P(n\mid z_{1:t})}{1-P(n\mid z_{1:t})}&=-\ln\left[\frac{1-P(n\mid z_t)}{P(n\mid z_t)}\frac{1-P(n\mid z_{1:t-1})}{P(n\mid z_{1:t-1})}\frac{P(n)}{1-P(n)}\right]\\&=\ln\left[\frac{P(n\mid z_{1:t-1})}{1-P(n\mid z_{1:t-1})}\right]+\ln\left[\frac{P(n\mid z_t)}{1-P(n\mid z_t)}\right]\end{aligned} \tag{4-9}$$

令

$$L(n\mid z_t)=\ln\left[\frac{P(n\mid z_t)}{1-P(n\mid z_t)}\right] \tag{4-10}$$

上式可重写为

$$L\left(n \mid z_{1:t}\right)=L\left(n \mid z_{1:t-1}\right)+L\left(n \mid z_t\right) \tag{4-11}$$

根据式（4-11）可知，在三维空间中的任何点，新的观测可以直接加到之前的观测上，所有地图的更新十分简便快速，同时也说明父节点的概率就是子节点的概率和。因此，基于传感器获得的观测数据，可以对八叉树结构的节点不断地进行更新，计算各节点的占据概率，完成八叉树地图的构建，八叉树地图如图 4.8 所示。

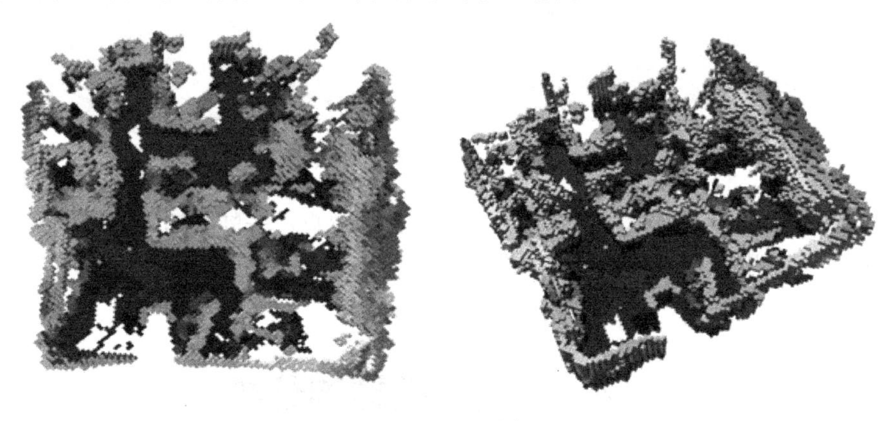

图 4.8　八叉树地图

4.1.5　栅格地图

栅格地图是二维地图，反映了空间中某一平面的信息，主要思想是将平面划分为同等大小的栅格单元，每个栅格单元代表平面上的一个区域，并用栅格单元是否被占据来描述环境信息。此种方法采用概率值来表达环境模型的不确定性。栅格地图相比于上述几种环境地图，能够提供更为精确的度量信息，而且该地图非常直观且容易处理，因此广泛应用于许多移动机器人系统中，直到现在仍受到很多研究者的欢迎。栅格地图虽然有很多优点，但也不可避免地存在一些问题。栅格地图的准确性严重依赖里程计的精度，同时栅格地图的存储和维护所需要的数据量比较大，对大规模场景的环境地图构建问题而言，难以满足其实时性要求。因此使用栅格地图时，需要综合考虑计算机的计算能力及实际运行的环境大小等。

栅格地图中的每个栅格单元，其状态可以分为已占据状态和未占据状态。已占据状态代表该栅格单元中存在障碍物，与此相反，未占据状态代表在该栅格单元中没有障碍物存在。移动机器人在未知环境中运动时，以一个栅格作为最小移动单位，并综合考虑栅格地图中的所有栅格的状态，从而对行进路线进行决策。图 4.9 所示为移动机器人在室内环境下进行自主探索所建立的栅格地图。在该地图中，灰色部分代表未占据区域，即在该区域中没有障碍物，黑色部分代表已占据区域，即有墙体等障碍物的存在。

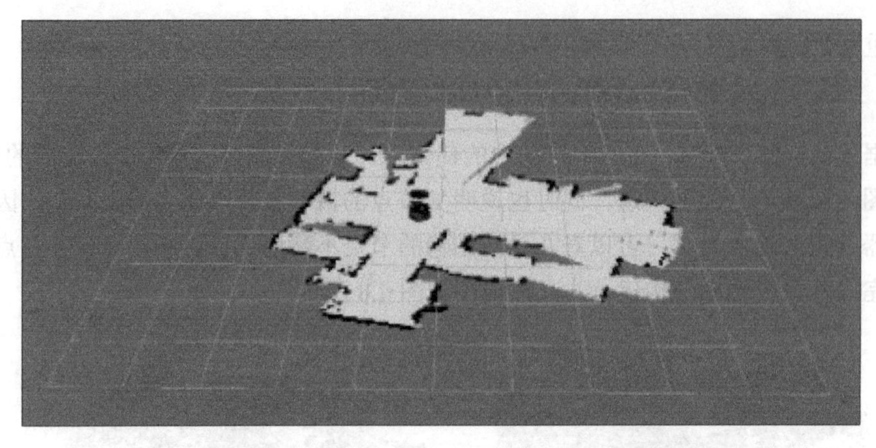

图 4.9　移动机器人在室内环境下进行自主探索所建立的栅格地图

最后，每种地图都有各自的特点，具有不同的优缺点，实际应用时，应根据需求选择地图类型，可以采用一种地图或多种地图相结合的方式。

4.2　定位问题的分类

并不是所有定位问题的难度都是相当的，为了理解定位问题的难度，首先简单地讨论定位问题的分类方法。这种分类根据若干重要特性划分定位问题，这些特性涉及环境的性质和移动机器人可能拥有的有关定位问题的最初信息。

4.2.1　局部定位与全局定位

影响定位困难程度的第 1 个方面是定位问题是以最初运行期间可供使用信息的类型为特征的。

位置跟踪假定移动机器人的初始（Initial）位姿已知，通过适应移动机器人的运动噪声来定位移动机器人。此类噪声的影响通常很微弱，因此位置跟踪经常依赖位姿误差小的假设。位姿的不确定性经常用单峰分布（如高斯分布）来近似。位置跟踪问题是一个局部问题，因为不确定性是局部的，并且局限于移动机器人真实位姿附近的区域。

全局定位认为移动机器人的初始位姿未知。移动机器人最初放置在环境中的某个地方，但是缺少它的位置信息。全局定位不能假定位姿误差的有界性，正如后面章节将介绍的，使用单峰分布通常是不合适的。全局定位比位置跟踪更困难，事实上它包括了位置跟踪。

绑架移动机器人问题是全局定位问题的一个变种，但是它更加困难。在运行过程中，移动机器人被绑架瞬间移动到其他位置。绑架移动机器人问题比全局定位问题更困难，因为移动机器人可能相信自己在那儿，尽管它不是在那里，而在全局定位中，移动机器人不知道自己在哪儿。有人可能认为实际上移动机器人很少被绑架，然而，这个问题的现实意义来自最先进定位算法的观察，算法并不能保证永不失效，具备从失效中恢复的能力对于真正的自主移动机器人来说是必不可少的。通过绑架移动机器人可以测试一个定位算法，可以用来衡量该算法从全局定位失效中恢复的能力。

4.2.2 静态环境定位与动态环境定位

影响定位困难程度的第 2 个方面是环境。环境分为静态环境和动态环境。

静态环境，指仅有的变量（状态）是移动机器人位姿的环境。换句话说，静态环境里只有移动机器人是移动的，环境里其他目标永远保持在同一位置。静态环境具有一些很好的数学特性使得移动机器人服从高效概率估计。

动态环境，存在除移动机器人外位置或配置随时间变化的物体。特别有趣的是，变化在整个时间上持续，并对一个以上传感器的读数产生影响。不可测量的改变当然与定位无关，那些只影响一个测量的变化最好被当作噪声对待。更多持久变化的示例是，人、日光（对安装摄像机的移动机器人来说）、可移动的家具、门。很明显，大多数真实的环境是动态的，状态变化发生在不同的速度范围内。

显然，动态环境定位比静态环境定位更困难。主要有两种方法适用于动态环境：第一，状态向量里可能会包括动态实体，因此可能会调整马尔可夫假设，但是这一方法会带来额外的计算负担和建模复杂性；第二，在某些情况下，滤除传感器数据以便消除未建模动态因素的破坏作用。

4.2.3 被动定位与主动定位

影响定位困难程度的第 3 个方面涉及这样的事实：定位算法是否控制移动机器人的运动，其有如下两种情况。

被动定位（Passive Location）的情况。定位模块仅观察移动机器人的运行，移动机器人通过其他方式控制，并且移动机器人运动不是为了定位，而是可能随意移动或执行它每天的任务。

主动定位（Active Location）的情况。主动定位算法控制移动机器人，以便最小化定位误差/最小化定位不良的移动机器人进入一个危险地方引起的花费。

主动定位技术受到的一个主要限制是需要全过程地控制移动机器人。因此，只有主动定位技术是不够的。当执行其他任务而不是定位时，移动机器人也必须能自我定位。一些主动定位技术建立在被动定位技术之上。其他的一些主动定位技术，当管理一个移动机器人时，会把任务性能目标和定位目标结合起来。

4.2.4 单机器人定位与多机器人定位

影响定位困难程度的第 4 个方面与涉及的机器人数目有关。

单机器人定位（Single-robot Localization）是定位研究最常用的方法，它仅仅处理单一机器人。单机器人定位便于在单一机器人平台上收集所有数据，并且不存在通信问题。

多机器人定位（Multi-robot Localization）问题来源于机器人团队。每一机器人能独立地定位自身，因此多机器人定位问题可以通过单机器人定位解决。如果机器人之间能相互探测，定位有可能做得更好。这是因为如果两个机器人的相对位置信息可供使用，一个机器人的看法可以用于影响另一个机器人的看法。多机器人定位问题引出了一些有趣的、有意义的问题，即置信表示问题与两者之间的通信属性问题。

上述 4 个方面捕获了移动机器人定位问题的 4 个重要特性，还有其他特性会影响定位问题的难度，如移动机器人测量提供的信息和运动过程中信息的丢失，而且，对称环境比非对称环境更加困难，因为其具有更高的模糊性。

4.3 定位的常用方法

移动机器人的定位方式取决于所采用的定位传感器。移动机器人常用的定位传感器有里程计、摄像机、激光雷达、超声波、红外线、微波雷达、陀螺仪、指南针、速度计或加速度计等。下面将介绍定位的常用方法。

4.3.1 GPS 定位

GPS 是一种可以授时和测距的空间交会定点的导航系统，可向全球用户提供连续、实时、高精度的三维位置、三维速度和时间信息。GPS 最初主要用于军事，如为陆海空三军提供实时、全天候和全球性的导航服务，并用于情报收集、核爆监测、应急通信和爆破定位等方面。随着 GPS 步入试验和实用阶段，其定位技术的高度自动化及所达到的高精度和具有的巨大潜力，引起了各国政府的普遍关注。近些年，GPS 定位技术更是在民用和工业领域取得了迅速的发展，未来前景不可估量。

一个简单的 GPS 由空间卫星部分、地面接收器和用户接收机三部分构成。其中空间卫星部分由 24 颗在离地面 12000km 的高空上，以 12 小时为一个周期环绕地球运行的 GPS 卫星组成。任意时刻，在地面上的任意一点都可以同时观测到 4 颗以上的 GPS 卫星，地面接收器在计算出 GPS 卫星的位置后，利用三边法计算出地面接收器的经纬度和高度。基于 GPS 绝对定位的基本原理：以 GPS 卫星与用户接收机之间的观测几何距离 ρ 为基础，并根据 GPS 卫星的瞬时坐标 (x_s, y_s, z_s) 来确定用户接收机所对应的点位，即观测站的位置。GPS

绝对定位的示意图如图 4.10 所示。

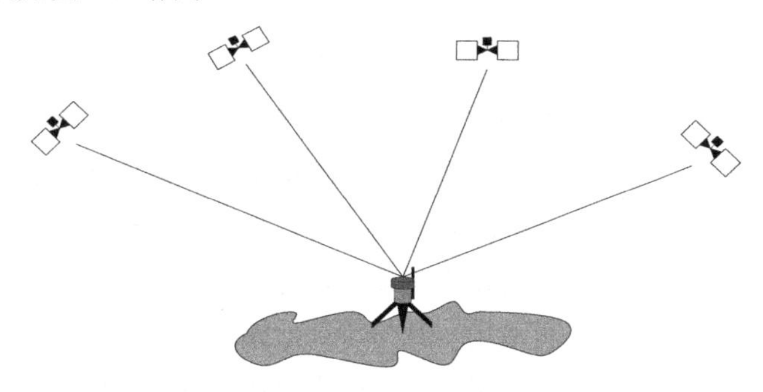

图 4.10　GPS 绝对定位的示意图

假设用户接收机的相位中心坐标为 (x, y, z)，则有

$$\rho = \sqrt{(x_s - x)^2 + (y_s - y)^2 + (z_s - z)^2} \tag{4-12}$$

GPS 卫星的瞬时坐标 (x_s, y_s, z_s) 可根据导航电文获得，所以式中只有 x、y、z 3 个未知量，只要同时接收 3 颗 GPS 卫星，就能解出用户接收机的坐标 (x, y, z)。显然，GPS 单点定位的实质就是空间距离的后方交会。

GPS 相对定位，亦称差分 GPS 定位，是目前 GPS 定位中精度最高的一种定位方法，其基本原理示意图如图 4.11 所示，将两台用户接收机分别安置在基线的两端，并同步观测相同的 GPS 卫星，以确定基线端点（测站点）在 WGS-84 坐标系中的相对位置或基线向量。

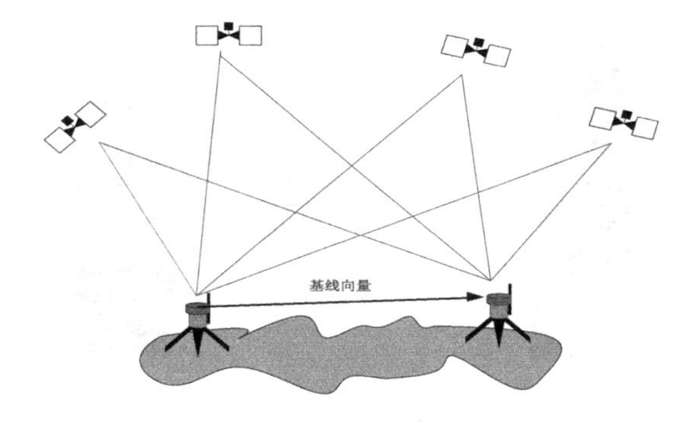

图 4.11　GPS 相对定位的基本原理示意图

在移动导航中，GPS 定位的精度通常受到 GPS 信号和道路环境的影响，同时还受到如时钟误差、传播误差、接收机噪声等诸多因素的影响。在实际应用中，可通过多种途径来提高 GPS 定位的精度，如利用 GPS 结合电子地图，使用 GPS 信号对野外环境中的移动机器人进行粗定位，然后利用全景图像数据精确定位。此外，对于室内移动机器人，由于 GPS 信号较弱，不能满足定位的需求，因此室内移动机器人多采用其他方式，如通过环境地图的匹配等方法实现定位。

4.3.2 基于地图的定位

基于地图的移动机器人定位问题着重分析地图上移动机器人可能位置的搜索和识别，其核心在于移动机器人感知获取的局部环境信息与已知地图中的环境信息的匹配。如前所述，地图是环境的模型，主要有拓扑地图、几何特征地图和栅格地图等。拓扑地图的抽象度高、存储和搜索空间都比较小、计算效率高，可以使用很多现有的成熟、高效的搜索和推理算法。其缺点在于对拓扑地图的使用是建立在对拓扑节点的识别匹配基础上的，当这个前提不能满足时，该方法将不再适用。几何特征地图和栅格地图的优点是建立简单，保留了环境的大部分信息，定位过程中也不再依赖于对环境特征的识别，但是定位过程中的搜索空间很大，如果没有较好的简化算法，实现实时应用比较困难。

基于地图的定位方法可归纳如下。

1. 使用拓扑地图和直接推理的定位方法

此类方法都使用拓扑地图表示结构化的外界环境，在定位过程中往往采用直接式的推理方法，以广义 Voronoi 图（Generalized Voronoi Graph，GVG）方法为典型。如图 4.12 所示，广义 Voronoi 图由一系列的直线和抛物线构成，直线段由两个障碍物的顶点或两个障碍物的边定义生成，直线段上的所有点必须与障碍物的顶点或障碍物的边距离相等。抛物线段由一个障碍物的顶点和一个障碍物的边定义生成，同样要求抛物线段上的所有点与障碍物的顶点和障碍物的边有相同距离。

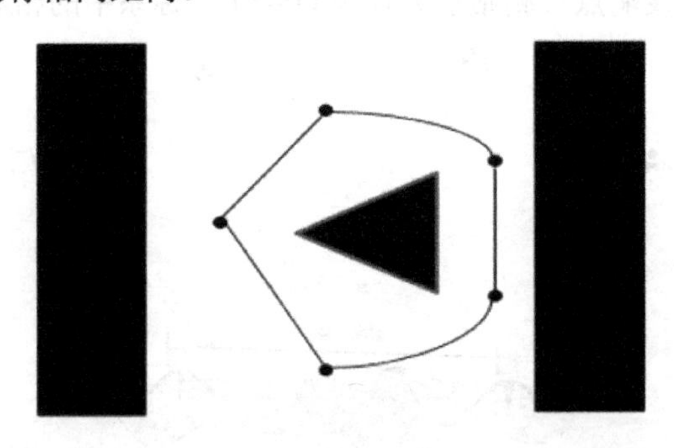

图 4.12 广义 Voronoi 图

广义 Voronoi 图方法规定移动机器人的移动轨迹，结合对拓扑节点的识别，把定位问题归结为判断移动机器人在拓扑图上哪两个节点之间的问题，可以在室内环境下跟踪移动机器人的位置。使用广义 Voronoi 图方法，移动机器人的定位和运动控制是紧密联系的。在获得运动任务之后，移动机器人将规划之后的运动轨迹转换成沿着环境广义 Voronoi 图上的边对一组节点的有序遍历。整个运动和定位过程以“从当前位置沿广义 Voronoi 图边移动到识别出下一节点”为阶段分步进行，位置推理依靠已知的初始位置和历史路径的回溯来完成。各种定位传感器不确定的因素造成的定位误差不会因为运动距离的增加而累加，从而使移动机器人的运动精度保持在允许范围内。由于广义 Voronoi 图本身的特点，此方法已经拓展到三维空间用于美国国家航空航天局（NASA）空间站中移动机器人三维定位问题的研究。从某种角度上讲，广义 Voronoi 图方法是一种逻辑上的定位方法，它并不给出移动机器人位置的坐标，而是给出在完成任务过程（如办公室环境中的送信任务）中移动机器人所处的阶段。利用拓扑地图定位方法的这种特性，广义 Voronoi 图方法可以进一步应用于上层模块的路径规划和任务协调，实现移动机器人较高层次的智能化。

2．使用几何特征地图和直接推理的定位方法

几何特征地图和直接推理的定位方法大多通过判断移动机器人自身与环境中的已知点的相对位置进行定位。如何在有噪声的情况下有效识别尽量多的路标并用于定位，一直是研究关注的焦点之一。几何特征地图在描述具体环境特征上较拓扑地图更为有效。基于传感器融合的三角形方法是一种典型的使用几何特征地图和直接推理的定位方法，其意图在于通过在移动机器人移动过程中对距离传感器的读数进行分析，找出环境中的一些固定点作为特征点，用这些点和地图中的参考点集进行比较，从而估计移动机器人可能的位置。

此方法由两部分构成，识别特征点和利用识别结果推理定位。识别特征点使用三角形融合算法完成，其核心思想是从移动机器人的激光、声呐等测距波束在不同位置获得的周边测距信息中提取环境中固定物体产生的反射，经过时间序列上的筛选和综合之后，移动机器人就可以有效跟踪环境中的特征点相对自身的位置变化。

依靠前面识别的特征点，定位的推理用一个选举的过程来进行，目的是找出一个平移和旋转变换使当前识别获得的特征点集与预先存储的参照点集（往往是环境中有转角特征的点，可以人工标出，也可以通过图像处理技术从地图中自动获得）有最大重合度，而这个平移和旋转变换就是移动机器人的位置和朝向。

利用几何特征地图可以尽量利用环境中的特征信息，而依靠直接推理可以灵活加入经验规则，进而缩小搜索空间，因此这类方法的搜索和识别的运算量都不大。

3．使用栅格地图和概率推理的定位方法

随着对移动机器人定位问题的研究深入，定位过程中遇到的不确定性越来越受到重视，当根据传感器信息建立的环境模型与配置的环境地图进行匹配时，由于传感器误差等不确定性因素，可能出现一个对象符合数个匹配的情况。在这种情况下，一般采用基于概率推理的定位方法来消除匹配的不明确性。在近几年的研究中，应用这种推理的定位方法往往使用基于栅格描述的环境地图，下节将着重介绍该部分方法。

4.3.3 基于概率方法的定位

在基于概率方法的定位中，比较具有代表性的有马尔可夫定位方法、卡尔曼滤波定位方法、蒙特卡罗定位方法。基于概率的移动机器人定位原理可以表述为一个动态贝叶斯网络，它是一种将贝叶斯概率方法和有向无环图的网络拓扑结构有机结合的表示模型，描述了数据项及其依赖关系，并根据各个变量之间的概率关系建立了图论模型。

1．马尔可夫定位

在移动机器人定位中，移动机器人的位姿是马尔可夫定位方法的研究对象。移动机器人在空间中的运动可以用离散的数学模型来描述，因而可以通过离散的马尔可夫过程（马尔可夫链）来表示移动机器人在各个时间点的每个位置的概率分布。具体地，利用先验环境地图信息、位姿的当前估计和传感器的观测值等输入信息，将其经过一定的处理和变换，更新各个时间点的每个位姿的概率分布，从而产生更加准确的移动机器人当前的位姿估计结果。

马尔可夫定位的关键是移动机器人运动过程的无后效性假设，即移动机器人当前时刻的状态仅与前一时刻的状态和动作有关，与其过去的状态和动作与未来的状态和动作无关，并且移动机器人在过去状态下的传感器测量数据与当前状态下的传感器测量数据无关。在马尔可夫定位中，环境状态即是移动机器人在环境中的位姿，通常以离散变量表示。设 $\boldsymbol{X}_k$ 为移动机器人在 k 时刻的位姿，是一随机变量。另外，$\mathrm{Bel}\left(\boldsymbol{X}_k\right)$ 表示移动机器人在 k 时刻位于 $\boldsymbol{X}_k$ 处的可信度。根据移动机器人传感器的感知数据 $\boldsymbol{Z}_k$ 所采取的动作 $\boldsymbol{A}_k$ 确定移动机器人位于环境空间位置的可能性大小 $\mathrm{Bel}\left(\boldsymbol{X}_k\right)$。该可信度代表了移动机器人位于整个环境空间的概率分布情况（这里用可信度概念而不直接用概率表示，是为了强调这是对移动机器人状态的估计）。这里的 $\boldsymbol{X}_k$ 可以是 $\left(X,Y,\theta\right)$ 空间中的任一位置或拓扑空间中的某一节点。

当移动机器人运动或接收到新的传感器输入数据时，状态将被更新。假设在每一个离散时刻 k，移动机器人收到一次测量数据 $\boldsymbol{Z}_k$ 并给出一次动作命令 $\boldsymbol{A}_k$。马尔可夫定位的任务是随着移动机器人的运动，不断地更新移动机器人位于位置 $\boldsymbol{X}_k$ 的可信度，并以可信度最大的位置作为对移动机器人实际位姿的估计。

在应用马尔可夫定位方法时，系统必须满足马尔可夫条件假设，即动作的独立性和感知的独立性。这是应用贝叶斯公式更新状态变量 $\boldsymbol{X}$ 概率估计的基础。移动机器人在 k 时刻所处状态的可信度以当前时刻所有有效的测量和动作数据为基础，可以定义为

$$\mathrm{Bel}\left(\boldsymbol{X}_k\right)=P\left(\boldsymbol{X}_k \mid \boldsymbol{X}_1,\boldsymbol{X}_2,\cdots,\boldsymbol{X}_{k-1},\boldsymbol{Z}_1,\boldsymbol{Z}_2,\cdots,\boldsymbol{Z}_{k-1},\boldsymbol{A}_1,\boldsymbol{A}_2,\cdots,\boldsymbol{A}_{k-1}\right) \tag{4-13}$$

上式表示在已知 $\boldsymbol{X}_k$、$\boldsymbol{Z}_k$ 和 $\boldsymbol{A}_k$ 前面的所有测量和动作数据时移动机器人位于 $\boldsymbol{X}_k$ 的可信度。其值越大，说明移动机器人实际位于 $\boldsymbol{X}_k$ 处的可能性越大。条件概率的计算是一个递推的贝叶斯估计过程，移动机器人在 k 时刻位于 $\boldsymbol{X}_k$ 的可信度以下式表示。

$$\mathrm{Bel}\left(\boldsymbol{X}_k\right)=\frac{P\left(\boldsymbol{Z}_k \mid \boldsymbol{X}_k,\boldsymbol{Z}_{1,2,\cdots,k-1},\boldsymbol{A}_{1,2,\cdots,k-1}\right)P\left(\boldsymbol{X}_k \mid \boldsymbol{Z}_{1,2,\cdots,k-1},\boldsymbol{A}_{1,2,\cdots,k-1}\right)}{P\left(\boldsymbol{Z}_k \mid \boldsymbol{Z}_{1,2,\cdots,k-1},\boldsymbol{A}_{1,2,\cdots,k-1}\right)} \tag{4-14}$$

式中，$\mathrm{Bel}\left(\boldsymbol{X}_k\right)$ 表示在 k 时刻移动机器人的位姿；$\boldsymbol{Z}_i$ 表示在 i 时刻移动机器人的传感器感

知数据；而 $\boldsymbol{A}_i$ 表示移动机器人在 i 时刻采取的控制动作。上式对移动机器人状态可信度的估计是递推进行的，系统初始状态的可信度体现了定位的特点。

如果移动机器人的初始位置是确定的，即 $\mathrm{Bel}(\boldsymbol{X}_0)=1$。如果初始时刻移动机器人对其所处位置一无所知，那么初始状态的概率分布函数可用均匀分布表示，此时等同于全局定位问题。式中分母相对于 $\boldsymbol{X}_k$ 而言是一个常数，可理解为归一化因子，其作用是确保在所有可能位置处的概率之和为 1。为了简化书写，此常数用 $1/\alpha$ 表示。

$P(\boldsymbol{Z}_k \mid \boldsymbol{X}_k, \boldsymbol{Z}_{1,2,\cdots,k-1}, \boldsymbol{A}_{1,2,\cdots,k-1})$ 表示在 k 时刻已知移动机器人位于 $\boldsymbol{X}_k$ 处的可信度及前面的所有感知数据时，移动机器人观察到特征 $\boldsymbol{Z}_k$ 的概率，通常也称为传感器模型。根据式（4-14），该项可简写为 $P(\boldsymbol{Z}_k \mid \boldsymbol{X}_k)$，$\boldsymbol{Z}_k$ 为可由距离传感器（如激光或声呐）或视觉图像处理器等在环境中提取的距离数据或一个抽象特征，如门、走廊等。式（4-14）可重写为下式：

$$\mathrm{Bel}(\boldsymbol{X}_k)=\alpha P(\boldsymbol{Z}_k \mid \boldsymbol{X}_k) P(\boldsymbol{X}_k \mid \boldsymbol{Z}_{1,2,\cdots,k-1}, \boldsymbol{A}_{1,2,\cdots,k-1}) \tag{4-15}$$

传感器模型用于更新移动机器人位姿的可信度，这类似于卡尔曼滤波估计中的位姿更新阶段。

式（4-15）中，$P(\boldsymbol{X}_k \mid \boldsymbol{Z}_{1,2,\cdots,k-1}, \boldsymbol{A}_{1,2,\cdots,k-1})$ 表示当动作 $\boldsymbol{A}_{k-1}$ 立即执行后及在 k 时刻的环境测量数据到来前移动机器人位于位置 $\boldsymbol{X}_k$ 的概率。以 k 时刻前面的状态 $\boldsymbol{X}_{k-1}$ 为基础，并应用马尔可夫假设，该条件概率可用式（4-16）求解。这是由从前面 $k-1$ 时刻的所有可能状态 $\boldsymbol{X}_k=\boldsymbol{X}$ 转移到当前状态 $\boldsymbol{X}_k$ 的概率之和决定的。

$$\begin{aligned}
P(\boldsymbol{X}_k \mid \boldsymbol{Z}_{1,2,\cdots,k-1}, \boldsymbol{A}_{1,2,\cdots,k-1}) &= \sum_{\boldsymbol{X}} P(\boldsymbol{X}_k \mid \boldsymbol{X}_{k-1}=\boldsymbol{X}, \boldsymbol{Z}_{1,2,\cdots,k-1}, \boldsymbol{A}_{1,2,\cdots,k-1}) \times \\
&\quad P(\boldsymbol{X}_{k-1}=\boldsymbol{X} \mid \boldsymbol{Z}_{1,2,\cdots,k-1}, \boldsymbol{A}_{1,2,\cdots,k-1}) \\
&= \sum_{\boldsymbol{X}} P(\boldsymbol{X}_k \mid \boldsymbol{X}_{k-1}=\boldsymbol{X}, \boldsymbol{A}_{k-1}) \times \\
&\quad P(\boldsymbol{X}_{k-1}=\boldsymbol{X} \mid \boldsymbol{Z}_{1,2,\cdots,k-1}, \boldsymbol{A}_{1,2,\cdots,k-1})
\end{aligned} \tag{4-16}$$

式（4-16）中，$P(\boldsymbol{X}_{k-1}=\boldsymbol{X} \mid \boldsymbol{Z}_{1,2,\cdots,k-1}, \boldsymbol{A}_{1,2,\cdots,k-1})$ 表示在 $k-1$ 时刻，在位置 $\boldsymbol{X}$ 处执行动作 $\boldsymbol{A}_{k-1}$ 直到 k 时刻到达 $\boldsymbol{X}_k$ 位置的概率。由于它只与 $k-1$ 的状态和动作相关，可以将其简记为 $P(\boldsymbol{X}_k \mid \boldsymbol{X}_{k-1}=\boldsymbol{X}, \boldsymbol{A}_{k-1})$，表示由于移动机器人采取动作而引起的状态变化，也可以称之为动作模型。

如果 $\boldsymbol{X}$ 为连续状态变量，那么式（4-16）也可表示为

$$\begin{aligned}
P(\boldsymbol{X}_k \mid \boldsymbol{Z}_{1,2,\cdots,k-1}, \boldsymbol{A}_{1,2,\cdots,k-1}) &= \int P(\boldsymbol{X}_k \mid \boldsymbol{X}_{k-1}=\boldsymbol{X}, \boldsymbol{Z}_{1,2,\cdots,k-1}, \boldsymbol{A}_{1,2,\cdots,k-1}) \times \\
&\quad P(\boldsymbol{X}_{k-1}=\boldsymbol{X} \mid \boldsymbol{Z}_{1,2,\cdots,k-1}, \boldsymbol{A}_{1,2,\cdots,k-1}) \mathrm{d}\boldsymbol{X}
\end{aligned} \tag{4-17}$$

式中，$P(\boldsymbol{X}_{k-1}=\boldsymbol{X} \mid \boldsymbol{Z}_{1,2,\cdots,k-1}, \boldsymbol{A}_{1,2,\cdots,k-1})$ 是在 $k-1$ 时刻移动机器人位于 $\boldsymbol{X}_{k-1}$ 处的可信度，将

其用 $\mathrm{Bel}\left(\boldsymbol{X}_{k-1}\right)$ 表示，并应用马尔可夫假设，其动作模型可简写为

$$P\left(\boldsymbol{X}_k \mid \boldsymbol{X}_{k-1}, \boldsymbol{A}_{k-1}\right)=\sum_{\boldsymbol{X}} P\left(\boldsymbol{X}_k \mid \boldsymbol{X}_{k-1}=\boldsymbol{X}, \boldsymbol{A}_{k-1}\right) \mathrm{Bel}\left(\boldsymbol{X}_{k-1}\right) \tag{4-18}$$

对于连续状态变量，有

$$P\left(\boldsymbol{X}_k \mid \boldsymbol{X}_{k-1}, \boldsymbol{A}_{k-1}\right)=\int P\left(\boldsymbol{X}_k \mid \boldsymbol{X}_{k-1}=\boldsymbol{X}, \boldsymbol{A}_{k-1}\right) \mathrm{Bel}\left(\boldsymbol{X}_{k-1}\right) \mathrm{d}\boldsymbol{X} \tag{4-19}$$

这表明动作模型只与前一时刻的状态及当前时刻前完成的动作有关。动作模型完成的可信度的更新过程，等同于卡尔曼滤波估计中的位姿预测阶段。通过推导，可得到重要的递推公式

$$\mathrm{Bel}\left(\boldsymbol{X}_k\right)=\alpha P\left(\boldsymbol{Z}_k \mid \boldsymbol{X}_k\right) \sum_{\boldsymbol{X}} P\left(\boldsymbol{X}_k \mid \boldsymbol{X}_{k-1}=\boldsymbol{X}, \boldsymbol{A}_{k-1}\right) \mathrm{Bel}\left(\boldsymbol{X}_{k-1}\right) \tag{4-20}$$

同样，针对连续状态变量，则有

$$\mathrm{Bel}\left(\boldsymbol{X}_k\right)=\alpha P\left(\boldsymbol{Z}_k \mid \boldsymbol{X}_k\right) \int P\left(\boldsymbol{X}_k \mid \boldsymbol{X}_{k-1}=\boldsymbol{X}, \boldsymbol{A}_{k-1}\right) \mathrm{Bel}\left(\boldsymbol{X}_{k-1}\right) \mathrm{d}\boldsymbol{X} \tag{4-21}$$

马尔可夫定位方法与卡尔曼滤波定位方法的不同之处在于，马尔可夫定位方法不使用高斯分布表示概率密度，而是将整个状态空间离散化，直接以每个（离散后的）空间单元的概率密度来表示状态分布，因此在各个时间记录的就不仅仅是单纯的姿态数学期望和置信度方差，而是整个空间中的姿态概率分布。这种表示方法的优越性在于首先可以表示定位过程中的歧义或多义的情况，其次可以表示移动机器人对自身位置一无所知的情况，这为处理移动机器人在运动过程中突然被转移的情况和定位失败的恢复提供了较好的解决途径。

2．卡尔曼滤波定位

马尔可夫定位模型可以表示移动机器人位置的任何概率密度函数，该方法比较通用但效率低。移动机器人定位的关键不是概率密度曲线的精确复制，而是与鲁棒定位相关的传感器融合问题。卡尔曼滤波是实现多种传感器信息融合的一个高效技术，不管获得的数据是否准确，利用线性的系统状态方程和观测方程就可以得到一个全局最优的状态估计。设一个线性离散时间系统可以用如下状态方程和观测方程表示。

$$\boldsymbol{X}_k=\boldsymbol{F}_k \boldsymbol{X}_{k-1}+\boldsymbol{w}_k \tag{4-22}$$

$$\boldsymbol{Z}_k=\boldsymbol{H}_k \boldsymbol{X}_{k-1}+\boldsymbol{v}_k \tag{4-23}$$

式中，$\boldsymbol{X}_k$ 为系统的 n 维状态向量；$\boldsymbol{Z}_k$ 为系统的 m 维观测序列；$\boldsymbol{w}_k$ 为 n 维系统过程噪声序列；$\boldsymbol{v}_k$ 为 m 维观测噪声序列；$\boldsymbol{F}_k$ 为 $n \times n$ 维系统状态转移矩阵；$\boldsymbol{H}_k$ 为 $m \times n$ 维观测矩阵。另外，假设 $\boldsymbol{w}_k$ 和 $\boldsymbol{v}_k$ 均为 0 均值的高斯白噪声序列，它们对应的协方差矩阵分别为 $\boldsymbol{Q}_k$ 和 $\boldsymbol{R}_k$。

卡尔曼滤波算法是一种典型的贝叶斯滤波算法，下面将推导其递推公式。假设系统的初始状态值为 $\boldsymbol{X}_0$、协方差矩阵为 $\boldsymbol{P}_0$ 及 k 时刻的观测值，基于式（4-22）和式（4-23）定义

的线性方程，递推计算 k 时刻的系统状态估计 $\hat{\boldsymbol{X}}_k$（“^”代表状态的估计值），其具体步骤如下。

（1）利用前一时刻的状态估计 $\hat{\boldsymbol{X}}_{k-1}$ 和协方差矩阵 $\boldsymbol{P}_{k-1}$ 预测当前时刻的状态估计 $\overline{\boldsymbol{X}_k}$ 和协方差矩阵 $\overline{\boldsymbol{P}_k}$（其中上标“－”代表预测值），即

$$\overline{\boldsymbol{X}_k} = \boldsymbol{F}_k \hat{\boldsymbol{X}}_{k-1} \tag{4-24}$$

$$\overline{\boldsymbol{P}_k} = \boldsymbol{F}_k \boldsymbol{P}_{k-1} \boldsymbol{F}_k^{\mathrm{T}} + \boldsymbol{Q}_k \tag{4-25}$$

（2）根据预测的协方差矩阵 $\overline{\boldsymbol{P}_k}$ 和观测噪声协方差矩阵 $\boldsymbol{R}_k$ 计算卡尔曼增益

$$\boldsymbol{K}_k = \bar{\boldsymbol{P}}_k \boldsymbol{H}_k^{\mathrm{T}} \left(\boldsymbol{H}_k \bar{\boldsymbol{P}}_k \boldsymbol{H}_k^{\mathrm{T}} + \boldsymbol{R}_k \right)^{-1} \tag{4-26}$$

（3）根据预测的状态估计 $\overline{\boldsymbol{X}_k}$ 和实际观测值 $\boldsymbol{Z}_k$ 修正系统的状态估计 $\hat{\boldsymbol{X}}_k$，同时计算相应的协方差矩阵 $\boldsymbol{P}_k$。

$$\hat{\boldsymbol{X}}_k = \overline{\boldsymbol{X}_k} + \boldsymbol{K}_k \left(\boldsymbol{Z}_k - \boldsymbol{H}_k \overline{\boldsymbol{X}_k} \right) \tag{4-27}$$

$$\boldsymbol{P}_k = \left(\boldsymbol{I} - \boldsymbol{K}_k \boldsymbol{H}_k \right) \overline{\boldsymbol{P}_k} \tag{4-28}$$

卡尔曼滤波定位极具有效性，其递推特性使得系统处理数据不需要大量的数据存储和计算，因此在移动机器人定位领域得到了广泛的应用。经典卡尔曼滤波定位实现移动机器人的自定位，需要严格的运动模型匹配，但其具有不能处理非线性估计问题的缺点，因而需要采用扩展卡尔曼滤波定位更好地解决移动机器人在实际情况下的定位问题。

扩展卡尔曼滤波（Extended Kalman Filter，EKF）定位方法为了处理移动机器人定位过程中的不确定性，移动机器人的位姿使用高斯分布来描述，而在移动机器人运动过程中位姿的更新表现为移动机器人位姿空间中位姿向量分布的数学期望和方差的更新。这个更新过程中用的是扩展卡尔曼滤波，其包括两个方面：扫描匹配和基于扩展卡尔曼滤波的位姿计算。扫描匹配的目的在于获得根据移动机器人的传感器读数推断的当前位置假设坐标和此假设坐标的误差矩阵。基于扩展卡尔曼滤波的位置计算按照不同的信息来源（外部测距读数或内部里程计读数）计算以高斯分布表示的移动机器人位姿估计（包括位姿的数学期望和方差）。具体地，扩展卡尔曼滤波定位方法的过程一般由状态预测、实际观测、测量预估、匹配、更新等几个部分组成。

3．蒙特卡罗定位

Dellaert 等在马尔可夫定位的基础上将粒子滤波器用于移动机器人定位，提出了蒙特卡罗定位方法，其主要思想是采用状态空间中一个带权重的离散样本集 $S_k = \left\{ \left(\boldsymbol{X}_k^j, \boldsymbol{w}_k^j \right) \mid j = 1, 2, \cdots, N \right\}$ 表示移动机器人位姿的后验概率分布 $\boldsymbol{Z}_{1,2,\cdots,k}$。

$$P\left(\boldsymbol{X}_k \mid \boldsymbol{Z}_{1,2,\cdots,k}\right)=\sum_{j=1}^{N}\boldsymbol{w}_k^j\delta\left(\boldsymbol{X}_k-\boldsymbol{X}_k^j\right) \tag{4-29}$$

式中，$\boldsymbol{X}_k^j$表示移动机器人在k时刻位于状态$\boldsymbol{X}_k$的一个样本，对应的权重$\boldsymbol{w}_k^j$表示k时刻移动机器人的状态为$\boldsymbol{X}_k^j$的概率。

粒子滤波定位算法的目标是在每个时间步k计算用于近似后验密度$P\left(\boldsymbol{X}_k \mid \boldsymbol{Z}_{1,2,\cdots,k}\right)$的样本集$S_k$，其算法分为预测和更新两个阶段，具体如下。

预测阶段：利用$k-1$时刻的样本集S_{k-1}和运动模型$P\left(\boldsymbol{X}_k \mid \boldsymbol{X}_{k-1},\boldsymbol{u}_{k-1}\right)$计算$k$时刻的预测样本集$\overline{S_k}$，即对于$S_{k-1}$中的每个样本$\boldsymbol{X}_{k-1}^j$，从运动模型$P\left(\boldsymbol{X}_k \mid \boldsymbol{X}_{k-1}^j,\boldsymbol{u}_{k-1}\right)$采样得到新样本$\overline{\boldsymbol{X}}_{k-1}^j$构成$k$时刻的预测样本集$\overline{S_k}=\left\{\overline{\boldsymbol{X}}_{k-1}^j \mid j=1,2,\cdots,N\right\}$。

更新阶段：首先利用$k-1$时刻的观测值$\boldsymbol{Z}_k$和观测模型$P\left(\boldsymbol{Z}_k \mid \boldsymbol{X}_k\right)$计算$\overline{S_k}$中每个样本的权重$\boldsymbol{w}_k^j=P\left(\boldsymbol{Z}_k \mid \overline{\boldsymbol{X}}_{k-1}^j\right)$，然后根据权重对$\overline{S_k}=\left\{\left(\overline{\boldsymbol{X}}_{k-1}^j,\boldsymbol{w}_k^j\right) \mid j=1,2,\cdots,\boldsymbol{N}\right\}$进行重采样，最后将权重归一化即可得到用于近似后验概率密度$P\left(\boldsymbol{X}_k \middle| \boldsymbol{Z}_{1,2,\cdots,k}\right)$的样本集$S_k$。重采样的原则是尽量采集权重值高的样本。

这样递归调用预测阶段和更新阶段，移动机器人就能不断地更新加权样本集S_k，并利用S_k估计自身的位姿。与其他方法相比，用粒子表示后验概率有诸多优点：能适应于任意感知模型、运动模型和噪声分布；按照后验概率进行采样，将计算资源集中在最相关区域，提高计算效率；通过在线实时控制样本数，能适应不同的可用计算资源，相同的程序可以运行在性能不同的计算机上。

传统蒙特卡罗定位仍然有很多不足之处，最典型的缺陷是粒子早熟和退化的问题。粒子早熟多发生于纹理相似或对称环境中，传感器的不确定性使大量的粒子集中于某个与实际位置相似的地点，导致移动机器人收敛于错误的位姿。粒子早熟必然会导致粒子退化，当移动机器人获得新的观测数据时，由于粒子早熟收敛于其他位置，导致在移动机器人的实际位置附近没有粒子存在或粒子数量较少。除了粒子早熟，蒙特卡罗定位的运行机制是产生粒子退化的另一个原因，其将运动模型作为提议分布进行采样，而用观测模型进行重要性更新，当移动机器人的实际分布与提议分布距离较远或实际分布较尖（获得准确的定位信息）时，大量的粒子会分布于实际分布之外。

为了解决蒙特卡罗定位的早熟问题，多种改进方法不断被提出，如 Milstein 等提出了基于聚类的蒙特卡罗定位方法，将采样分成不同的类，并保持各个类的采样数不变而防止采样聚于某个局部区域，但这种方法失去了将主要的计算集中于系统状态最有可能区域的优点，针对早熟问题的各种改进是蒙特卡罗定位的研究热点之一。

4.4　本章小结

本章从移动机器人定位入手，主要介绍每一部分的基础知识及应用的方法，包括以下几个方面的内容：①环境地图构建方法及几种典型地图类型，包括几何特征地图、拓扑地图、点云地图、八叉树地图和栅格地图；②对移动机器人定位问题的分类，包括局部定位与全局定位、静态环境定位与动态环境定位、被动定位与主动定位和单机器人定位与多机器人定位；③对移动机器人定位的常用方法进行介绍，包括 GPS 定位、基于地图的定位和基于概率方法的定位。

习题 4

一、选择题

1．下列选项是典型地图类型的有（　　）。

A．几何特征地图　　B．拓扑地图　　C．八叉树地图　　D．栅格地图

二、填空题

1．目前用得比较多的拓扑地图表示方法是_____。

三、简答题

1．定位问题的分类方法一般有几种？

2．简述栅格地图的优缺点。

3．简述 GPS 定位的用途。

4．简述蒙特卡罗定位的实现步骤。

5．简述蒙特卡罗定位有哪些不足。

第 5 章　移动机器人路径规划

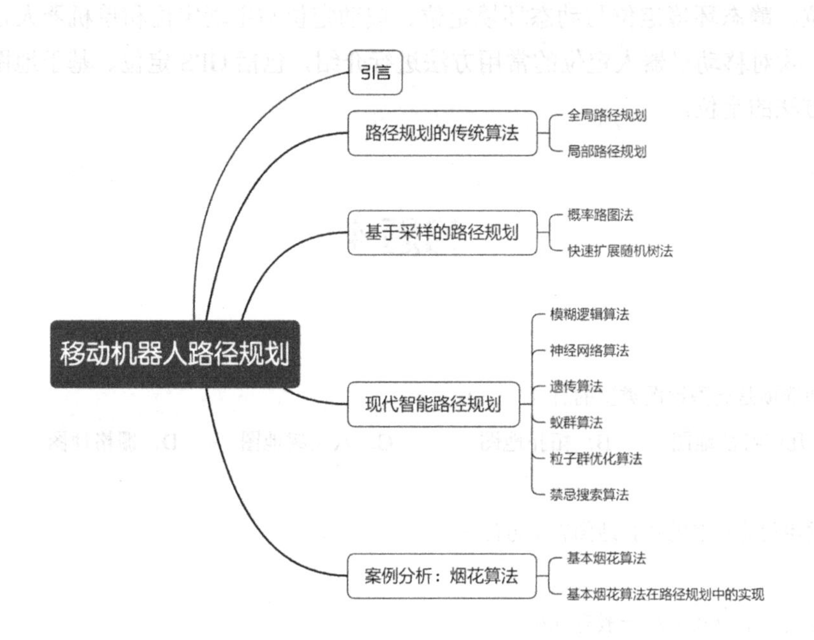

本 章 导 读

本章主要介绍移动机器人路径规划，将分别详细介绍全局路径规划、局部路径规划、基于采样的路径规划、现代智能路径规划的各种算法。

本 章 要 点

- 全局路径规划
- 局部路径规划
- 基于采样的路径规划
- 现代智能路径规划

5.1　引言

对生物来说，从一个地方移动到另一个地方是件轻而易举的事情，然而，这样一个基本且简单的事情却是移动机器人面对的一个难题。路径规划是移动机器人的核心问题，它研究如何让移动机器人从初始位置无碰撞、安全地移动到目标位置。安全有效的移动机器人导航需要一种高效的路径规划算法，因为生成的路径质量对移动机器人的应用影响很大。

简单来说，移动机器人导航需要解决 3 个问题：我在哪儿？我要去哪儿？我怎么去那儿？这 3 个问题分别对应移动机器人导航中的定位、建图和路径规划功能。定位用于确定移动机器人在环境中的位置。移动机器人在移动时需要一张环境的地图，用以确定移动机器人在目前运动环境中的方向和位置。地图可以是提前人为给定的，也可以是移动机器人在移动过程中自己逐步建立的，而路径规划是在移动机器人事先知道目标相对位置的情况下，为移动机器人找到一条从初始位置移动到目标位置的合适路径，它在移动的同时还要避开环境中分散的障碍物，尽量减少路径长度。

在路径规划中主要有 3 个需要考虑的问题：效率、准确性和安全性。移动机器人应该在尽可能短的时间内消耗最少的能量，安全地避开障碍物找到目标。移动机器人可通过传感器感知自身和环境的信息，确定自身在地图中的当前位置及周围局部范围内障碍物的分布情况，在目标位置已知的情况下躲避障碍物，行进至目标位置。

根据移动机器人对环境的了解情况、环境性质及使用的算法可将路径规划算法分为基于环境的路径规划算法、基于地图的路径规划算法和基于完备性的路径规划算法，路径规划算法的分类如图 5.1 所示。

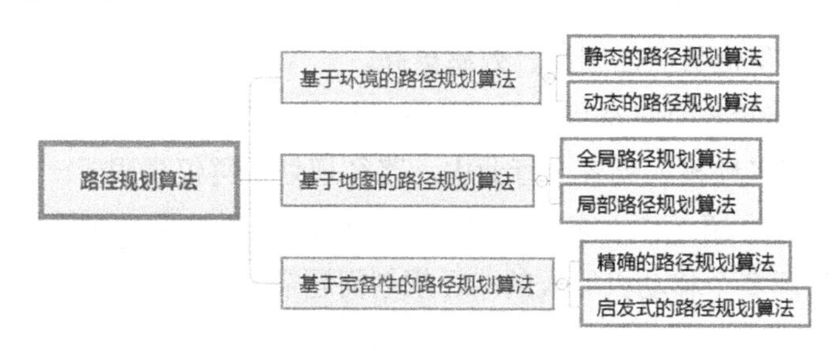

图 5.1　路径规划算法的分类

环境：移动机器人的环境可以分为静态环境和动态环境。在静态环境中，初始位置和目标位置是固定的，障碍物也不会随时间改变位置。在动态环境中，障碍物和目标的位置在搜索过程中可能会发生变化。通常，由于环境的不确定性，动态环境中的路径规划比静态环境中的路径规划更复杂。实际环境通常是未知变化的，路径规划算法需要适应环境未知的变化，如突然出现的障碍物或目标在持续移动。当障碍物和目标都在变化时，由于算法必须对障碍物和目标的移动实时做出响应，路径规划就更加困难了。

地图：移动机器人路径规划基本上将现有的地图作为参考，确定初始位置和目标位置及它们之间的联系。地图的信息量对路径规划算法的设计起着重要的作用。根据对环境的了解情况，路径规划算法可以分为全局路径规划算法和局部路径规划算法。其中，全局路径规划算法需要知道关于环境的所有信息，根据环境地图进行全局的路径规划，并产生系列关键点作为子目标点下达给局部路径规划系统。在局部路径规划算法中，移动机器人缺乏环境的先验知识，在搜索过程中必须实时感知障碍物的位置，构建局部环境的估计地图，并获得通往目标位置的合适路径。

完备性：根据完备性，可将路径规划算法分为精确的路径规划算法和启发式的路径规划算法。如果最优解存在或证明不存在可行解，那么精确的路径规划算法可以找到一个最优的解决方案，而启发式的路径规划算法能在较短的时间内找到高质量的解决方案。

移动机器人导航通过路径规划可以到达目标位置。导航规划层可以分为全局路径规划层、局部路径规划层、行为执行层等。

（1）全局路径规划层。依据给定的目标，接受权值地图信息生成全局权值地图，规划出从初始位置到目标位置的全局路径作为局部路径规划的参考。

（2）局部路径规划层。作为导航系统的局部路径规划部分，接受权值地图生成的局部权值地图信息，依据附近的障碍物信息进行局部路径规划。

（3）行为执行层。结合上层发送的指令及路径规划，给出移动机器人的当前行为。作为移动机器人研究的一个重点领域，移动机器人路径规划算法的优劣很大程度上决定了移动机器人工作效率的高低。随着移动机器人路径规划研究的不断深入，路径规划算法越来越成熟，并且朝着下面的趋势不断发展。

① 从单一移动机器人路径规划算法向多种算法相结合的方向发展。目前的路径规划算法每一种都有其优缺点，研究新算法的同时可以考虑将两种或两种以上算法结合起来，取长补短、克服缺点，使优势更加明显、效率更高。

② 从单机器人路径规划算法到多机器人协调路径规划算法发展。随着机器人（特别是移动机器人）越来越多地投入到各个行业中，路径规划不再仅局限于一台移动机器人，而是多个移动机器人的协调运作。多个移动机器人信息资源共享，对于路径规划是一大进步。 如何更好地处理多个移动机器人的路径规划问题需要研究者重点研究。

5.2 路径规划的传统算法

5.2.1 全局路径规划

全局路径规划是在已知的环境中，给移动机器人规划一条路径，路径规划的精度取决于环境获取的准确度。全局路径规划可以找到最优解，但是需要预先知道环境的准确信息，当环境发生变化，如出现未知障碍物时，该算法就无能为力了。它首先要根据其掌握的全局环境信息构建全区域环境地图，然后在该模型上运用合适的路径规划算法获得全局最优或次优路径，最后让移动机器人按照该路径到达目标位置。全局路径规划是一种事前规划，因此对系统的实时计算能力要求不高，虽然规划结果是全局的、较优的，但是对环境模型的错误及噪声的鲁棒性较差。

1．道路图规划方法

道路图规划方法是在被称为路线图的一维曲线或直线的网络中获取移动机器人内自由空间的连接性的方法。构造的路线图形成了移动机器人路径规划的路（路径）网络。因此，路径规划问题被简化为搜索从初始位置到目标位置的一系列路径中的最优路径问题。道路图规划方法特别根据障碍物的几何形状对移动机器人的配置空间进行分解，其困难是要构建一组路径，将它们合在一起能使移动机器人在它的自由空间中行走到任何地方，同时使总路径的数目最少。下面描述两种道路图规划方法，它们以极不相同的路径类型实现了该结果。在可视图的情况下，路径尽可能地靠近障碍物，且最终路径是极小长度解。在 Voronoi 图的情况下，路径尽可能地远离障碍物。

1）可视图法

可视图（Visibility Graph）法将移动机器人视为一点，将移动机器人、目标点和多边形障碍物的各个顶点进行连接，要求移动机器人和障碍物各顶点之间，目标点和障碍物各顶点之间及各障碍物顶点与顶点之间的连线，都不能穿越障碍物，这样就形成了一张图，称之为可视图。由于任意两直线的顶点都是可视的，显然移动机器人从起始点沿着这些连线到达目标点的所有路径均是无碰路径。对可视图进行搜索，并利用优化算法删除一些不必要的连线以简化可视图、缩短搜索时间。路径规划的任务就是沿着可视图定义的路径，寻找从起始点到目标点的最短路径。

在图 5.2 所示的可视图中，节点是起始点和目标点及配置空间中障碍物（多边形）的顶点，相互可见的所有节点用直线段连接，从而定义了路线图。由于可视图的实现比较简单，所以其在移动机器人学的路径规划中十分常用。

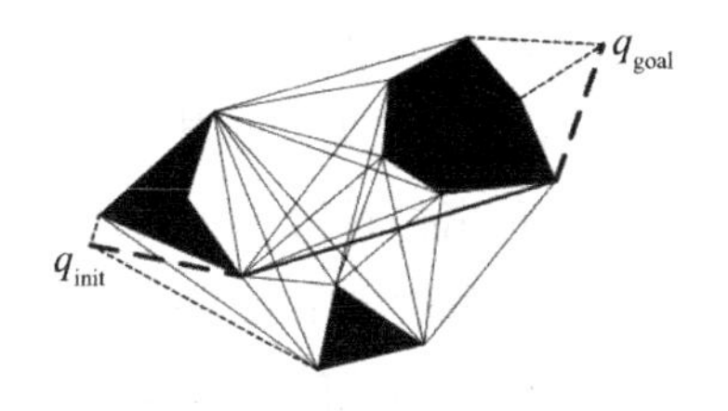

图 5.2　可视图

但是，在使用可视图进行搜索时，需要注意两点：第一，表示的规模和节点及边缘的数目会随着障碍物（多边形）的数目增多而增加，因此该方法在稀疏环境中极其迅速和有效，反之，在密集的居住环境时，该方法既慢又无效；第二，该方法有一个较为严重的潜在缺陷，即由可视图法找到的解答路径倾向于在走向目标的途中，使移动机器人尽可能地接近障碍物，可以证明，可视图法的解答路径是最优的。但这个结果也意味着，若按照移动机器人与障碍物保持合理的距离来看，则安全保障会因这个最优性而丧失。常用的解决方法是将障碍物增大到比移动机器人的半径大得多的形状，或在完成路径规划后修改解答路径距障碍物的距离。当然，这种做法牺牲了用可视图法进行路径规划的最优长度。

2）Voronoi 图法

与可视图法相比，Voronoi 图法是一种全路线图的方法，倾向于使图中移动机器人与障碍物之间的距离最大化。对于自由空间中的各点，计算它们到最近障碍物的距离。如图 5.3 所示，Voronoi 图由直线组成，而直线由与两个障碍物或多个障碍物等距离的所有点构成。在 Voronoi 图上可选择运动方向，使之距边界的距离增加最快。Voronoi 图上的点表示从直线段（两直线间的最小距离）到抛物线段（直线和点之间的最小距离）的过渡。

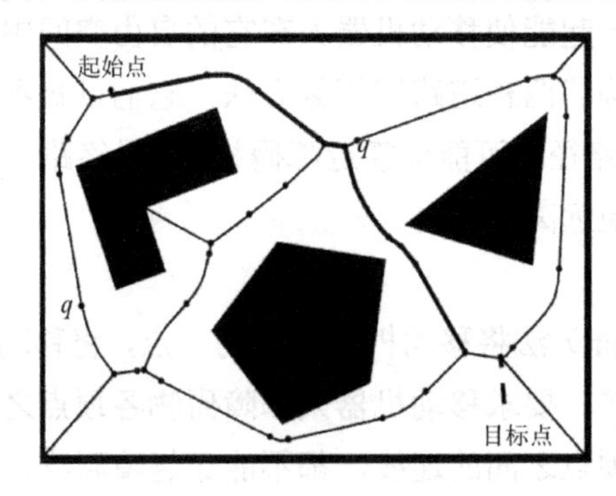

图 5.3　Voronoi 图

这种距离图中在离两个或多个障碍物等距离的点上有陡的山脊点。Voronoi 图就是由这些陡的山脊点所形成的边缘组成的。当配置空间中的障碍物都是多边形时，Voronoi 图由直线段和抛物线段组成。在 Voronoi 图上找路径的方法就像可视图法一样，是完备的，但在总长度的意义上，Voronoi 图法远非最优。在有限距离定位传感器的情况下，Voronoi 图法有个重要的弱点。因为该路径规划算法使环境中移动机器人与物体之间的距离最大化，移动机器人上的任何短距离传感器会有感知不到周围环境的危险。如果这种短距离传感器用于定位，那么从定位的观点看，所选的路径会很差。

然而，Voronoi 图法有一个十分重要的优点，即其方法的可执行性。通过 Voronoi 图法给定一个特殊的已规划路径，配备有距离传感器（如激光测距仪或超声波传感器）的移动机器人可以使用简单的控制规则跟踪物理世界中的 Voronoi 边缘。这些规则与创建 Voronoi 图的规则相匹配，即移动机器人使其传感器值的局部极小值最大化。这种控制系统会自然地使移动机器人保持在 Voronoi 边缘上，所以基于 Voronoi 图法的运动减少了编码器的不准确性。Voronoi 图法的这种有趣的物理性质，即在未知的 Voronoi 边缘上寻找和移动，已经被用于引导环境的自动作图、构建与环境一致的 Voronoi 图。

3）自由空间法

自由空间法采取一些凸多边形和广义锥等几何形状来构建空间环境，并用连通图来表示规划出来的空间，在运动过程中移动机器人通过搜索连通图来完成路径规划的任务。采用自由空间法进行路径规划一般有两步：一是规划空间问题；二是搜索路径问题。在起始点和目标点的位置发生了变化时，使用自由空间法规划出的几何形状并不需要改变，但由于其计算复杂度和障碍物的个数成正比，有时不能保证可以搜索到最短路径。

4）栅格法

栅格法将路径规划所占用的环境分解成具有二值信息的网络单元。这种方法的特点是简单、易于实现，它同时具有表示不规则障碍物的能力。其缺点是表示效率不高，存在时空开销与求解精度之间的矛盾。

路径规划时栅格法多以环境建模的形式存在，采用栅格来表示环境信息，以此避免复杂的计算。单位栅格越小，障碍物的表示越精确，但也会浪费大量的存储空间，搜索的范围会以指数的形式激增。单位栅格过大，由算法规划的路径会变得很不精确。目前基于对栅格法的改进方案多是通过与其他算法复合来实现的。

栅格法将移动机器人的工作空间模拟为二维空间，并且将该二维空间划分成若干个大小相同的栅格单元。在二维空间模型中，寻找一条从起始点到目标点的无碰撞最优路径。

其中标识栅格的方法有如下两种。

直角坐标法：将工作空间划分为 $m \times m$ 个大小相同的方形栅格，栅格的坐标系用仿真平台的视图坐标系表示，将栅格的左上角设置为原点$(0,0)$，横轴方向为 x 轴方向，纵轴方向为 y 轴方向，每一个单元格表示一个栅格。因此，可以用坐标(x, y)对栅格进行唯一标识。图 5.4 所示栅格划分图将工作空间分为 10×10 个方格。

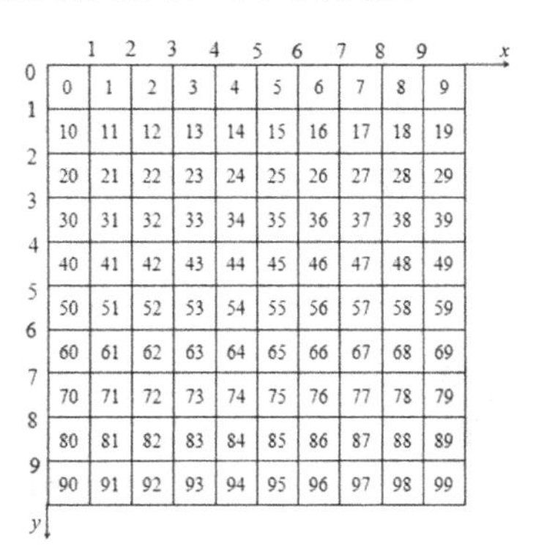

0	1	2	3	4	5	6	7	8	9
10	11	12	13	14	15	16	17	18	19
20	21	22	23	24	25	26	27	28	29
30	31	32	33	34	35	36	37	38	39
40	41	42	43	44	45	46	47	48	49
50	51	52	53	54	55	56	57	58	59
60	61	62	63	64	65	66	67	68	69
70	71	72	73	74	75	76	77	78	79
80	81	82	83	84	85	86	87	88	89
90	91	92	93	94	95	96	97	98	99

图 5.4　栅格划分图

序号法：如图 5.4 所示，在栅格的左上角以 0 开始计数，然后按从左到右、从上到下的顺序依次加 1 地进行编码。因此，每个栅格都有唯一的序号与其对应。

直角坐标法与序号法是可相互转换的，栅格编号 i 与坐标的对应关系为

$$x_i = \mathrm{mod}(i, m) \tag{5-1}$$

$$y_i = (\mathrm{int})\mathrm{myround}(i / m) \tag{5-2}$$

式中，mod( )表示取余函数；int( )表示取整操作。

由于直角坐标法明确直观、便于计算，本书采用直角坐标法对移动机器人路径规划进行环境建模。工作空间划分完成后的栅格可分为两种：自由栅格和障碍物栅格。这些栅格中没有被障碍物占据的称为自由栅格，而完全或部分被障碍物占据的称为障碍物栅格。将障碍物栅格标记为 1，自由栅格标记为 0。于是，整个工作空间被划分为一个个二值空间。

为了保证采用栅格法建立的移动机器人环境模型使移动机器人能够躲避障碍物安全地运动，需要扩大障碍物的范围，将障碍物的边界向外扩展移动机器人长宽最大尺寸的二分之一，并将移动机器人看作质点。设移动机器人的最大半径为 R，障碍物的宽度为 a，高度为 b，半径为 r，障碍物的几何中心点为 (p,q)，那么对于障碍物周围的每个点 (x,y)，其障碍物标识矩阵的值可以表示为

$$
\text{temp}[x][y]=\begin{cases}1, & |x-p|-\dfrac{a}{2}\leqslant R,\ |y-q|-\dfrac{b}{2}\leqslant R, \\ & (x-p)^2+(y-q)^2\leqslant(R+r)^2 \\ 0, & |x-p|-\dfrac{a}{2}>R,\ |y-q|-\dfrac{b}{2}>R, \\ & (x-p)^2+(y-q)^2>(R+r)^2\end{cases} \tag{5-3}
$$

其中坐标 (x,y) 的值不能超过整个视图的坐标范围。

图 5.5（a）所示为一个移动机器人的实际工作环境，共有 4 个障碍物。将工作环境划分为 20×20 个栅格，将每个栅格的大小设置为移动机器人本身最大的尺寸。工作环境中存在的任意形状的障碍物经过图像处理后映射到栅格中，将占据一个栅格部分的障碍物处理成占据一个完整栅格，将其用凸边形表示。将障碍物按照上面所讲方法扩大后可以建立图 5.5（b）所示扩大障碍物后的环境模型，其中灰色的阴影部分为虚拟增加的障碍物部分，确保移动机器人能够在工作空间中安全移动。

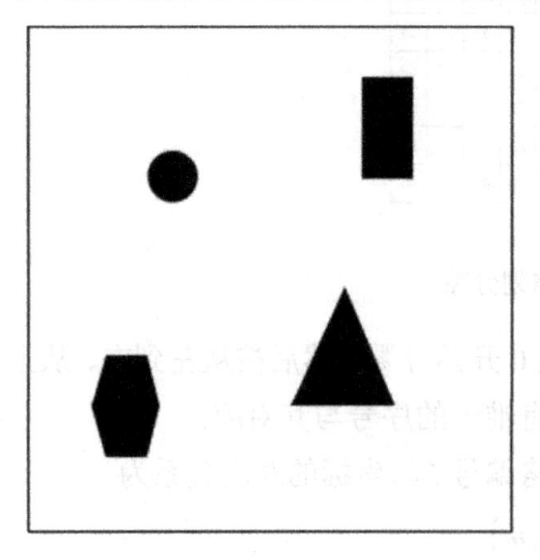

（a）移动机器人的实际工作环境

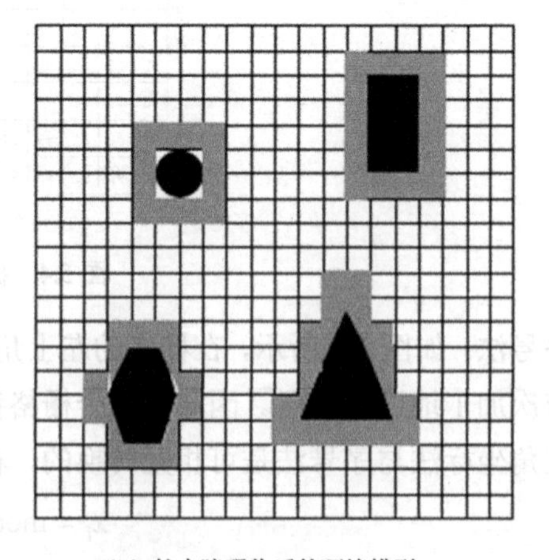

（b）扩大障碍物后的环境模型

图 5.5　移动机器人的环境建模

在图 5.5（b）所示的环境模型中，每个栅格都与一个数组元素相对应，有障碍物的阴影区域所对应的值为 1，无障碍物的空白区域所对应的值为 0，移动机器人可以在自由栅格组成的区域中自由运动。根据图 5.5（b），可将整个环境模型表示为一个矩阵：

$$\boldsymbol{Q}_1=\begin{bmatrix}0&0&0&0&0&0&0&0&0&0\\0&0&0&0&0&0&0&1&0&0\\0&0&1&1&0&0&0&1&0&0\\0&0&1&1&0&0&0&0&0&0\\0&0&0&0&0&0&0&0&0&0\\0&0&0&0&0&0&1&0&0&0\\0&1&1&0&0&1&1&1&0&0\\0&1&1&0&0&1&1&1&0&0\\0&1&1&0&0&0&0&0&0&0\\0&0&0&0&0&0&0&0&0&0\end{bmatrix}$$

2．图搜索类算法

图搜索类算法主要有 Dijkstra 算法、A*算法、D*算法等，与 Dijkstra 算法相比，A*算法增加了启发式估计，减少了搜索量、提高了效率，同时保证了路径的最优性，但环境复杂、规模较大时，效率仍较低。

1）Dijkstra 算法

Dijkstra 算法由荷兰计算机科学家 E.W.Dijkstra 于 1956 年提出。Dijkstra 算法使用宽度优先搜索解决带权有向图的最短路径问题。它是非常典型的最短路径算法，因此可用于求移动机器人行进路线中的一个节点到其他所有节点的最短路径。Dijkstra 算法会以起始点为中心向外扩展，扩展到目标点为止，通过节点和权值边的关系构成整个路径网络图。该算法存在很多变体，最原始的 Dijkstra 算法用于寻找两个顶点之间的最短路径，但现在多用于在固定一个起始点之后，寻找该源节点到图中其他所有节点的最短路径，从而产生一个最短路径树。除移动机器人路径规划外，该算法还常用于路由算法或其他图搜索类算法的一个子模块。

该算法的基本思想：

通过 Dijkstra 算法计算最短路径时，首先需要指定起点 s（即从顶点 s 开始计算）。此外，引进两个集合 S 和 U。一个集合 S 的作用是记录已求出最短路径的顶点（及相应的最短路径长度），而另一个集合 U 则记录还未求出最短路径的顶点（及该顶点到起点 s 的距离）。初始时，S 中只有起点 s，U 中是除 s 外的顶点，且 U 中顶点的路径是起点 s 到该顶点的路径；然后，从 U 中找出路径最短的顶点，并将其加入到 S 中；接着，更新 U 中的顶点和顶点对应的路径，再从 U 中找出路径最短的顶点，并将其加入到 S 中；最后，更新 U 中的顶点和顶点对应的路径。重复该操作，直到遍历完所有顶点。

Dijkstra 算法十分简洁，能够有效地找到最优解，不足之处在于数据节点庞大时所需的节点繁多，效率随着数据节点的增加而下降，耗费大量内存空间与计算时间。Dijkstra 算法的伪代码如表 5.1 所示。

表 5.1　Dijkstra 算法的伪代码

```
function dijkstra (G, w, s)
for each vertex v in V[G]              //初始化
d[v]: =infinity                        //先将各点的已知最短距离设成无穷大
previous[v]: =undefined                //各点的已知最短路径上的前趋均未知
d[s]: =0                               //初始时路径长度为 0
S: =empty set                          //定义空集 S
Q: =set of all vertices                //所有顶点集合
while Q is not an empty set            //算法主体
u: =Extract_Min(Q)                     //将顶点集合 Q 中有最小 d[u]值的顶点从 Q 中删除并返回 u
S.append(u)                            //扩展集合 S
for each edge outgoing from u as(u, v)
     if d[v]>d[u]+w(u, v)              //拓展边(u, v), w(u, v)为长度
          d[u]: =d[u]+w(u, v)          //更新路径长度，更新为最小和值
          previous[v]: =u              //记录前驱顶点
end
```

Dijkstra 算法中，G 表示带权重的有向图；s 表示起点（源点）；V 表示 G 中所有顶点的集合；(u,v) 表示顶点 u 到 v 有路径相连；$w(u,v)$ 表示顶点 u 到 v 之间的非负权重。Dijkstra 算法通过为每个顶点 u 保留当前为止找到的从 s 到 v 的最短路径来工作。初始时，起点 s 的路径权重被赋为 0，所以 $d[s]=0$。若对于顶点 u 存在能直接到达的边 (s,u)，则把 $d[v]$ 设为 $w(s,u)$，同时把所有其他 s 不能直接到达的顶点的路径长度设为无穷大，表示当前还不知道任何通向这些顶点的路径。当 Dijkstra 算法结束时，$d[v]$ 中存储的便是从 s 到 u 的最短路径，或者，若路径不存在，则其值是无穷大的。

Dijkstra 算法中边的拓展如下：如果存在一条从 u 到 v 的边，那么从 s 到 v 的最短路径可以通过将边 (u,v) 添加到从 s 到 u 的路径尾部，从而拓展一条从 s 到 v 的路径。这条路径的长度是 $d[u]+w(u,v)$。如果这个值比当前已知的 $d[v]$ 的值小，则可以用新值替代当前 $d[v]$ 中的值。拓展边的操作，一直运行到所有的 $d[v]$ 都代表从 s 到 v 的最短路径的长度值。此算法的组织令 $d[u]$ 达到其最终值时，每条边 (u,v) 都只被拓展一次。

维护两个顶点集合 S 和 Q。集合 S 保留所有已知最小 $d[v]$ 值的顶点 v，而集合 Q 则保留其他所有顶点。集合 S 的初始状态为空，而后每一步都有一个顶点从 Q 移动到 S。这个被选择的顶点是 Q 中拥有最小的 $d[u]$ 值的顶点。当一个顶点 u 从 Q 中转移到 S 中时，算法对 u 的每条外接边 (u,v) 进行拓展。

同时，上述算法保留 G 中起点 s 到每一顶点 v 的最短距离 $d[v]$，同时找出并保留 v 在

此最短路径上的“前趋”，即沿此路径由 s 前往 u ，到达 v 之前所到达的顶点。其中，函数 $\text{Extract\_Min}(Q)$ 将顶点集合 Q 中有最小 $d[u]$ 值的顶点 u 从 Q 中删除并返回 u 。

在移动机器人导航应用中通常只需要求起始点到目标点间的最短距离，此时可在上述经典算法结构中添加判断，判断当前点是否为目标点，若为目标点，即结束。

若用 O 表示算法时间复杂度，则边数 m 和顶点数 n 是时间复杂度的函数。对于顶点集合 Q ，算法的时间复杂度为 $O\left(|E|\cdot dk_Q+|V|em_Q\right)$ ，其中 dk_Q 和 em_Q 分别表示完成键的降序排列时间和从 Q 中提取最小键的时间。Dijkstra 算法最简单的实现方法是用一个数组或链表存储所有顶点的集合 Q ，故搜索 Q 中最小元素的运算 $\text{Extract\_Min}(Q)$ 只需要线性搜索集合 Q 中的所有顶点元素，此时时间复杂度为 $O\left(n^2\right)$ 。

边数少于 n^2 的为稀疏图。对于稀疏图，可用邻接表更有效地实现 Dijkstra 算法，同时需要将一个二叉堆或斐波那契堆作为优先队列查找最小顶点。使用二叉堆的时间复杂度为 $O[(m+n)\log n]$ ，而使用斐波那契堆的时间复杂度为 $O(m+n\log n)$ 。

2）A*算法

作为 Dijkstra 算法的拓展，A*算法最早由 Nilsson 于 1968 年提出，是一种启发式搜索算法。A*算法作为启发式搜索算法的典型代表，广泛应用于移动机器人最短路径的求解问题中。

A*算法是一种在静态路网中求解最短路径最有效的直接搜索算法，也是许多其他问题的常用启发式算法。A*算法中的距离估算值与实际值越接近，最终搜索速度越快。A*算法的优点是对环境的感知迅速并能快速做出反应，可以直接地搜索路径，很方便地找到开销最小、路程最短的路径。由于其简单直接的特点，A*算法在路径规划中得到了广泛的应用。A*算法的缺点为实时性差，计算需要消耗大量的时间，并且在节点数越来越多，数据量增大的情况下，无用节点会导致 A*算法的搜索时间增加，搜索效率会受到很大的影响。

A*算法的核心是要设计一个能合理表示待扩展节点 x 是否最佳的代价函数 $f(x)$ ，公式表示为

$$f(x)=g(x)+h(x) \tag{5-4}$$

式中， $f(x)$ 为从节点 N_0 开始通过节点 x 的最优路径的代价，简写为 f ； $g(x)$ 为从节点 N_0 到节点 x 的最优路径代价，简写为 g 。由于 A*算法是从节点 N_0 开始逐步向外扩展的， $g(x)$ 就等于到目前为止已经产生的最优路径的代价 $g(p)$ 加上从当前节点 p 到节点 x 的代价 $g(p,x)$ ，具体可表示为 $g(x)=g(p)+g(p,x)$ 。 $h(x)$ 为从节点 x 到目标点 N_n 的最优路径的实际估计代价，在逐个节点的扩展中 $h(x)$ 对应的值呈现递增趋势，简写为 h ，又称为启发函数。启发函数 $h(x)$ 与具体问题的启发信息相关，因此寻找最优路径的关键是由 $h(x)$ 的选择决定的。当 $h(x)$ 选择的值不大于节点 x 到目标点的实际距离值时能得到最优解，当 $h(x)$ 大于该距离值时不能保证得到最优解。

启发函数中的 $h(n)$ 可以采用曼哈顿距离式、欧几里得距离式和切比雪夫距离式等形式

表示：

$$h(n)=|n_x-\text{goal}_x|+|n_y-\text{goal}_y| \tag{5-5}$$

$$h(n)=\sqrt{(n_x-\text{goal}_x)^2+(n_y-\text{goal}_y)^2} \tag{5-6}$$

$$h(n)=\max(|n_x-\text{goal}_x|,|n_y-\text{goal}_y|) \tag{5-7}$$

如图 5.6 所示，这是一个描述环境的静态栅格图。左下角的黑色栅格代表起始点 N_0；右上角的黑色栅格代表目标点 N_n；其余黑色栅格代表在栅格地图中该位置为障碍物，用“1”来表示；空白栅格代表在栅格地图中该位置没有障碍物，用“0”来表示。A*算法就是在这种栅格地图环境下求解从起始点 N_0 到目标点 N_n 的最短路径的。

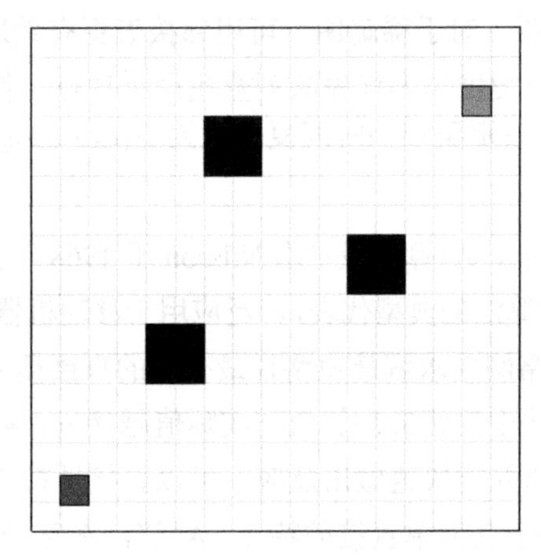

图 5.6　描述环境的静态栅格图

采用前向搜索方式，当搜索结束以后，从目标点 N_n 开始，依次找到其父节点，直到起始点 N_0 为止。首先创建两个表：open 表和 closed 表。open 表用来储存（存储）当前节点及其相邻的扩展节点，closed 表用来储存（存储）已选取的路径的节点。

主要的规划步骤如下。

步骤 1：首先对算法进行初始语句赋值等相关操作，将 open 表和 closed 表分别清零，然后将起始点 N_0 添加到 open 表中。

步骤 2：采用 8 邻域搜索方法将起始点 N_0 的 8 个相邻的扩展节点依次添加到 open 表中。

步骤 3：把起始点 N_0 从 open 表转存到 closed 表中，将相邻的扩展节点设定为其父节点。

步骤 4：依次求解出 open 表中父节点的最优路径代价值 g、启发函数值 h 和代价函数值 f，其中最优路径代价值 g 是从起始点 N_0 到该父节点的实际距离值。

步骤 5：比较父节点的代价函数值 f，将最小 f 所对应的父节点设定为当前节点 X，并将 X 从 open 表转存到 closed 表中。

步骤 6：再将当前节点 X 的 8 个相邻的扩展节点依次记为 S。如果 S 点不在 closed 表和

open 表中，那么将其存放进 open 表中，求解其最优路径代价值 g、启发函数值 h 和代价函数值 f，并置当前节点 X 为其父节点；如果 S 点已经存在于 open 表中，那么比较 $g(X)+g(X,S)$ [其中，$g(X,S)$ 为从 X 点到 S 点的代价] 和 $g(S)$ 的大小，当 $g(X)+g(X,S)<g(S)$ 时，令 $g(S)=g(X)+g(X,S)$，并相应地更新 S 点的 f 值，且置 X 点为其父节点，当 $g(X)+g(X,S)>g(S)$ 时，则不做任何处理；如果 S 点已经存在于 closed 表中，也不做任何处理。

步骤 7：重复上述步骤 5 和步骤 6 的步骤，直到当前节点 X 为目标点 N_n 为止。

基于地图的导航中首先会通过全局代价地图进行全局的路径规划，以此计算出移动机器人从起始点到目标点的全局规划路线。这些功能通过 Dijkstra 最短路径的算法实现，也可以通过 A*算法实现，A*算法与 Dijkstra 算法一样，都能用于寻找最优路径。

作为典型的单源最短路径算法，Dijkstra 算法适用于求解带权有向图中的最短路径问题。Dijkstra 算法使用宽度优先搜索，虽然可以得到起始点到目标点间的最短路径，但却忽略了很多有用的信息，盲目搜索导致效率低下、耗费时间和空间；而 A*算法使用了启发式函数，可进行启发式搜索，提高效率、降低时间复杂度。在长距离路径下，全局路径 A*算法相对 Dijkstra 算法规划路径更加平滑。

3）D*算法

D*算法是动态 A*算法，是一种动态逆向扇形搜索算法，其代价的计算在算法运行过程中可能会发生变化。D*算法通过将地图进行栅格建模寻找最小成本的路径，逆向的搜索机制保留了地图成本，避免了回溯的高计算成本。相比于 A*算法，D*算法在某些动态环境下的搜索效率更高，与另一些启发式算法相比，D*算法的计算量小，实现起来较为简单。

在建立栅格地图之后，D*算法需要采用一种计算机制来对两个栅格的距离进行描述，对于二维空间中的任意两点 (x_1,y_1)、(x_2,y_2)，常用的度量标准一般分为欧几里得距离、曼哈顿距离和切比雪夫距离，对应如下公式：

$$D=\sqrt{(x_2-x_1)^2+(y_2-y_1)^2} \tag{5-8}$$

$$D=|x_2-x_1|+|y_2-y_1| \tag{5-9}$$

$$D=\max(|x_2-x_1|,|y_2-y_1|) \tag{5-10}$$

由于不涉及平方项的处理，通常来说最后两种度量标准比欧几里得距离的处理速度更快。

D*算法同样采用如下估价函数来进行计算。

$$f(n)=g(n)+h(n) \tag{5-11}$$

式中，$g(n)$ 为基本项，代表目标点到当前节点的实际成本；$h(n)$ 为启发项，代表当前节点到起始点的最小成本估计值；n 为当前节点。

5.2.2 局部路径规划

移动机器人路径规划中另一个重要方面是局部路径规划。局部路径规划是在环境信息完全未知或有部分已知的情况下进行的，侧重于考虑移动机器人当前的局部环境信息，让其具有良好的避障能力，通过传感器对移动机器人的工作环境进行探测，以获取障碍物的位置和几何性质等信息。这种规划需要搜集环境数据，并且对该环境模型的动态更新能够及时进行校正。局部路径规划方法将对环境的建模与搜索融为一体，要求移动机器人具有高速的信息处理能力和计算能力，对环境误差和噪声有较高的鲁棒性，能对规划结果进行实时反馈和校正。但是由于缺乏全局环境信息，所以规划结果有可能不是最优的，甚至可能找不到正确路径或完整路径。

局部路径规划虽然只能根据自身传感器的探测来获取周围一定范围内的环境信息，但也正是因为这样，这类方法的灵活性和实时性都优于全局路径规划方法，擅长应对实时动态变化的环境。在局部路径规划中应用的方法主要有人工势场法、动态窗口法等。

1．模拟退火算法

模拟退火算法来源于固体退火原理，它通过模拟热力学中固体物质的退火过程与一般组合优化问题之间的相似性并结合概率突跳特性，使得局部最优解能概率性地跳出并最终趋于最优的模式。

模拟退火算法一般有两层循环，外层循环是一个降温的过程，当内层循环结束，即在一个温度下达到平衡后，开始外层的降温，然后在新的温度下重新开始内层循环。内层循环在这个温度下粒子多次扰动产生不同的状态：一开始温度比较高时，扰动的概率会比较大，内层循环的温度随着外层循环的温度越来越低；粒子逐渐趋于稳定时，扰动的概率会随之降低，最终停留在某一个确定值上。模拟退火算法的内层循环是按照 Metropolis 准则接受新状态的，根据 Metropolis 准则，粒子在温度 T 时随机扰动的概率为 $\exp\left(-\Delta E / kT\right)$，其中 E 为在温度 T 时的内能，ΔE 为内能的改变数，k 为 Boltzmann 常数，Metropolis 准则为

$$p=\begin{cases}1, & E\left(X_{\text{new}}\right)\leqslant E\left(X_{\text{old}}\right)\\ \exp\left[-\dfrac{E\left(X_{\text{new}}\right)-E\left(X_{\text{old}}\right)}{T}\right], & E\left(X_{\text{new}}\right)>E\left(X_{\text{old}}\right)\end{cases} \tag{5-12}$$

从初始解 i 和温度控制参数 T 开始，对当前解重复进行“产生新解→Metropolis 准则判断→接受或舍弃”的迭代，并逐步衰减 T 值，算法终止时的当前解为近似最优解。对于无约束优化问题 $\min f(X)$，模拟退火算法首先初始化起、止温度控制参数 T_0、T 和初始解 i_0。如果 $T>T_0$，执行循环，把初始解 i_0 作为当前解 i，在 i 的邻域内产生新解 j，在 $(0,1)$ 区间上产生一个随机数 δ，根据 Metropolis 准则计算在当前解 i 和温度控制参数 T 处接受新解 j 为当前解的概率 p。如果 $\delta<p$，那么接受新解为当前解，即 $i \leftarrow j$，否则不接受，即 $i \leftarrow i$。如果接受新解，根据退火策略对 T 值进行降温，否则不降温。当满足接受条件 $T\leqslant T_0$ 时，算法结束循环。

常见的退火策略有对数下降策略、快速下降策略、直线下降策略和等比降温策略。其中，T_k 为第 k 次迭代时的温度。

对数下降策略：

$$T_k = \frac{\lambda}{\log(k + k_0)} \tag{5-13}$$

快速下降策略：

$$T_k = \frac{\lambda}{1+k} \tag{5-14}$$

直线下降策略：

$$T_k = \left(1-\frac{\lambda}{k}\right)T_0 \tag{5-15}$$

等比降温策略：

$$T_k = \lambda^k T_0 \tag{5-16}$$

这 4 种退火策略的温度下降速度不一样，等比降温策略最常用，温度缓慢变化且很有规律，参数 $\lambda(0<\lambda<1)$ 越小，退火速度越快，为了缓慢地降低温度，λ 一般取接近 1 的常数。

2. 人工势场法

人工势场法的概念受物理学中磁场的启发。它是一种虚拟力法，通过在目标点与障碍物周围构造出起相互作用的引力场与斥力场，再通过搜索势函数的下降方向来规划出无碰的最优路径，整个势场力是由引力部分和斥力部分组成的。由于人工势场法高效的实时控制性，可以实现实时路径规划和平滑轨迹处理，因而也得到了广泛应用。但是当在势场空间中同时出现多个障碍物时，易出现零势能点，使人工势场法陷入局部最小点，造成混乱，无法完成势场空间中的路径规划任务。

人工势场法的基本思想：假设移动机器人在虚拟势场中受到虚拟力的作用，其中目标点对移动机器人产生引力，障碍物对移动机器人产生斥力，由两种虚拟力的合力决定移动机器人的运动方向，使移动机器人朝着目标点进行无碰撞的运动，人工势场的受力模型如图 5.7 所示。

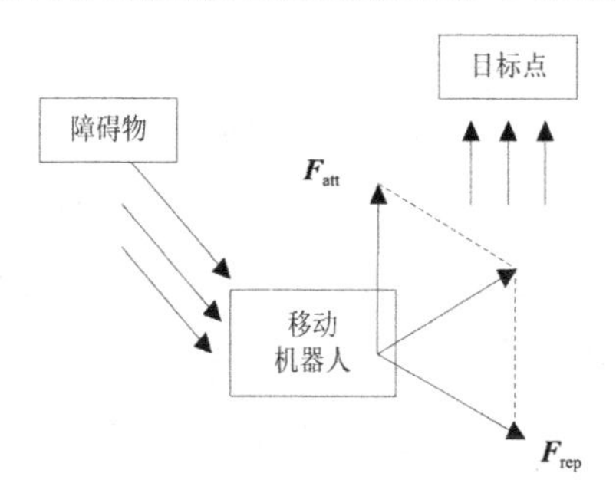

图 5.7　人工势场的受力模型

如果在移动机器人移动中出现新的障碍物，为了集成这个新的信息，应更新势场。在最简单的情况下，我们假设移动机器人是一个点，忽略移动机器人的方向θ，最后所得的势场只是二维的(x,y)，我们假定一个可微的势场函数$U(q)$，则可得到作用于位置$q=(x,y)$的人工力$\boldsymbol{F}(q)$。

$$\boldsymbol{F}(q)=-\nabla U(q) \tag{5-17}$$

式中的$\nabla U(q)$表示位置点q处U的梯度向量，为

$$\nabla U(q)=\begin{bmatrix}\dfrac{\partial U}{\partial x}\\ \dfrac{\partial U}{\partial y}\end{bmatrix} \tag{5-18}$$

作用在移动机器人的势场，计算成目标点的引力场和障碍物的斥力场之和

$$U(q)=U_{\text{att}}(q)+U_{\text{rep}}(q) \tag{5-19}$$

相似地，力也可被分为引力和斥力两部分：

$$\boldsymbol{F}(q)=\boldsymbol{F}_{\text{att}}(q)-\boldsymbol{F}_{\text{rep}}(q)=-\nabla U_{\text{att}}(q)+\nabla U_{\text{rep}}(q) \tag{5-20}$$

具体地，吸引势位，假如一个吸引势位定义为抛物线函数：

$$U_{\text{att}}(q)=\frac{1}{2}K_{\text{att}}\rho_{\text{goal}}^{2}(q) \tag{5-21}$$

式中，K_{att}表示一个比例因子；$\rho_{\text{goal}}(q)$表示欧几里得距离$\|q-q_{\text{goal}}\|$。

吸引势位是可微的，形成吸引力$\boldsymbol{F}_{\text{att}}$：

$$\boldsymbol{F}_{\text{att}}(q)=-\nabla U_{\text{att}}(q)=-K_{\text{att}}\rho_{\text{goal}}(q)\nabla\rho_{\text{goal}}(q)=-K_{\text{att}}\left(q-q_{\text{goal}}\right) \tag{5-22}$$

当移动机器人到达目标时，该力线性地收敛至0。

排斥势位，支持排斥势位的思想是产生离开所有已知障碍物的力。当移动机器人越靠近物体时，排斥势位应该越强；当移动机器人远离物体时，它应该不影响移动机器人的运动。这种斥力场的一个例子是

$$U_{\text{rep}}(q)=\begin{cases}\dfrac{1}{2}K_{\text{rep}}\left[\dfrac{1}{\rho(q)}-\dfrac{1}{\rho_0}\right]^2, & \rho(q)\leqslant\rho_0\\ 0, & \rho(q)\geqslant\rho_0\end{cases} \tag{5-23}$$

式中，K_{rep}表示一个比例因子；$\rho(q)$表示从q点到物体的最小距离；ρ_0表示物体的影响距离。排斥势位函数$U_{\text{rep}}(q)$是正的或0，当q更接近物体时，它趋于无穷大。

如果物体的边界是凸的，且分段可微，$\rho(q)$在自由配置空间中处处可微，则产生斥力

$$\boldsymbol{F}_{\text{rep}}(q)=-\nabla U_{\text{rep}}(q)=\begin{cases}K_{\text{rep}}\left[\dfrac{1}{\rho(q)}-\dfrac{1}{\rho_0}\right]\dfrac{1}{\rho^2(q)}\dfrac{q-q_{\text{obstacle}}}{\rho(q)}, & \rho(q)\leqslant\rho_0\\0, & \rho(q)\geqslant\rho_0\end{cases} \tag{5-24}$$

引力和斥力作用在一个承受此点的移动机器人上，其合力使移动机器人离开障碍物趋向目标。在理想条件下，通过设置一个正比于场力向量的移动机器人速度向量，与球绕过障碍物向山下滚动一样，可平滑地引导移动机器人趋向目标。但这种方法也有很多局限性，根据障碍物的形状和大小，会出现局部极小的情况。如果物体是凹的，就会出现另一个问题，它可能产生几个最小距离值 $\rho(q)$ 同时存在的情况，导致离物体最近的两个点来回振荡。

人工势场法主要有以下几个优点：易于实现、计算量小，并且由于该方法使用局部信息，因此容易实现实时控制；易于操作和实现；可以获得更安全的路径；在规划过程中仅需要一点地图信息，不需要大量的计算，节省空间；获得的轨迹更平滑。但是该方法存在局部最优问题，并且可能产生移动机器人的目标不可达的现象，产生该现象的原因如下。

（1）移动机器人在未到达目标点前陷入局部极值点，引力和斥力相互抵消，导致移动机器人无法继续移动。

（2）距离目标点较近的地方存有障碍物，当移动机器人靠近目标点时，距离较近的障碍物产生的斥力会大于引力，产生的合力会导致路径偏离目标点，造成目标不可达现象。

3．动态窗口法

在局部路径规划中，目前较实用的方法是动态窗口法（Dynamic Window Approach，DWA），移动机器人在运动过程中需要根据采集的障碍物信息躲避障碍，有效运动到目标位置点。动态窗口法是由 Dieter Fox 等在 1997 年提出的一种直接在速度空间内搜索移动机器人最优控制速度的自主避障算法。“动态窗口”的含义为根据移动机器人的加减速性能将速度采样空间限定在一个可行的动态范围中。作为一种选择速度的方法，动态窗口法结合移动机器人的动力学特性，通过在速度空间中采样多组速度，并对该速度空间进行缩减，模拟移动机器人在这些速度下一小段时间间隔内的运动轨迹。得到多组轨迹之后，对轨迹进行评价，选择最优轨迹对应的速度驱动移动机器人运动。它要求移动机器人避开所有可能发生碰撞的障碍物，在设定时间间隔内达到设定速度且移动机器人可以快速到达目标点。之后，通过评价函数评价生成轨迹与参考路径的贴合程度，如生成轨迹上是否存在障碍物及生成轨迹与参考路径目标点之间的距离。动态窗口法不同于其他路径规划法的地方在于，它直接来源于移动机器人的运动学和动力学，且它考虑到移动机器人的惯性，而惯性对于具有扭矩限制的高速移动机器人来说非常重要。

动态窗口法将可能的速度搜索空间分为 3 个部分。

（1）圆形轨迹。动态窗口法仅考虑平移和旋转速度对 (v,ω) 唯一确定的圆形轨迹（曲率），产生一个二维速度搜索空间。

（2）可接受速度。为了保证安全，移动机器人在与障碍物碰撞之前就应停下。如果移动机器人能够在它到达最近曲率上的障碍物之前停下，那么这对(v,ω)就是可接受速度。这个条件不是在采样一开始就有的，而是在模拟出移动机器人的轨迹，找到障碍物的位置，计算出移动机器人到障碍物之间的距离后得到的。若当前采样的速度对使移动机器人在碰撞到障碍物之前能停下，则这对速度就是可接受的，否则应该抛弃这对速度。

（3）动态窗口。根据移动机器人的加减速性能，限定速度采样空间在一个可行的动态范围内。假设移动机器人是两轮非全向的移动机器人，即移动机器人不能纵向移动，只能前进或旋转，且假设运动轨迹是由一段段圆弧组成的，则一对(v,ω)就代表一个圆弧轨迹。在两个相邻的时间间隔内，移动机器人做圆弧运动的半径为

$$r=\frac{v}{\omega} \tag{5-25}$$

当旋转速度ω不为零时，移动机器人的运动坐标为

$$x=x-\frac{v}{\omega}\sin\theta_t+\frac{v}{\omega}\sin\left(\theta_t+\omega\Delta t\right) \tag{5-26}$$

$$y=y-\frac{v}{\omega}\cos\theta_t-\frac{v}{\omega}\cos\left(\theta_t+\omega\Delta t\right) \tag{5-27}$$

$$\theta_t=\theta_t+\omega\Delta t \tag{5-28}$$

动态窗口法中速度采样的关键是可以根据速度模型预测轨迹模型。对速度采样可得到多组采样速度组成的速度动态窗口，根据评价函数的指标对各种采样速度进行评价，得到最优速度之后就可据此推算出移动机器人的运动轨迹。二维速度空间中有无穷的速度组，速度采样的设定值必须在一定范围内，根据移动机器人和环境的限制可以对速度值做如下限制。

（1）根据移动机器人的最大、最小速度，可以设定移动机器人的平移速度v和旋转速度ω的范围

$$v_m=\left\{v\in\left[v_{\min},v_{\max}\right],\ \omega\in\left[\omega_{\min},\omega_{\max}\right]\right\} \tag{5-29}$$

（2）根据移动机器人的电动机等发动工具力矩的性能，移动机器人的加速度也有一定范围。当移动机器人移动时，其速度处于动态窗口内的某个时间段，动态窗口内的速度是移动机器人在模拟时间内实际可达到的速度。

$$v_{\mathrm{d}}=\left\{(v,m),v\in\left[v_{\mathrm{c}}-v'\Delta t,v_{\mathrm{c}}+v'\Delta t\right],\ \omega\in\left[\omega_{\mathrm{c}}-\omega'\Delta t,\omega_{\mathrm{c}}+\omega'\Delta t\right]\right\} \tag{5-30}$$

式中，Δt为加速度v'和角加速度ω'作用的时间；v_{c}和ω_{c}为当前速度；$\left(v_{\mathrm{c}},\omega_{\mathrm{c}}\right)$为移动机器人的实际速度。动态采样轨迹如图 5.8 所示。

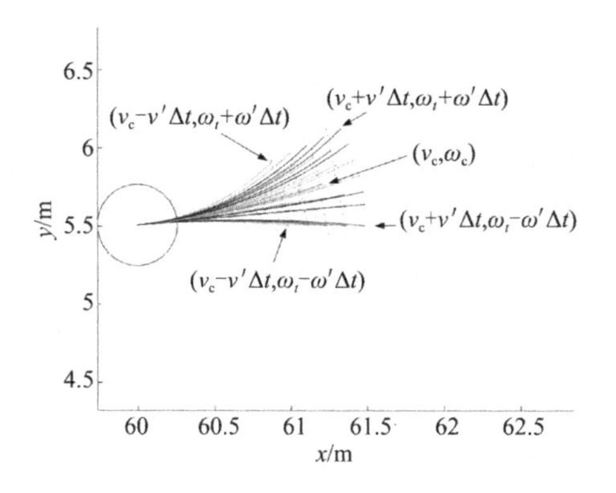

图 5.8　动态采样轨迹

（3）安全距离限制，在距离移动机器人较近的环境中，障碍物对移动机器人的平移速度和旋转速度都有一定的限制。移动机器人须在与障碍物发生碰撞前停下，在最大减速条件下，移动机器人的速度有一定的范围限制。设速度组为(v,ω)，则允许的安全速度v_{safe}集合为

$$v_{\text{sale}}=(v,\omega)|\ v\leqslant\sqrt{2\cdot\text{dist}(v,\omega)\cdot v_b'}\wedge\omega\leqslant\sqrt{2\cdot\text{dist}(v,\omega)\cdot\omega_b'} \tag{5-31}$$

式中，$\text{dist}(v,\omega)$表示速度对应的轨迹，即一段圆弧上距最近障碍物的距离；v_b'和ω_b'为制动加速度。

在采样的速度对中，一般有若干条可行轨迹，需要对每条轨迹进行评价，采用的评价函数见式（5-32）。

$$G(v,\omega)=\sigma\left[\alpha\cdot\text{heading}(v,\omega)+\beta\cdot\text{dist}(v,\omega)+\gamma\cdot\text{vel}(v,\omega)\right] \tag{5-32}$$

关于移动机器人当前的位置和方向，评价函数在以下几个方面做了权衡。

（1）目标朝向角$\text{heading}(v,\omega)$用于度量移动机器人在当前位置设定的采样速度下，到达模拟轨迹末端时的朝向与目标之间的角度差距，目标朝向角如图 5.9 所示。

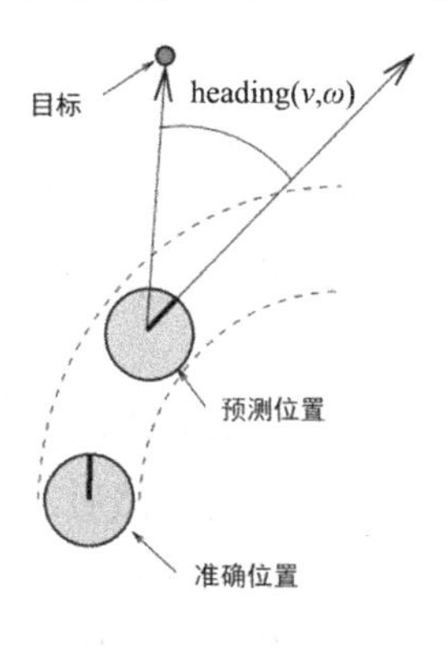

图 5.9　目标朝向角

（2）间隙$\text{dist}(v,\omega)$表示与轨迹相交的最近障碍物的距离。若没有障碍物，则将该值设

置为一个较大的常数。

（3）速度 $\mathrm{vel}(v,\omega)$ 表示移动机器人的前进速度，用于评价当前轨迹的速度大小。

σ 平滑上述3个量的加权和。它将每个部分归一化之后再相加，增加了障碍物的侧向间隙。归一化采用的处理方式一般是当前采样轨迹的每一项除以对应每项的所有采样轨迹的总和。α、β、γ 分别是目标朝向角 $\mathrm{heading}(v,\omega)$、间隙 $\mathrm{dist}(v,\omega)$、速度 $\mathrm{vel}(v,\omega)$ 3 个量的参数。

动态窗口法的反应速度较快、实时性好、计算不复杂，通过速度组合（平移速度与旋转速度）可以快速得出下一时刻规划轨迹的最优解，而且可以由横向与纵向两个维度向一个维度优化。

5.3 基于采样的路径规划

路径规划算法可分为完备的路径规划算法和基于采样的路径规划算法两类。完备的路径规划算法对于任何输入都能在有限的时间内确定是否有路径解，若有解，则完备的路径规划算法会在有限的时间内返回最优路径解；若无解，则返回无解。基于采样的路径规划算法则不具备这样的完备性，即如果有解，基于采样的路径规划算法将在有限的时间内返回解；但如果无解，基于采样的路径规划算法可能永远进行下去。基于采样的路径规划算法中，常用的有概率路图（Probabilistic Road Map，PRM）法和快速扩展随机树（Rapidly-exploring Random Tree，RRT）法。

5.3.1 概率路图法

概率路图法是由 Lydia Kavraki、Jean-Claude Latomde 提出的一种基于图搜索的算法。不同于别的路径图算法，概率路图法中的路径图是通过某种概率的技术以非确定形式构造的构型空间。将路径规划问题中的移动机器人可达位置用自由空间中的一个概率路标图表示，概率路标图中的每个节点代表移动机器人的位姿节点，构成的连线是不同位姿节点之间的可行路径。然后，利用搜索算法在此空间寻找可行路径，在避免碰撞的同时解决移动机器人从起始点到目标点的路径规划问题。

概率路图法可分为两个阶段：学习阶段和查询阶段。在学习阶段，先在位姿空间中概率随机地采样，测试采样点是否在自由空间内，然后，将环境中可达的位姿节点和它的一些邻近节点连接起来，通常是某些预定距离小的邻居。位姿节点和连接起来的邻近节点被添加到图中，直到路线图足够密集。这样构建并存储一个概率路图，图中的节点是空间中的可达位置，边是可达节点空间之间的路径。在查询阶段，将起始点和目标点分别连接到路标图 G 中，然后根据局部规划器，在路标图 G 中分别找到起始点和目标点邻域范围内的采样点并尝试连接，路标图 G 中可能形成若干个连通分支。如果起始点和目标点在同一个连通分支内，那么利用某种搜索算法找到从起始点到目标点的可行路径。如果起始点和目标点不在同一个连通分支内，那么返回到预处理阶段扩充采样点，增强连通性。上述两个阶段可重复进行，直至起始点和目标点在同一个连通分支内。概率路图法的路径规划示意图如图 5.10 所示。图中的灰黑色区域表示障碍区域，是移动机器人的不可达区域，白色区域是自由可达区域，移动机器人的起始点和目标点用点表示。

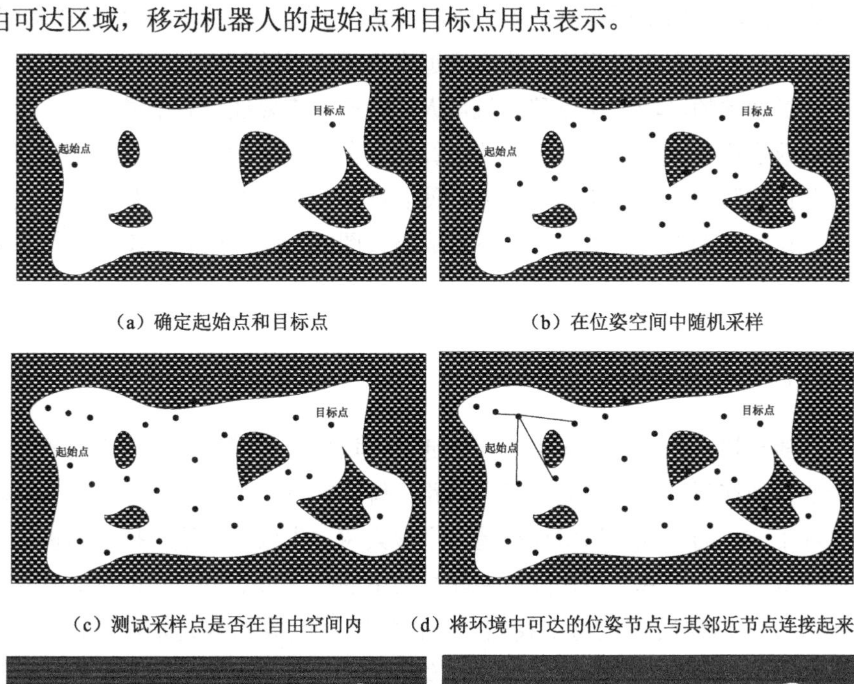

（a）确定起始点和目标点　　（b）在位姿空间中随机采样

（c）测试采样点是否在自由空间内　　（d）将环境中可达的位姿节点与其邻近节点连接起来

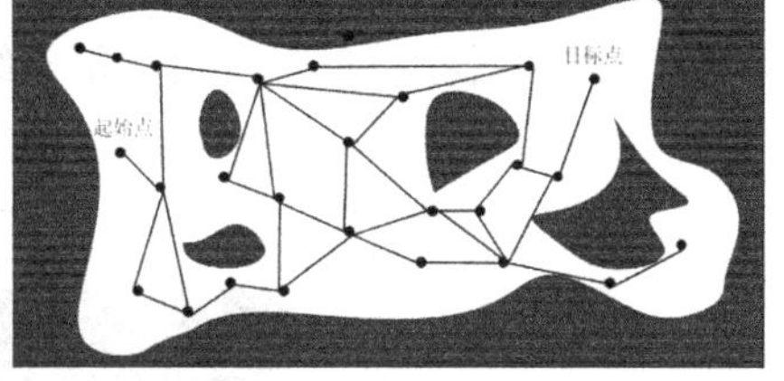

（e）连接所有的位姿节点得到概率路图　　（f）寻找最短路径

图 5.10　概率路图法的路径规划示意图

详细来说，学习阶段由构建和扩展两个连续步骤组成。构建步骤的目标是获得一个合理的连通图，连通图中有足够的顶点相对均匀地覆盖移动机器人的自由可达空间，同时空间中最困难的区域至少包含几个节点。算法中的 Δ 是一个对称函数，它的返回值决定局部规划器是否可以计算两个采样点之间的路径。在邻域点选择时采用距离在一定范围内的邻域点 $N_c=\left\{\bar{c}\in N \mid D\left(c,\bar{c}\right)<\max\text{dist}\right\}$，$D$ 是距离函数，$D\left(c,n\right)=\max\limits_{x\in\text{robot}}\parallel x\left(n\right)-x\left(c\right)\parallel$ 是对称且非退化的。扩展步骤用于进一步提高图的连通性，它可根据一些启发式算法，通过给区域中的每个点引入权重系数决定在哪些区域增加点，从而在移动机器人自由可达空间 C 的

困难区域中生成额外的节点以提高图的连通性。自由可达空间 C 的覆盖路线图不是统一的，取决于自由可达空间 C 的局部复杂性。

在查询阶段，将起始点和目标点与路径网络中的两个点 x、y 分别连接起来，然后使用算法寻找无向路径网络图中 x 与 y 连接的路径，这样就可以将起始点和目标点连接起来，构成全局路径。得到全局路径后，可以使用平滑的方法寻找捷径、优化路径。

传统概率路图法中的采样策略是均匀采样策略，它在整个空间中采样的概率处处相等，采样点的数目与空间的大小成正比，狭窄通道内的采样点数相对其他区域较少，不能很好地连通狭窄通道两端的区域，所以移动机器人路径规划需要经过狭窄通道时，往往效率低下，因此需要改进概率路图法。常用的改进算法是在概率路图法规划路径的步骤中引入人工势场，对落在威胁体内的点施加势场力，使之移动到自由空间内，从而增加狭窄通道内的节点数量，在不增加采样次数的情况下完成路线图的构建，或者是将概率路图法与蚁群算法结合。

5.3.2 快速扩展随机树法

快速扩展随机树法是一种在多维空间中通过递增采样实现高效率搜索的规划方法，主要优点是能快速地在新场景中找到一条可行路径解。它以一个起始点作为根节点，通过随机采样增加叶子节点的方式，递增地构造一个搜索树，生成一个快速扩展随机树。逐步提高快速扩展随机树的分辨率，当快速扩展随机树中的叶子节点包含目标点或进入了目标区域时，便可以在快速扩展随机树中找到一条由树节点组成的从起始点到目标点的路径。图 5.11 所示为快速扩展随机树法在简单的二维工作空间中的运行结果。图中，移动机器人的起始点在右下角，目标点在左上角，每条线代表快速扩展随机树中的拓展边，移动机器人通过不断采样遍历工作中的可达空间寻找目标点。

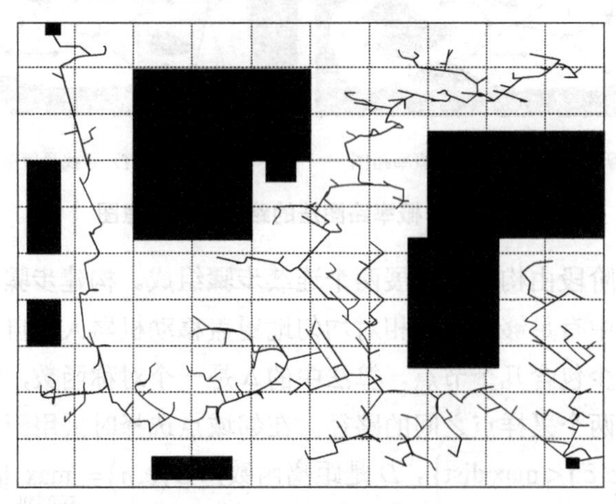

图 5.11 快速扩展随机树法在简单的二维工作空间中的运行结果

快速扩展随机树法的伪代码如表 5.2 所示。在原始快速扩展随机树法中，将起始点初始化为快速扩展随机树的父节点。先初始化快速扩展随机树，并将起始点插入快速扩展随机树。在可达空间中选择随机的、无碰撞的节点，然后尝试将快速扩展随机树扩展到该节点。这个阶段继续进行，对空间进行采样并添加新的顶点和边，直到达到最大允许顶点数，或者根据设定的终止条件找到目标。在快速扩展随机树法描述的函数中，Δq 称为生长节点的预定步长。生长节点的预定步长对快速扩展随机树的扩张能产生显著影响。若生长节点的预定步长过小，最终得到的快速扩展随机树会有很多短枝，需要更多的节点探索可达空间并找到可行路径，整个快速扩展随机树法的搜索时间也会变长。若生长节点的预定步长过大，快速扩展随机树会具有长枝，快速扩展随机树将有可能频繁地遇到障碍物而导致节点更新失败，快速扩展随机树法就需要重新采样新的位置，因此其需要选择合适的生长节点的预定步长。

表 5.2　快速扩展随机树法的伪代码

快速扩展随机树法：快速拓展随机树的构建

```
//快速扩展随机树法的输入：起始点 qinit，快速扩展随机树的节点数 k，生长节点的预定步长Δq
//快速扩展随机树法的输出：快速扩展随机树 G
G.init (q_init)
for k=1 to k do
    q_init←RAND_CONF ( )
    q_near←REAREST_VERTEX (q_rand, G)
    q_new←NEW_CONF (q_rand, q_rand, Δq)
    G.add_vertex (q_new)
    G.add_edge (q_near, q_new)
return G
```

基于快速扩展随机树的路径规划算法，通过对状态空间中的采样点进行碰撞检测，避免了对空间的建模，能够有效地解决高维空间和复杂约束的路径规划问题。该方法的特点是能够快速有效地搜索高维空间，通过状态空间的随机采样点，把搜索导向空白区域，从而寻找一条从起始点到目标点的规划路径，适合解决多自由度移动机器人在复杂环境下和动态环境中的路径规划。但快速扩展随机树法由于其随机性太强，也有一些缺点。由于快速扩展随机树在自由空间中的生长方向随机，同时障碍物不断地运动，因此在动态环境中路径规划的稳定性较差。而且快速扩展随机树法得到的路径不是最优的，不会收敛到渐近最优解。若地图中存在可行路径解，基于搜索的路径规划算法则可以通过不停地迭代计算找到最优路径，快速扩展随机树法的目标则是快速找到一条可行路径，而这条可行路径是由单个节点连接形成的，由于冗余节点的存在和连接方式造成的曲折，该路径一定不是最优路径。此外，快速扩展随机树法还有搜索过于平均、浪费资源和时间、偏离最优解等缺陷，在应用中可改进。

目前已经有很多方法来解决这个问题，其中比较重要的且会被大多数算法采用的是基于目标概率采样的快速扩展随机树法和 RRT*算法。

在快速扩展随机树法中，样本的选择是随机的，当随机样本与目标点距离较远时，生成的节点将远离目标点，这种方式下目标点的可达选择性得到增强。但是，在随机选择样本时有两个问题是无法避免的：一是生成的快速扩展随机树可能已经找到非常靠近目标点的节点，但由于这种样本选择的随机性而没有连接到目标点；二是增加了对节点生成程序的调用，向快速扩展随机树中添加了更多不必要的分支。

RRT*算法于 2010 年首次被提出，该算法可以显著地改善移动机器人运动空间中发现的路径质量，此处的路径质量定义为从起始点移动到目标点所使用的成本，与搜寻路径用的时间无关。渐近最优的 RRT*算法与快速扩展随机树法非常相似，通过在移动机器人可达空间的随机采样构建快速扩展随机树，并在新节点通过碰撞和非完整约束检测后将新节点连接到快速扩展随机树上。它在原有的快速扩展随机树法上主要做了两点改进：改进一是父节点的选择方式，采用代价函数选取拓展节点领域内最小代价的节点为父节点，同时，每次迭代后都会重新连接现有树上的节点，从而保证计算的复杂度和渐近最优解；改进二是树的重新布线，将顶点连接到路径代价最低的邻居后，再次检查邻居，若重新布线到新添加的顶点，将使从起始点移动到目标点所使用的成本降低，则将邻居重新布线到新添加的顶点，此功能使路径更平滑。

虽然 RRT*算法能找到更高质量的路径，但生成新节点时进行的重新选择父节点和重新布线过程使得该算法的搜索时间更长。这两个过程能够不断改进发现的路径，同时也增加了算法的计算量。

5.4 现代智能路径规划

近年来，由于环境复杂度的提高，移动机器人路径规划的难度也逐渐提升。传统路径规划算法的实时性低、计算量大，难以适应环境的变化。除了上述的传统路径规划算法，本节将介绍几种在移动机器人路径规划中应用较多的算法，主要有模糊逻辑算法、神经网络算法和遗传算法等。

5.4.1 模糊逻辑算法

模糊控制算法模拟驾驶员的驾驶思想，将模糊控制本身所具有的鲁棒性与基于生理学的“感知、动作”行为结合起来，适用于时变、未知环境下的路径规划，具有较好的实时性。

在移动机器人自主导航过程中，对于环境的描述经常包含着不确定因素，不能将其直接归类到某一环境特征中或采取某一明确的规则，这时就可采用模糊逻辑算法。模糊逻辑算法由于符合人类的思维习惯，不仅不需要建立系统的数学模型，而且易于将专家知识直接转换为控制信号。利用模糊逻辑算法可将不确定性直接表示在推理过程中。基于模糊规则的目标识别融合计算非常简单，通过指定一个 0～1 的实数来表示真实度，这相当于隐式算子的前提。模糊逻辑算法对传感器信息的精度要求不高，对移动机器人周围环境及本身位置信息的不确定性也变得不敏感，这样就使得移动机器人的行为体现出很好的一致性、稳定性和连续性。然而由于实际环境的复杂性，一方面很难预料到所有可能的情况，另一方面对于多输入、多输出系统，要构造其全部的模糊规则非常复杂和困难，而且模糊推理的运算量随着模糊规则的增长呈指数级增长，因此让移动机器人自身学会模糊规则是非常必要的。

在普通集合论中，域 X 中的某一个元素 x 或者完全属于某个集合 $A\left[\mu_A(x)=1\right]$，或者完全不属于 $A\left[\mu_A(x)=0\right]$，这也是普通集合论与模糊集合最本质的区别。对模糊集合来说，一个元素与某一集合有属于与不属于的对应关系。其定义为任意给定元素 $x\in X$，都会存在唯一确定的隶属函数 $\mu_A(x)\in[0,1]$ 与其相对应。类似于映射的方法，模糊集合 $\tilde{A}$ 可以表示为 $\mu_{\tilde{A}}(x)$：$X\to[0,1]$，其中模糊集合 $\tilde{A}$ 的表示方法有以下几种。

（1）Zadeh 表示法。

当域 X 为离散有限域 $\{x_1,x_2,\cdots,x_n\}$ 时，可表示为

$$\tilde{A}=\sum_{i=1}^{n}\frac{\mu_{\tilde{A}}(x_i)}{x_i}=\frac{\mu_{\tilde{A}}(x_1)}{x_1}+\frac{\mu_{\tilde{A}}(x_2)}{x_2}+\cdots+\frac{\mu_{\tilde{A}}(x_n)}{x_n} \tag{5-33}$$

当域 X 为连续域时，可表示为

$$\tilde{A}=\frac{\int_X \mu_{\tilde{A}}(x)}{x} \tag{5-34}$$

（2）序偶表示法。

如果用域 X 上的各个元素与之相对应的隶属度函数 $\mu_{\tilde{A}}(x)$ 构成有序对 $\left[x,\mu_{\tilde{A}}(x)\right]$ 来表示模糊集合 $\tilde{A}$，则 $\tilde{A}=\left\{\left[x,\mu_{\tilde{A}}(x)\right],x\in X\right\}$。

对模糊集合来说，元素对该集合拥有不精确的属于关系，元素以一定程度隶属于该集合，而该隶属的程度为取值范围是[0,1]的隶属度函数。几种常见的隶属度函数如下。

① 三角形隶属度函数

$$\mu_{\text{tri}}(x)=\mu(x,a,b,c)=\begin{cases}0, & x<a\\ \dfrac{x-a}{b-a}, & a\leqslant x\leqslant b\\ \dfrac{c-x}{c-b}, & b\leqslant x\leqslant c\\ 0, & x>c\end{cases} \tag{5-35}$$

② 梯形隶属度函数

$$\mu_{\text{trap}}(x)=\mu(x,a,b,c,d)=\begin{cases}0, & x<a\\ \dfrac{x-a}{b-a}, & a\leqslant x\leqslant b\\ 1, & b\leqslant x\leqslant c\\ \dfrac{d-x}{d-c}, & c\leqslant x\leqslant d\\ 0, & x>d\end{cases} \tag{5-36}$$

③ 高斯隶属度函数

$$\mu_{\text{gauss}}(x)=\mu(x,\sigma,m)=\mathrm{e}^{-\frac{(x-m)^2}{2\sigma^2}} \tag{5-37}$$

5.4.2 神经网络算法

神经网络（Neural Network）算法是以人脑的神经网络为启发，通过简化、抽象与模拟人脑存储和处理信息的过程并用数学语言加以描述而衍生出来的智能化信息处理技术，是一种仿效生物神经系统的信息处理算法。它是一个高度并行的分布式系统，处理速度高且不依赖于系统精确性的数学模型，还具有自适应和自学习的能力。

一个神经网络包括以各种方式连接的多层处理单元。神经网络对输入的数据进行非线性变换，从而完成了聚类分析技术所进行的从数据到属性的分类。从学习算法与网络结构两个方面相结合的角度来对神经网络进行分类，有以下几个类别：单层前向网络、多层前向网络、反馈神经网络、随机神经网络和竞争神经网络等。神经网络算法具有自学习、联想存储、高速寻找最优解的能力，但是算法的网络参数较多，属于黑盒状态，不可观察结果，其学习时间较长，容易陷入局部最小值。

BP（Back Propagation）算法是人工神经网络中研究最为成熟、应用也最为广泛的人工神经网络模型之一，按照 BP 算法训练的多层前馈神经网络，其结构简单、可塑性强，具有自学习的特性，但是学习速率固定，不储存学习过程中的参数，因此无记忆能力。目前，神经网络的类型很多，大多数的神经网络都用于增强移动机器人的避障能力与路径规划能力，通常采用的是三层感知器模型和算法，神经网络算法与其他算法的有机结合是目前改进劣势的重要方式。

5.4.3 遗传算法

遗传算法是以模拟生物进化论中的自然选择和遗传变异为基础理论而形成的一种搜索算法。受到进化论生物理论的影响，遗传算法主要对自然选择及遗传过程中出现的变异、基因交叉等进行仿真模拟，加上自然选择的优胜劣汰法则，从中获得每一代中的候选解，并通过计算从中得出需要的最优解。遗传算法具有自组织、自适应和自学习性，能够同时处理多个群体中的多个个体，从串集进行搜索，覆盖面大，有利于全局搜索，但是解决实时性问题时的速度较慢、规划效率低，可能会陷入局部最优解问题。遗传算法在运行过程中会出现不需要的种群，从而影响遗传算法的效率，遗传算法在规划过程中的收敛速度慢，不适合解决路径规划中的实时性问题。

遗传算法的具体实现如下。

1．选择编码方式

利用遗传算法求解问题，问题的解是用字符串来表示的，遗传算法也是直接对字符串进行操作的。目前所使用的字符串编码方式主要有二进制编码、实数（浮点数）编码和符号编码等。

2．产生初始种群

主要有两种产生方法：完全随机方式产生（字符串每一位均随机产生）；随机数发生器产生（整个字符串用随机数发生器一次产生）。

3．确定适应度函数

作为遗传算法中唯一的评价函数，适应度体现了个体的生存能力，适应度高的个体被选中进行遗传操作的概率也会相应较大。适应度函数会直接影响最优值的获取和算法效率，一般是从目标函数尺度变换得来的，为此要搭建它们之间的映射关系以确保适应值是非负的，选择函数变换 T：$g \rightarrow f$ 使得对于最优解 x^* 满足

$$\max f\left(x^*\right)=\operatorname{opt}\left(x^*\right),\ x^* \in[u, v] \tag{5-38}$$

解空间某点 $f(x)$ 未找到策略环境中所对应的适应度函数 $F(x)$，假设所求目标为最大值，则构建的函数为

$$F(x)=\begin{cases}f(x)+C_{\min}, & \text{if } f(x)+C_{\min}>0 \\ 0, & \text{if } f(x)+C_{\min} \leqslant 0\end{cases} \tag{5-39}$$

式中，$C_{\min}$ 一般取值较小；$f(x)$ 为目标函数。

若存在界限值预选估计困难，则可根据目标函数的最大值问题得到函数

$$F(x)=\frac{1}{1+c-f(x)} \qquad c \geqslant 0,\ c \geqslant f(x) \tag{5-40}$$

4．复制（选择）

复制是基于适者生存理论提出的，是指种群中每一个个体按照适应度函数进入匹配池的过程。适应度函数值高于种群平均适应度的个体在下一代中将有更多的机会繁殖一个或多个后代，而低于平均适应度的个体则有可能被淘汰掉。复制的目的在于保证那些适应度优良的个体在进化中生存下去，复制不会产生新的个体。

5. 交叉

交叉是指对从匹配池中随机选出的两个个体按一定的交叉概率 P 部分地交换某些基因的过程。交叉的目的是生成新的个体，产生新的基因组合，避免每代种群中个体的重复。

6. 变异

一般的变异操作只作用于采用二进制编码的某单个个体，它以一定的变异概率 P_m 对个体的某些位进行取反操作。如同自然界很少产生基因突变一样，变异概率 P_m 一般都取值较小。变异的目的是增加种群个体的多样性，防止丢失一些有用的遗传模式。

5.4.4 蚁群算法

蚁群算法是一种受到蚁群觅食行为的启发而产生的算法。蚂蚁会在觅食的路途中释放一种称为信息素的化学物质，一条路径的信息素浓度会随着走该条路径的蚂蚁的数量增多而升高，并且信息素的浓度会随着时间逝去而逐渐降低。基于蚁群算法的路径规划，蚂蚁会依据路径的长短释放不同浓度的信息素，在较短的路径上释放较多的信息素，反之，在较长的路径上释放较少的信息素。蚂蚁选择路径时会参照信息素浓度，信息素浓度越高的路径被选择的概率越大。该算法的优势在于可以在并行运行的环境中进行同步寻优，这会加快寻优速度，并且该算法还具有良好的全局优化能力。但是蚁群算法在搜索初期具有一定的盲目性，路径生成的速度慢，而且还存在搜索停滞和局部收敛等问题。

在路径规划问题中，每个时刻 t，蚂蚁 k 从当前栅格 i 选择下一个待选栅格 j，下一个栅格的选择建立在两个栅格之间的距离及信息素的浓度上。如果待选栅格中有一个以上未停留的栅格，那么蚂蚁 k 将会按照如下转移规则选择下一个栅格。

$$P_{ij}^{k}(t)=\begin{cases}\dfrac{\left[\tau_{ij}(t)\right]^{\alpha}\left[\eta_{ij}(t)\right]^{\beta}}{\sum\limits_{j\in \text{allowed}_k}\left\{\left[\tau_{ij}(t)\right]^{\alpha}\left[\eta_{ij}(t)\right]^{\beta}\right\}}, & j\in \text{allowed}_k \\ 0, & \text{其他}\end{cases} \tag{5-41}$$

式中，α 和 β 表示权重参数，反映了信息素和启发式信息在路径选择中的相关影响；allowed_k 表示蚂蚁 k 没有经过的栅格的集合；τ_{ij} 表示从栅格 i 到栅格 j 的信息素浓度；η_{ij} 表示从栅格 i 到栅格 j 的启发式信息，可以用下式表示。

$$\eta_{ij}=\frac{1}{d_{ij}} \tag{5-42}$$

式中，d_{ij} 表示两个栅格的距离，并且定义为

$$d_{ij}=\sqrt{\left(x_i-x_j\right)^2+\left(y_i-y_j\right)^2} \tag{5-43}$$

当种群中所有的蚂蚁都完成了一次从起始点到目标点的路径搜索时，所有路径上的信

息素会在旧信息素的挥发和新信息素的释放中得以更新。信息素的更新公式如下。

$$\tau_{ij}(t+1)=(1-\rho)\tau_{ij}(t)+\sum_{k=1}^{m}\Delta\tau_{ij}^{k}(t) \tag{5-44}$$

式中，ρ 表示信息素的挥发率；m 表示蚂蚁的数量；$\Delta\tau^{k}$ 表示在当前迭代中，蚂蚁 k 留下的信息素浓度，它可以被表示为

$$\Delta\tau_{ij}^{k}=\begin{cases}\dfrac{Q}{L_k},(i,j)\text{为走过的路径}\\ 0,\quad\text{其他}\end{cases} \tag{5-45}$$

式中，L_k 表示蚂蚁 k 在此次迭代中走过的路径总长度；Q 是常量，表示蚂蚁在一次迭代中释放的信息素总量。

5.4.5 粒子群优化算法

鸟群在捕食过程中，区域内有许多不同大小的食物源，鸟群在搜寻食物源的过程中互相传递各自的位置信息，当一只鸟找到最大的食物源时，别的鸟也会陆续知道食物源的位置，最终整个鸟群都能聚集在最大的食物源周围。鸟群觅食的过程为分散式地向目的地运动，具有记忆性，适合在连续性的范围内搜寻。受此启发，J. Kennedy 和 R. C. Eberhart 于 1995 年提出粒子群优化算法（Particle Swarm Optimization algorithm，PSO），它借鉴了鸟群在外出寻找食物时表现出的互相通信和存储路径信息的原理，是一种现代智能优化算法。粒子群优化算法首先给空间中所有的备选解粒子分配初始的随机速度和随机位置，从随机解开始，通过持续地迭代搜索得出最优解。其中每个需要解决的问题都被视作一个粒子，众多粒子在空间中寻找最优解。所有的粒子通过适应度函数判断当前位置的优劣，并且可以记忆搜寻到的最佳路径，粒子群优化算法正是通过群体间的通信和记忆功能实现对空间的全局搜索。

设搜索空间是 D 维的，空间中的粒子总数为 m，第 i 个粒子的位置表示为 $\boldsymbol{x}_i=(\boldsymbol{x}_{i1},\boldsymbol{x}_{i2},\cdots,\boldsymbol{x}_{iD})$，第 i 个粒子到目前位置搜索到的最优位置为 $\mathrm{pBest}_i=(\boldsymbol{p}_{i1},\boldsymbol{p}_{i2},\cdots,\boldsymbol{p}_{iD})$，整个粒子种群到目前位置搜索到的最优位置为 $\mathrm{gBest}_i=(\boldsymbol{g}_1,\boldsymbol{g}_2,\cdots,\boldsymbol{g}_D)$，第 i 个粒子的位置变化率即速度为 $\boldsymbol{v}_i=(\boldsymbol{v}_{i1},\boldsymbol{v}_{i2},\cdots,\boldsymbol{v}_{iD})$。粒子的变化公式如下：

$$\begin{aligned}\boldsymbol{v}_{id}(t+1)=\boldsymbol{v}_{id}(t)+c_1\mathrm{rand}(\ )\left[\boldsymbol{p}_{id}(t)-\boldsymbol{x}_{id}(t)\right]+\\ c_2\mathrm{rand}(\ )\left[\boldsymbol{g}_d(t)-\boldsymbol{x}_{id}(t)\right]\end{aligned} \tag{5-46}$$

$$\boldsymbol{x}_{id}(t+1)=\boldsymbol{x}_{id}(t)+\boldsymbol{v}_{id}(t+1)\qquad 1\leqslant i\leqslant n,1\leqslant d\leqslant D \tag{5-47}$$

式中，c_1、c_2 是正常数，称为加速因子。c_1 调节粒子飞向自身最好位置方向的步长，c_2 调节粒子飞向全局最好位置方向的步长。rand( ) 是随机函数，生成[0,1]的随机数。粒子在探索

过程中可能会离开探索空间，为了避免这种情况发生，将第 d 维的位置变化限定在位置的最大值与最小值之间，速度变化限定在最大速度正负值的边界值之间。粒子种群随机产生粒子的初始位置和速度，计算每个粒子的适应值，然后将每个粒子的适应值与其经历过的最好位置 pBest_i 的适应值进行比较，若高，则将最好位置的适应值替换成当前粒子的适应值；同理，再将每个粒子的适应值与全局经历的最好位置 gBest 的适应值做比较，之后按式（5-46）和式（5-47）进行迭代，直至找到最满意的解。

作为一种优化算法，粒子群优化算法一般不直接用于移动机器人路径规划，而是结合其他算法用于移动机器人路径规划。与遗传算法和蚁群算法相比，粒子群优化算法的结构更简单、原理更简单、参数更少、实现更容易。但是，粒子群优化算法也有弊端，如只能应用于连续性问题等。

5.4.6 禁忌搜索算法

禁忌搜索（Tabu Search）算法是一种元启发式（Meta-heuristic）随机搜索算法，它从一个初始可行解出发，选择一系列的特定搜索方向（移动）作为试探，选择让特定的目标函数值变化最多的移动。为了避免陷入局部最优解，禁忌搜索算法中采用了一种灵活的“记忆”技术，对已经进行的优化过程进行记录和选择，指导下一步的搜索方向，这就是禁忌表的建立。禁忌搜索算法易于实现，通用性及局部开发能力较强，收敛速度快，但全局开发能力相对较弱，搜索结果完全依赖于初始解和领域的映射关系。随后混合算法的出现，尤其是遗传算法和模拟退火算法的有效结合对于算法的性能和效率有较大幅度的改善。

禁忌搜索算法的基本原理：首先通过其他简单的算法或随机得到一个初始解，通过邻域函数变换该初始解产生邻域解，然后在其中确定若干个邻域解作为候选解。为了避免陷入局部极值，该算法允许一定解质量的变差。最佳候选解对应一个目标函数值，假设这个值与目前搜索得到的最优解进行对比后更加优良，则可以将它解除禁忌，作为最优解从禁忌表中释放出来；假设禁忌表中的所有解都劣于非禁忌中的候选解的最佳解，则把这个最佳解作为当前解，同时去除这个解与当前解对应后的优劣。在这两种情况下，修改禁忌表中每个对象的长度，然后将对应的禁忌对象加入禁忌表。

5.5 案例分析：烟花算法

烟花算法（FireWorks Algorithm，FWA）是由北京大学教授谭营等人受到烟花在夜空中爆炸的启发而提出的一种群体智能算法。烟花算法主要由爆炸算子、变异算子、映射规则和选择策略 4 个部分组成。其中爆炸算子主要包括爆炸强度、爆炸半径及位移操作。本节的目标为对基本烟花算法和增强烟花算法进行研究与改进，使提出的改进烟花算法能够改善路径值，提高路径的搜索速度及收敛速度。

5.5.1　基本烟花算法

通常，每逢中国重要的节日人们都会以燃放烟花或爆竹的方式来庆祝，烟花在夜空中爆炸呈现出五彩缤纷的美丽图案，如图 5.12 所示。

目前，烟花算法已经被应用到很多实际优化问题的求解中，且在文献中都取得了不错的应用效果。在烟花算法中，可将烟花看作优化问题解空间中的某个可行解，烟花爆炸产生一定数量火花的过程可以看成其在整个解空间中搜索邻域的过程，如图 5.13 所示。

图 5.12　烟花爆炸

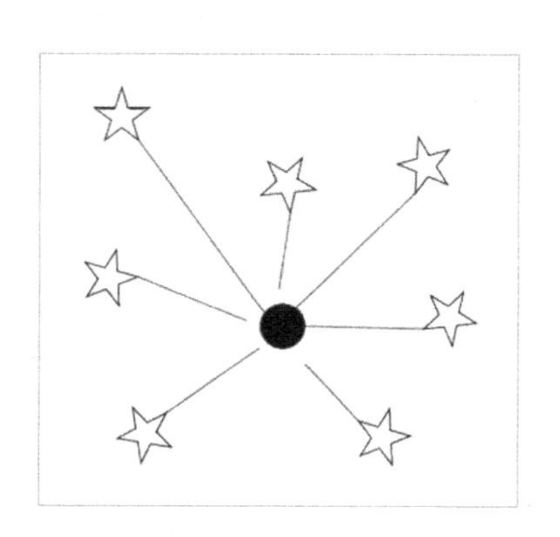

图 5.13　在解空间中搜索邻域的过程

1. 基本思想

烟花算法是一种通过随机爆炸过程寻找潜在空间的新型群智能算法，具有爆发性强、可并行搜索、实现简单及种群多样性等特点。

烟花开始爆炸时其周围会有一簇火花围绕着它，烟花及其爆炸产生的火花在解空间中代表潜在的解决方案。烟花种群（包括烟花、爆炸火花和高斯变异火花）中每个个体会依据其他个体的适应度函数值来进行合理的资源分配及良好的信息交流，使烟花种群在全局与局部搜索能力间达到某种平衡，而且每一个烟花因爆炸搜索机制而具有很强的局部爆发性。

烟花算法和其他优化算法相似，其目的也是找到一个带有约束性条件的优化问题的解决方案。烟花算法的数学模型是通过模拟烟花在夜空中爆炸的行为而建立的，并且将随机因素及选择策略加入其搜索方式，从而形成并行爆炸式的搜索方式，进一步发展为得到复杂优化问题最优解的一种全局搜索方式。

通常将待求解的优化问题转换成求解如下的最小化优化问题，即

$$\min f(\boldsymbol{x}) \text{s.t.} g_i(\boldsymbol{x}) \leqslant 0,\ i=1,2,\cdots,m,\ \boldsymbol{x} \in \Omega \tag{5-48}$$

式中，$f(\boldsymbol{x})$ 为目标函数（适应度函数）；$g_i(\boldsymbol{x})$ 为约束函数；$\boldsymbol{x}$ 为 n 维变量；Ω 为解的可行域。

使用烟花算法求解上述目标的过程，即在可行域Ω中寻找一点能使目标函数值最小的解$\boldsymbol{x}$。

基本烟花算法的实现主要包括以下几个步骤。

（1）在求解优化问题的解空间中，初始烟花数量既可提前确定也可随机产生，每个烟花可用来代表解空间的某个解。

（2）确定适应度函数，计算每个烟花的适应度函数值，依据其函数值产生火花，因此烟花的质量由适应度函数值确定，其质量的好坏直接决定烟花爆炸产生的火花数量和爆炸半径。

（3）通过对烟花进行高斯变异，产生高斯变异火花，增加烟花种群的多样性。

（4）判断是否满足终止条件，若满足，则停止搜索，计算烟花种群的最优解；若不满足，则再从烟花、爆炸火花和高斯变异火花组成的集合中选择与初始烟花数量相同的个体，将它们作为烟花进入下一次的迭代。

基本烟花算法的流程图如图 5.14 所示。

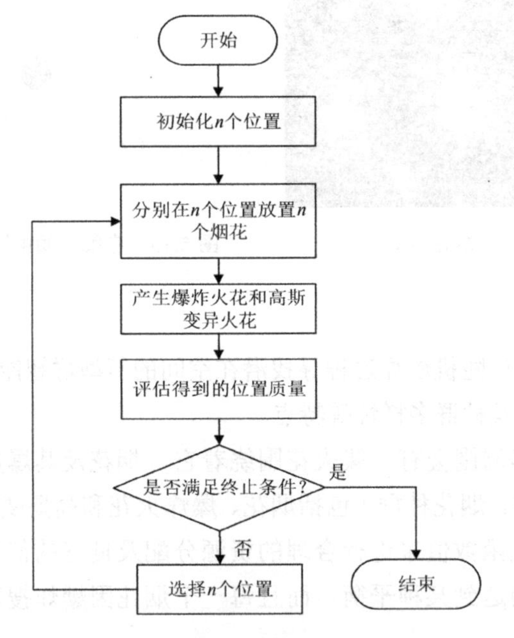

图 5.14　基本烟花算法的流程图

2．爆炸算子

爆炸算子是烟花算法的核心，它包括爆炸强度、爆炸半径和位移操作。首先初始化一定数量的烟花，然后经爆炸算子操作使烟花产生爆炸火花。

烟花在爆炸产生火花的过程中，依据该烟花质量的好坏计算爆炸产生的火花数量及爆炸半径的值。烟花算法的基本原则：烟花的适应度函数值越好，爆炸产生的火花数量越多，爆炸半径越小；反之，烟花的适应度函数值越差，爆炸产生的火花数量越少，爆炸半径越大。

烟花算法具有全局搜索能力与局部搜索能力的自调节机制。每个烟花产生的火花数量和爆炸半径不一样，为了使不同适应度函数值的烟花差异化，需要使那些适应度函数值较好的烟花获得更多的资源，在较小范围内爆炸产生更多数量的火花，使其具有较强的局部搜索能力。相反，适应度函数值较差的烟花获得的资源相对较少，在较大范围内爆炸产生较少数量的火花，使其具有较强的全局搜索能力。烟花爆炸的示意图如图 5.15 所示。

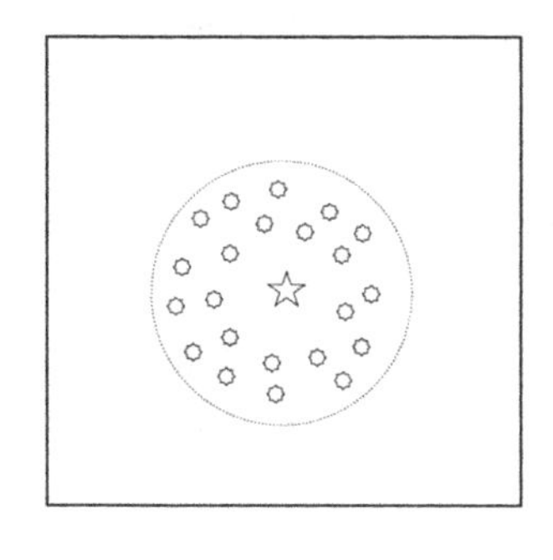

（a）好的爆炸

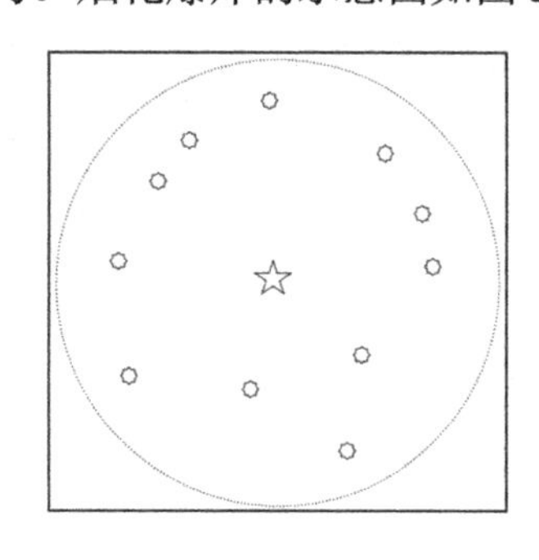

（b）差的爆炸

图 5.15　烟花爆炸的示意图

（1）爆炸强度。

爆炸强度是爆炸算子的核心。烟花算法首先要计算每个烟花爆炸产生的火花数量及产生这些火花的半径范围。

每个烟花爆炸产生的火花数量由烟花的适应度函数值确定，爆炸强度使适应度函数值好的烟花爆炸产生较多的火花，这样可以避免在寻优过程中火花一直在最优值附近摆动而无法准确找到最优值的现象。那些适应度函数值差的烟花能够产生适应度函数值好的火花的概率比较小，应该减少这类烟花产生的火花数量。产生火花数量的计算公式为

$$S_i = m\frac{Y_{\max} - f\left(\boldsymbol{x}_i\right) + \varepsilon}{\sum_{i=1}^{N}\left[Y_{\max} - f\left(\boldsymbol{x}_i\right)\right] + \varepsilon} \tag{5-49}$$

式中，S_i 为第 i 个烟花产生的火花数量；m 为一个代表火花总数的常数；$f\left(\boldsymbol{x}_i\right)$ 为第 $i(i=1,2,\cdots,N)$ 个烟花的适应度函数值；$Y_{\max}=\max\left[f\left(\boldsymbol{x}_i\right)\right]$ 为烟花种群中最差个体的适应度函数值；ε 为一个用来避免除零操作的极小常数。

为避免烟花产生的火花数量过多或过少，对爆炸产生的火花数量进行如下的限制。

$$\hat{S}_i = \begin{cases} \text{round}\left(aM\right), & S<bM \\ \text{round}\left(bM\right), & S_i>aM,\ a<b<1 \\ \text{round}\left(S_i\right), & \text{其他} \end{cases} \tag{5-50}$$

式中，a、b 为给定的常数；round( )为四舍五入的取整函数。

（2）爆炸半径。

确定爆炸产生的火花数量后，需计算烟花的爆炸半径。控制烟花爆炸半径的基本思想为：使适应度函数值好的这类烟花的爆炸半径减小，让其可以收敛到各个极值，直到最终找到最优值；反之，由于适应度函数值较差的烟花一般都离最优值比较远，而且较差烟花的作用是防止“早熟”需要对其余空间做适当的探索，因此适应度函数值较差的这类烟花想要有效地到达最优值附近，需要产生大幅度的变异。烟花爆炸半径的计算公式为

$$A_i = \hat{A}\frac{f(\boldsymbol{x}_i) - Y_{\min} + \varepsilon}{\sum_{i=1}^{N}\left[f(\boldsymbol{x}_i) - Y_{\min}\right] + \varepsilon} \tag{5-51}$$

式中，A_i 为烟花 $\boldsymbol{x}_i$ 的爆炸幅度范围；$\hat{A}$ 为一个表示最大爆炸半径的常数；$Y_{\min} = \min\left[f(\boldsymbol{x}_i)\right]$ 为烟花种群中最好个体的适应度函数值。

（3）位移操作。

为了烟花种群的多样性，在确定烟花的爆炸半径后，需要在爆炸半径范围内对烟花随机选择的 z 个维度进行位移。这里采用随机位移的方法，使每一个烟花爆炸产生的火花在这 z 个维度中产生相同的位移。

$$\Delta\boldsymbol{x}_p^k = \boldsymbol{x}_i^k + \mathrm{rand}(0, A_i) \tag{5-52}$$

式中，$k \in z$；$\Delta\boldsymbol{x}_p^k$ 表示第 i 个烟花爆炸产生的第 p 个火花的第 k 维位置；$\boldsymbol{x}_i^k$ 表示第 i 个烟花的第 k 维位置；$\mathrm{rand}(0, A_i)$ 表示在幅度 A_i 内产生的均匀随机数。

3. 变异算子

为进一步增加烟花种群的多样性，引入变异算子，本书使用高斯变异作为变异算子。在选中的烟花与当前最优烟花间进行变异，产生高斯变异火花，高斯变异的示意图如图 5.16 所示。

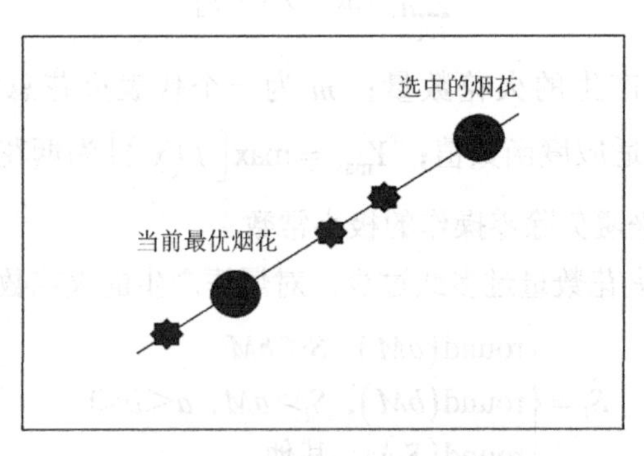

图 5.16 高斯变异的示意图

产生高斯变异火花的过程：首先在烟花种群中随机选择一些烟花，然后在这些所选烟花中随机选择一些维度进行高斯变异。对所选烟花 $\boldsymbol{x}_i$ 的维度 k 进行高斯变异，即

$$x_i^k = x_i^k g \tag{5-53}$$

式中，g 为服从均值和方差都为 1 的高斯分布的随机数，即 $g \sim N(1,1)$。

4．映射规则

靠近可行解空间边界的烟花经过爆炸算子和高斯变异操作后，可能会产生超过可行解空间的火花，因此需要采取一些方式将该火花返回到可行解空间内。这里采用映射规则，将产生的一些可行解空间外的火花通过映射规则映射到可行解空间内，确保所有火花在可行解空间范围内。

采用模运算的映射规则，其公式为

$$x_i^k = x_{\min}^k + \left|x_i^k\right| \% \left(x_{\max}^k - x_{\min}^k\right) \tag{5-54}$$

式中，x_i^k 表示超出边界的第 i 个烟花的第 k 维位置；$x_{\max}^k$ 表示第 k 维的上边界；$x_{\min}^k$ 表示第 k 维的下边界；%表示模运算。

5．选择策略

为了保证烟花种群中优秀的信息可以传递到下一代，在经过爆炸算子和高斯变异操作后，从烟花、爆炸火花和高斯变异火花组成的集合中选择与初始烟花数量相同的个体传递到下一代。

假设集合中个体的数量为 K，初始烟花数量为 N。集合中适应度函数值最小的个体（即最优个体）会直接传递到下一代，其余 $N-1$ 个烟花则采用轮盘赌法从集合中选择。

每个个体被选中的概率为

$$P(x_i) = \frac{R(x_i)}{\sum_{j \in K} R(x_j)} \tag{5-55}$$

$$R(x_i) = \sum_{j=1}^{K} d(x_i, x_j) = \sum_{j=1}^{K} \left\| x_i - x_j \right\| \tag{5-56}$$

式中，$d(x_i, x_j)$ 表示任意两个个体 x_i 和 x_j 间的欧几里得距离；$R(x_i)$ 表示当前个体 x_i 与其他个体的距离之和。由式（5-55）可以看出，距离其他个体更远的烟花将有更大的概率被选择，保证了烟花种群的多样性。

5.5.2　基本烟花算法在路径规划中的实现

1．基本烟花算法的主要流程

将基本烟花算法应用于路径规划中，基本烟花算法一次迭代产生的路径数与烟花种群数相同，其中烟花种群由烟花、爆炸火花和高斯变异火花组成。烟花种群中的第 i 个个体的

维数 L 对应于环境中自由栅格的点数，这些点被称为有效点。设第 i 个个体的 L 维向量为 $m\_\text{SIV}[j](j=1,2,\cdots,L)$，且 $m\_\text{SIV}[j]$ 的值都随机初始化为 $(0,1)$ 区间内的值。在进行局部路径搜索时，L 维向量值对应从当前点可以直接到达周围点的集合中选取下一点的概率。

为了防止基本烟花算法在进行局部搜索时陷入局部最优解，且不再重复选择已经访问过的路径点，这里采用禁忌移动策略。将经过的路径点保存在禁忌表中，将烟花种群中第 i 个个体的路径禁忌表设为 Dist_i，将起始点设为当前点，并保存到禁忌表 Dist_i 中，设起始点邻域中的点集为 $\text{Next}[i]$，根据当前点邻域内的可行栅格（即两个栅格之间没有障碍物）的 $m\_\text{SIV}[j]$ 值，采取轮盘赌法进行下一个点的选取。将所选择的点作为当前点进行下一步搜索。为了避免因重复选择路径中的点而使路径值增加，需要检测每个要选取的点，如果在禁忌表中没有检测到此点，则选取此点并保存在链表中，否则抛弃此点，继续使用轮盘赌法从剩下的可行栅格中选取，以此类推，将每次选择的点保存到链表中，直到到达目标点为止。迭代完成后，产生的最小路径值为最优值。

基于烟花算法的路径规划的主要流程如下。

步骤 1：加载环境地图，设置起始点和目标点，并提取出环境中的有效点，保存环境信息。

步骤 2：初始化基本烟花算法的参数：烟花总数为 N，第 i 个个体的 L 维向量为 $m\_\text{SIV}[j]$，火花总数为 m，最大的爆炸半径为 $\hat{A}$，常数为 a 和 b。迭代次数 c 初始化为 0，迭代总数为 C。

步骤 3：从起始点开始进行路径搜索，并通过设置禁忌表保存走过的路径点，直到到达目标点生成了一条路径，计算 N 个烟花的初始路径值。

步骤 4：按路径值从小到大的顺序进行排序，烟花数量 n 初始化为 1。

步骤 5：将路径值作为适应度函数值，计算该烟花爆炸产生的火花数量及爆炸半径。

步骤 6：烟花数量加 1，判断是否满足 $n<N$，若满足，则返回步骤 5。

步骤 7：首先对每个烟花产生的爆炸火花进行位移操作，并计算爆炸火花经位移操作后的路径值。然后对每一个烟花进行高斯变异，计算高斯变异火花的路径值。同时需要判断爆炸火花经过位移操作后，以及烟花进行高斯变异后是否在某一维度上超过了边界 $(0,1)$，若超过了，则根据映射规则将其映射到 $(0,1)$ 内。

步骤 8：将烟花种群中所有个体产生的路径值按照从小到大的顺序进行排序，保存最小路径值的信息。

步骤 9：计算每个个体被选择的概率，用轮盘赌法在烟花种群中选取其余 $N-1$ 个个体，让这 $N-1$ 个个体的信息及最小路径值的信息取代之前 N 个个体的信息。

步骤 10：迭代次数加 1，判断是否满足 $c<C$，若满足，则返回步骤 4，否则输出最优值。

2. 路径平滑度优化

基本烟花算法产生的路径是由多条线段连接形成的，一些线段之间的转角可能过于尖锐，导致移动机器人转弯困难。因此需要对路径进行平滑处理，使路径转角变得圆滑。

通过设置转角期望值的方式来改善路径的平滑度，若转角期望值设置得过小，会导致在离障碍物比较远的地方出现太小的转角，使得路径平滑度较差；若转角期望值设置得过大，会导致在离障碍物比较近的区域因转角过大的问题而无法沿着障碍物的边界走捷径，使路径值变大。本书设置转角期望值为 50°，若路径中有两个线段间的转角小于 50°，则进行路径平滑处理，否则，路径保持不变。

对于小于 50°的转角，路径平滑度优化如图 5.17 所示，从连接转向点 P_i 的路径段 $P_{i-1}P_i$ 与 P_iP_{i+1} 附近的自由栅格区域中任意取两个新节点 P_{new1} 和 P_{new2}，判断修改后的转角是否优于原转角。若不优于原转角，则重新选取新节点；若优于原转角，则用新选取的节点取代原来的节点，再判断该新转角是否大于 50°，若大于 50°，则该新选取的节点就为新的转向点，否则，再重新选取新节点。

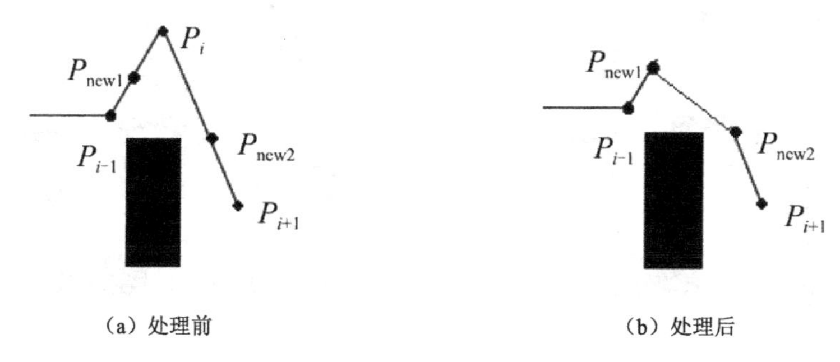

图 5.17　路径平滑度优化

新节点的选取公式为

$$x_{\text{new}} = (\text{int})\left[x_i + \text{rand}(0,1)\left|x_{i+1} - x_i\right|\right] \tag{5-57}$$

$$y_{\text{new}} = (\text{int})\left[y_i + \text{rand}(0,1)\left|y_{i+1} - y_i\right|\right] \tag{5-58}$$

式中，$(x_{\text{new}}, y_{\text{new}})$ 表示新节点的坐标值；int( ) 表示取整操作；$\text{rand}(0,1)$ 表示 $(0,1)$ 区间内产生的随机数；(x_i, y_i) 表示一条路径线段的起点；(x_{i+1}, y_{i+1}) 表示一条路径线段的终点。

3. 路径规划仿真实验

仿真软件采用 Microsoft Visual Studio 2013，利用 MFC 库编写仿真界面。设置环境模型为 30×30 的栅格，起始点为 $(2,3)$，目标点为 $(26,20)$，栅格的分辨率设为 10cm。基本烟花算法的参数设置为：烟花数量为 5；火花总数 m 为 10；参数 a 为 0.1；参数 b 为 0.8；最大的爆炸半径 $\hat{A}$ 为 90。实验次数设置为 30，每次实验迭代 500 次。图 5.18 所示为其中的 6 次实验经迭代后产生的最优路径值变化。

（a）第 7 次实验结果（min=524.853cm）

（b）第 13 次实验结果（min=485.563cm）

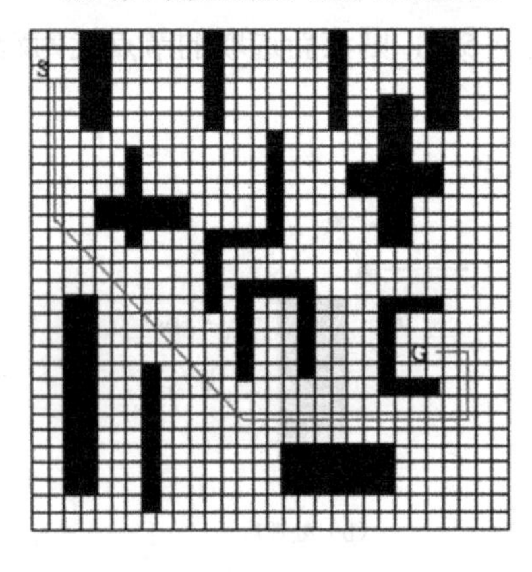

（c）第 19 次实验结果（min=459.706cm）

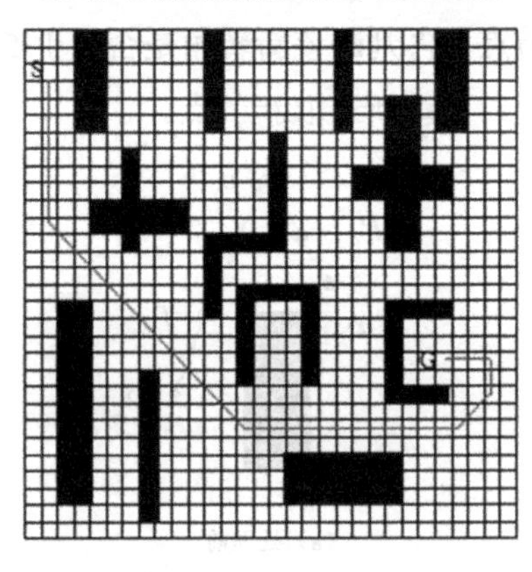

（d）第 21 次实验结果（min=457.989cm）

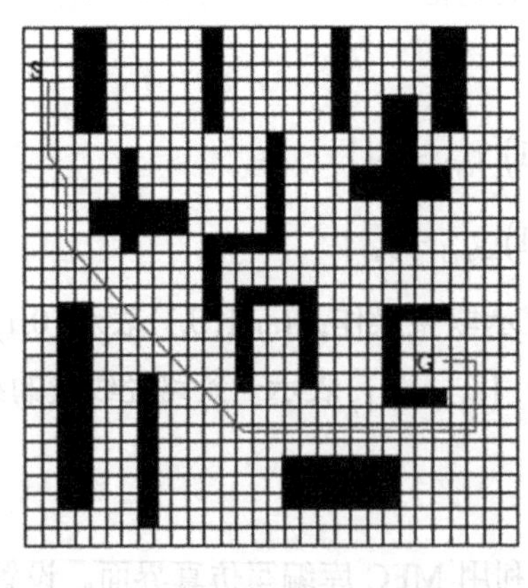

（e）第 26 次实验结果（min=459.706cm）

（f）第 28 次实验结果（min=457.989cm）

图 5.18　其中的 6 次实验迭代后产生的最优路径值变化

所做的 30 次实验产生的路径值与搜索路径的平均时间如表 5.3 所示。

表 5.3　基于基本烟花算法的路径值与搜索路径的平均时间

算　法	最大路径值/cm	平均路径值/cm	最优路径值/cm	平均时间/s
基本烟花算法	524.853	471.346	457.989	0.284

5.6　本章小结

本章主要针对移动机器人路径规划的问题，主要介绍几种路径规划算法的基础知识及应用方法，包括以下几个方面的内容：①路径规划的传统算法，分别从全局路径规划和局部路径规划入手，详细介绍了这两种路径规划的主要算法；②同时介绍了基于采样的路径规划和现代智能路径规划的基本概念及主要算法；③最后选取了经典的烟花算法进行简要的案例分析与阐述。

习题 5

一、选择题

1．以下哪些算法不能用于路径规划（　　）。

A．Dijkstra 算法　　B．A*算法　　C．动态规划算法　　D．k 均值聚类算法

2．下列哪些属于现代智能路径规划（　　）。

A．基于模糊逻辑算法的移动机器人路径规划

B．基于遗传算法的移动机器人路径规划

C．基于神经网络算法的移动机器人路径规划

D．基于混合算法的移动机器人路径规划

二、填空题

1．导航规划层可以分为_____、_____、_____等。

2． 为了防止基本烟花算法在进行局部搜索时陷入局部最优解，并且不再重复选择已经访问过的路径点，可以采用_____。

3．基于采样的算法中，常用的有_____和_____。

4．概率路图法可分为两个阶段：_____和_____。

三、简答题

1．路径规划需要考虑哪些问题?

2．什么是局部路径规划?

3．请简述概率路图法。

4．请简述快速扩展随机树法。

第6章　激光SLAM

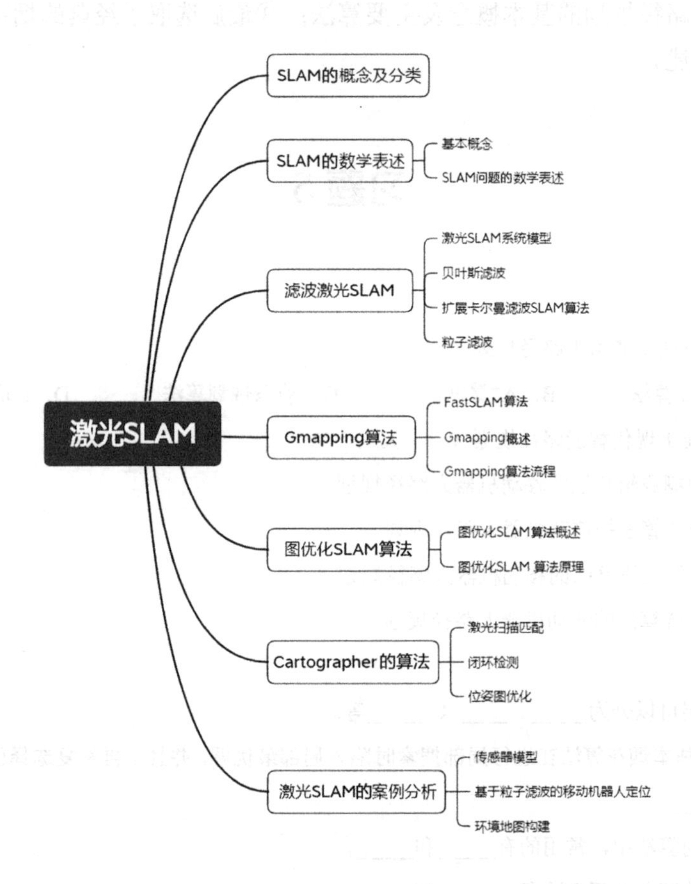

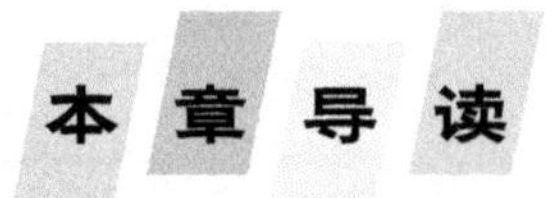

激光SLAM一般指的是基于激光雷达的SLAM系统，根据优化方式的不同，可以分为基于滤波的激光SLAM系统和基于非线性优化的激光SLAM系统。本章将对基于滤波的激光SLAM系统和基于非线性优化的激光SLAM系统的原理进行详细介绍，然后通过两个典型案例Gmapping算法、Cartographer算法分别对激光SLAM进行说明。

本 章 要 点

- 扩展卡尔曼滤波
- 粒子滤波
- 非线性优化

6.1　SLAM 的概念及分类

随着最近几年机器人、无人机、无人驾驶、虚拟现实、增强现实的火爆，SLAM 技术也为大家所熟知，被认为是这些领域的关键技术之一。技术的最终目的是应用于实际场景，了解其基本概念、应用场景及内部数学问题等有助于进一步深入学习和掌握 SLAM 技术，并将其付诸应用。

SLAM 最早在机器人领域提出，它指的是机器人从未知环境的未知地点出发，在运动过程中通过重复观测到的环境特征定位自身位置和姿态，再根据自身位置构建周围环境的增量式地图，从而达到同步定位和地图构建的目的。SLAM 技术也因为其重要的学术价值和应用价值，被认为是实现自主移动机器人的关键技术。

自从 20 世纪 80 年代提出 SLAM 概念到现在，SLAM 技术已经走过了 30 多年的历史。SLAM 系统使用的传感器在不断拓展，从早期的声呐到后来的 2D/3D 激光雷达，再到单目、双目、RGB-D、TOF 等各种相机，以及与惯性测量单元等传感器的融合。SLAM 算法也从开始的基于滤波（扩展卡尔曼滤波、粒子滤波等）的算法向基于优化的算法转变，技术框架也从开始的单一线程向多线程演进。

1. SLAM 的基本作用

移动机器人要想实现自主运动能力，首先要知道行动的目标，避免无目的的行动，即对其进行控制和规划。但是控制和规划的前提是移动机器人首先知道自己周围的环境及其自身的位置，然后才能进行相应的操作。SLAM 技术作为实现移动机器人自主移动的关键技术之一，恰恰回答了这两个问题。

（1）我在什么地方？——定位。

（2）我周围的环境是什么样的？——建图。

就如同人到了一个陌生环境中一样，SLAM 试图要解决的就是恢复出观察者自身和周围环境的相对空间关系，“我在什么地方”对应的就是定位问题，明白自身的状态（即位置），而“我周围的环境是什么样的”对应的就是建图问题，给出周围环境的一个描述，了解外在的环境（即地图）。这样就完成了移动机器人对自身和周边环境的空间认知，有了这个基础，就可以进行路径规划去到要去的目的地了。

环境信息主要通过传感器进行获取，一类是携带于移动机器人本体上的，如早期的声呐，后来的2D/3D激光雷达，单目、双目、RGB-D、TOF等各种相机，以及与惯性测量单元等传感器的融合等；另一类是安装于环境中的，如导轨、二维码标志等。安装于环境中的传感器设备，通常能够直接得到移动机器人的位置信息，这种方式较为简单有效，但由于其环境需要人工布置，在一定程度上限制了移动机器人的使用范围；而携带于移动机器人本体上的传感器，测量的通常是间接的物理量而非直接的位置数据信息，可以利用一些间接的方式推算出自己的位置。这种方式对环境没有任何要求，这就很适合移动机器人存在于环境中时自身定位移动的方案。那么根据传感器传输进去的数据，移动机器人获得了周围的环境信息，再结合系统内部算法即可实现定位和建图功能。

2．SLAM的分类

SLAM 按照传感器配置的不同可以分为激光 SLAM、视觉 SLAM 和多传感器融合的SLAM。

（1）激光SLAM。

如果移动机器人搭载的是激光雷达传感器，则为激光SLAM。其采用2D/3D激光雷达（也叫单线/多线激光雷达），2D激光雷达一般用于室内移动机器人上（如扫地机器人），而3D激光雷达一般用于无人驾驶领域。激光雷达的出现和普及使得测量更快、更准，信息更丰富。激光雷达采集到的物体信息呈现出一系列分散的、具有准确角度和距离信息的点，被称为点云。通常，激光SLAM通过对不同时刻两片点云的匹配与比对，计算激光雷达相对运动距离和姿态的改变，可以完成对移动机器人自身的定位。

激光雷达的优点是测量精确，能够比较精准地提供角度和距离信息，可以达到＜1° 的角度精度及厘米级别的测距精度，扫描范围广（通常能够覆盖平面内270° 以上的范围），而且基于扫描振镜的固态激光雷达（如Sick、Hokuyo等）可以达到较高的数据刷新率（20Hz以上），基本满足实时操作的需求。其缺点是价格比较昂贵，安装部署对结构有要求（要求扫描平面无遮挡）。激光SLAM建立的地图常使用占据栅格地图（Occupancy Grid Map）表示，每个栅格以概率形式表示被占据的概率，存储非常紧凑，特别适合于路径规划。

激光SLAM依据所使用的激光雷达的档次基本分为室内应用和室外应用。激光SLAM不擅长动态环境中的定位，如有大量人员遮挡其测量的环境，也不擅长在类似的几何环境中工作，如一个又长又直、两侧是墙壁的环境。由于其重定位能力较差，激光SLAM在追踪丢失后很难重新回到工作状态。

激光SLAM与视觉SLAM融合将会成为发展趋势，融合使用可能具有巨大的取长补短的潜力。例如，视觉SLAM能在纹理丰富的动态环境中稳定工作，并能够为激光SLAM提供非常准确的点云匹配，而激光雷达提供的精确方向和距离信息在正确匹配的点云上会发挥更大的威力。

激光 SLAM 的主要方法包括滤波激光 SLAM、图优化 SLAM，分别在本章后面介绍。

（2）视觉 SLAM。

如果移动机器人搭载的是相机，则为视觉 SLAM，其采用单目、双目或 RGB-D 相机。单目摄像头需要对目标进行识别，也就是说，在测距前先识别障碍物是车、人还是别的什么，在此基础上再进行测距。双目摄像头则更像人类的双眼，主要通过计算两幅图像的视差来确定距离。双目摄像头需要靠计算来进行测距，其最大的难点就是计算量巨大，这带来的直接问题是小型化难度很大。RGB-D 相机测量出各像素点的深度后，自身实现深度和彩色图像像素间的配对，从而输出对应彩色图像的深度图像。RGB-D 相机可以从环境中获取海量的、丰富的纹理信息，拥有超强的场景辨识能力。早期的视觉 SLAM 基于滤波理论，其非线性的误差模型和巨大的计算量成了它实用落地的障碍。

视觉 SLAM 的优点是它所利用的丰富的纹理信息，如两块尺寸相同、内容却不同的广告牌，基于点云的激光 SLAM 无法区分它们，但视觉 SLAM 可以轻易分辨，这带来了重定位、场景分类上无可比拟的巨大优势。同时，视觉信息可以较为容易地被用来跟踪和预测场景中的动态目标，如行人、车辆等，对于在复杂动态场景中的应用，这是至关重要的。视觉传感器容易受到光照因素的影响，在夜晚及光照条件不充分的弱光条件下难以正常工作；而激光 SLAM，在较弱的硬件支持下也能生成精度较高且可用于移动机器人执行任务的地图。由此可见，在定位精度要求极高的工业领域，激光 SLAM 凭借其高可靠性与低集成成本仍然有着存在的价值和研究的意义。

视觉 SLAM 存在着输出频率低的问题，而惯性测量单元有输出频率高的优点。同时，视觉 SLAM 在进行快速移动时的定位效果不好，容易丢失，而惯性测量单元对于短时间内快速移动有很好的估计。由此可见，惯性测量单元与视觉传感器存在着互补关系，如果能够将两者融合，就可以大大提高 SLAM 的精度。

（3）多传感器融合的 SLAM。

如果移动机器人除搭载以上某一种传感器外还搭载了其他传感器，如惯性测量单元、轮速计、GPS、毫米波雷达等，则为多传感器融合的 SLAM。多传感器的融合能够帮助我们应对比较复杂的场景和环境，降低使用成本。惯性测量单元由 3 个单轴的加速度计和 3 个单轴的陀螺仪组成，提供了一个相对的定位信息，即测量相对于起点物体所运动的路线，所以它并不能提供物体所在的具体位置的信息。因此，它常常和 GPS 一起使用，当在某些 GPS 信号微弱的地方时，惯性测量单元就可以发挥它的作用，可以让汽车继续获得绝对位置信息，不至于“迷路”。

3. SLAM 的基本框架

SLAM 的基本框架主要包含以下 5 个部分，如图 6.1 所示。

传感器数据：主要用于采集实际环境中的各类型原始数据，包括激光扫描数据、视频图像数据、点云数据等。

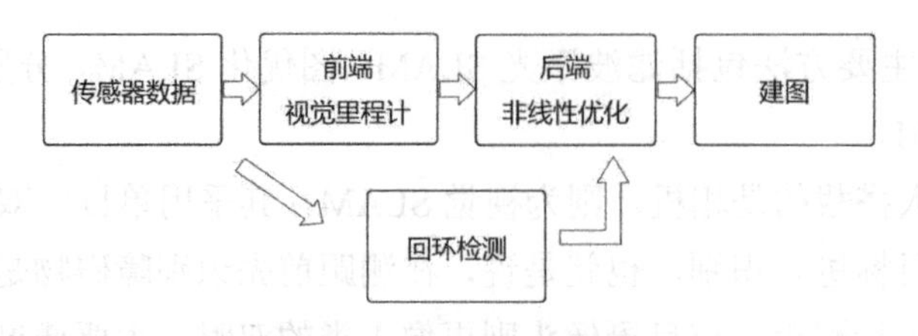

图 6.1 SLAM 的基本框架

前端视觉里程计：主要用于不同时刻间移动目标相对位置的估算，包括特征点匹配、直接配准等算法的应用。对传感器送来的每帧数据进行处理，估计相邻帧的位姿，给后端优化提供一个初始位姿。

后端非线性优化：主要用于优化前端带来的累积误差，包括滤波、图优化等算法的应用。接收前端送来的不同时刻的初始位姿及回环检测的信息，对它们进行优化，得到全局一致的轨迹和地图。

回环检测：主要用于空间累积误差的消除。判断运动主体是否进行一段 SLAM 任务后又回到了之前走过的位置，从而实现累积误差的消除。

建图：用于三维地图的构建。根据估计的轨迹，建立与任务要求一致的地图。

其工作流程大致如下。

传感器读取数据后，前端视觉里程计估计两个时刻的相对运动，后端非线性优化处理前端视觉里程计估计结果的累积误差，建图则根据前端视觉里程计与后端非线性优化得到的运动轨迹来建立地图，回环检测考虑同一场景、不同时刻的图像，提供空间上的约束来消除累积误差。

6.2 SLAM 的数学表述

6.2.1 基本概念

通过前面的描述，我们对 SLAM 的主要功能有了一个直观的了解，但是要想从了解到实际应用，仍然逃不过问题的数学化，采用数学语言来描述 SLAM 过程，从而完成可执行程序的实现。人们在研究和处理数据时，通常把数据的描述分为 3 个世界，即现实世界、信息世界、机器世界，这 3 个世界对信息描述的转换过程，就是将客观现实的信息反映到计算机中的过程。

现实世界：客观存在的世界就是现实世界，它独立于人们的思想之外。现实世界存在无数的对象和事物，每一个对象或事物可以看成一个个体，每个个体有一项或多项特征信息。

信息世界：信息世界是现实世界在人们头脑中的反映，人的思维将现实世界中的对象或事物的特征抽象化后用文字符号表示出来，从而形成了信息世界。

机器世界：机器世界又称为数据世界。信息世界中的信息经过抽象和组织，以数据的形式存储在计算机中，从而形成了机器世界。

6.2.2 SLAM 问题的数学表述

SLAM 问题的数学表述过程实际上就是现实世界转化成机器世界的过程。首先，假设移动机器人自身携带某种传感器在位置环境中运动，由于传感器处理的都是帧间的运动，可以将一段连续时间变成离散时刻 $t=1,2,\cdots,K$ 进行处理。在这些时刻，$\boldsymbol{x}$ 表示移动机器人自身的位置，各时刻的位置就记为 $\boldsymbol{x}_1,\boldsymbol{x}_2,\cdots,\boldsymbol{x}_K$，它们构成移动机器人的轨迹。假设地图是由许多个路标组成的，每个时刻，传感器会测量一部分路标点，得到观测数据。不妨设路标点一共有 N 个，分别用 $\boldsymbol{y}_1,\boldsymbol{y}_2,\cdots,\boldsymbol{y}_N$ 表示。

在这样的设定中，目标描述以下两件事情。

什么是运动？要考虑从 $k-1$ 时刻到 k 时刻，移动机器人的位置 $\boldsymbol{x}$ 是如何变化的。

什么是观测？移动机器人在 k 时刻、$\boldsymbol{x}_k$ 处探测到某一个路标 $\boldsymbol{y}_j$。

一个完整的 SLAM 问题是指在给定传感器数据的情况下，如何同时进行移动机器人位姿和地图估计的问题。然而，现实的情况是这样的，如果须得到一个精确的位姿需要与地图进行匹配，如果须得到一个好的地图需要有精确的位姿才能做到，显然这是一个相互矛盾的问题。

SLAM 问题可以用概率公式表达为

$$P\left(\boldsymbol{x}_{1:t},m|z_{1:t},\boldsymbol{u}_{1:t}\right) \tag{6-1}$$

显然，这是一个联合概率分布，其表达的含义为：在移动机器人从开机到 t 时刻一系列传感器测量数据 $z_{1:t}$（这里为雷达数据）及一系列控制数据 $\boldsymbol{u}_{1:t}$（这里为里程计数据）已知的条件下，同时对地图 m、移动机器人轨迹状态 $\boldsymbol{x}_{1:t}$ 进行的估计。用式（6-1）来描述整个 SLAM 过程。

1．移动机器人运动的数学描述

通常，移动机器人会携带一个测量自身运动的传感器，如码盘或惯性传感器，这个传感器可以测量有关运动的读数，但不一定直接是位置之差，还可能是加速度、角速度等信息。然而，无论是什么传感器，我们都能使用一个通用的、抽象的数学模型：

$$\boldsymbol{x}_k=f\left(\boldsymbol{x}_{k-1},\boldsymbol{u}_k,\boldsymbol{w}_k\right) \tag{6-2}$$

式中，$\boldsymbol{u}_k$ 为运动传感器的读数（有时也叫输入）；$\boldsymbol{w}_k$ 为噪声。注意到，我们用一个一般函数 f 来描述这个过程，而不具体指明 f 的作用方式。这使得整个函数可以指代任意的运动传感器，成为一个通用的方程，而不必限定于某个特殊的传感器上。我们把它称为运动方程。

以二维运动为例，假设移动机器人携带相机在平面中运动，那么它的位姿可以由两个位置和一个转角来描述，二维运动的位姿如图 6.2 所示。

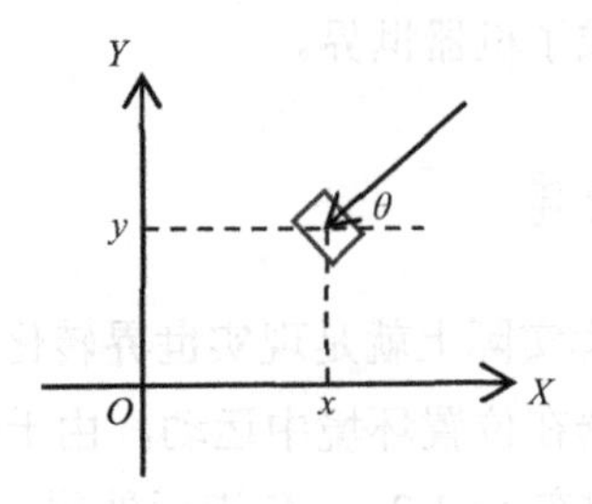

图 6.2　二维运动的位姿

那么可以得到 $\boldsymbol{x}_k = [x, y, \theta]_k^{\mathrm{T}}$。同时，运动传感器能够测量移动机器人在每两个时间间隔的位置和转角的变化量 $\boldsymbol{u}_k = [\Delta x, \Delta y, \Delta\theta]_k^{\mathrm{T}}$。那么，此时运动方程可以实现具体化。

$$\begin{bmatrix} x \\ y \\ \theta \end{bmatrix}_k = \begin{bmatrix} x \\ y \\ \theta \end{bmatrix}_{k-1} + \begin{bmatrix} \Delta x \\ \Delta y \\ \Delta\theta \end{bmatrix}_k + \boldsymbol{w}_k \tag{6-3}$$

2．关于观测的数学描述

与运动方程相对应，还有一个观测方程。观测方程描述的是，当移动机器人在 $\boldsymbol{x}_k$ 位置上看到某个路标点 $\boldsymbol{y}_j$ 时，产生了一个观测数据 $\boldsymbol{z}_{k,j}$。同样，我们用一个抽象的函数 $\boldsymbol{h}$ 来描述这个关系：

$$\boldsymbol{z}_{k,j} = \boldsymbol{h}\left(\boldsymbol{y}_j, \boldsymbol{x}_k, \boldsymbol{v}_{k,j}\right) \tag{6-4}$$

这里 $\boldsymbol{v}_{k,j}$ 为这次观测里的噪声。由于观测所用传感器的形式很多，这里的观测数据 $\boldsymbol{z}_{k,j}$ 及观测方程 $\boldsymbol{h}$ 也有许多不同的形式。

假设移动机器人携带二维激光传感器在平面中运动，其二维运动观测的数学描述如图 6.3 所示。

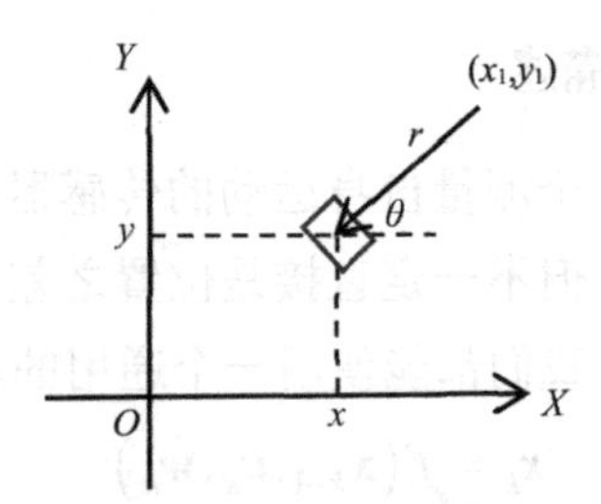

图 6.3　二维运动观测的数学描述

路标点 $\boldsymbol{j}$ 的坐标为 $\left(x_1, y_1\right)$，其与移动机器人的位置关系由距离 r 和夹角 θ 表示，即观测数据 $\boldsymbol{z}_{k,j} = \left[r_j, \theta_j\right]_k^{\mathrm{T}}$，这里的 k 表示在 k 时刻下的观测数据：

$$\begin{bmatrix} r_j \\ \theta_j \end{bmatrix}_k = \begin{bmatrix} \sqrt{\left(x_k - x_{1,j}\right)^2 + \left(y_k - y_{1,j}\right)^2} \\ \arctan\left(\dfrac{y_{1,j} - y_k}{x_{1,j} - x_k}\right) \end{bmatrix}_k + \boldsymbol{v}_{k,j} \tag{6-5}$$

由此可见，针对不同的传感器，这两个方程有不同的参数化形式。如果我们保持通用性，把它们取成通用的抽象形式，那么 SLAM 过程可总结为两个基本方程：

$$\begin{cases} \boldsymbol{x}_k = f\left(\boldsymbol{x}_{k-1}, \boldsymbol{u}_k, \boldsymbol{w}_k\right) \\ \boldsymbol{z}_{k,j} = h\left(\boldsymbol{y}_j, \boldsymbol{x}_k, \boldsymbol{v}_{k,j}\right) \end{cases} \tag{6-6}$$

这两个方程描述了最基本的 SLAM 问题，当我们知道运动测量的读数 $\boldsymbol{u}$，以及传感器的读数 $\boldsymbol{z}$ 时，如何求解定位问题（估计 $\boldsymbol{x}$）和建图问题（估计 $\boldsymbol{y}$）？这时，我们把 SLAM 问题建模成一个状态估计问题：如何通过带有噪声的测量数据估计内部的、隐藏的状态变量？

状态估计问题的求解，与两个方程的具体形式，以及噪声服从哪种分布有关。我们按照运动和观测方程是否为线性、噪声是否服从高斯分布进行分类，分为线性/非线性和高斯/非高斯系统。其中线性高斯（Linear Gaussian，LG）系统是最简单的，它的最优无偏估计可以由卡尔曼滤波器给出；而在复杂的非线性非高斯（Non-Linear Non-Gaussian，NLNG）系统中，我们会使用扩展卡尔曼滤波和非线性优化两大类方法去求解它。直至 21 世纪早期，以扩展卡尔曼滤波为主的滤波方法占据了 SLAM 中的主导地位。

时至今日，主流视觉 SLAM 使用以图优化为代表的优化技术进行状态估计。优化技术已经明显优于滤波技术，只要计算资源允许，通常都偏向于使用优化方法。

6.3　滤波激光 SLAM

贝叶斯滤波器包括卡尔曼滤波器、扩展卡尔曼滤波器、粒子滤波器等，应用贝叶斯迭代状态估计理论，即先对移动机器人的运动进行建模，构造出贴合物理场景的运动方程和观测方程，如轮式移动机器人常使用基于速度的运动模型。之后，采用卡尔曼滤波的 5 条公式，进行状态预测和测量更新。状态预测依靠运动方程，从当前状态估计出下一时刻的移动机器人位姿；而测量更新，则是在移动机器人观测到新的点时，对之前的预测值进行修正，可以看到，该过程是一个递归估计过程，为从 k 时刻到 k+1 时刻的估计。

由于卡尔曼滤波算法是针对线性高斯系统的最优无偏估计，而在实际场景中，移动机器人的运动并不满足线性特性，且噪声项不满足高斯分布，因此使用卡尔曼滤波不能精确地计算出结果。扩展卡尔曼滤波可以将线性系统的约束扩展到非线性系统，获得更好的结果。然而其依旧不能逃出高斯分布的限制，因此实际中使用粒子滤波代替上述方案。粒子滤波类 SLAM 不依赖参数化的运动方程，使用大规模粒子点去模拟无参数化的分布，理论上可以近似各种分布，如早年业界流行的 Gmapping 算法，即采用了该方案。

基于滤波的 SLAM 方法主要采用递归贝叶斯估计方法，构建增量式地图并实现定位，一般也称之为在线 SLAM（Online SLAM）。滤波 SLAM 方法基本都是以贝叶斯滤波为基础发展起来的，后续出现了基于扩展卡尔曼滤波、粒子滤波等相关 SLAM 算法，如扩展卡尔曼滤波 SLAM 算法、FastSLAM 算法、Gmapping 算法等。

6.3.1 激光 SLAM 系统模型

假设移动机器人在未知环境中运动，并通过激光雷达获取周围环境信息。由于激光雷达本身是以离散时间序列来采集数据的，所以只考虑在这些离散时刻移动机器人所处的位置和周围环境的地图。将移动机器人连续时间的运动离散化，记 $t=1,2,\cdots,N$ 。SLAM 模型通过运动方程和观测方程来描述每一时刻移动机器人在三维空间中的运动及其周围环境的信息，如下所示。

$$\begin{cases} \boldsymbol{x}_t = f\left(\boldsymbol{x}_{t-1}, \boldsymbol{u}_t, \boldsymbol{w}_t\right) \\ \boldsymbol{z}_{t,j} = h\left(\boldsymbol{y}_j, \boldsymbol{x}_t, \boldsymbol{v}_{t,j}\right) \end{cases} (t=1,2,\cdots,N; j=1,2,\cdots,M) \tag{6-7}$$

式中，第一个方程称为运动方程，$\boldsymbol{x}_t$ 代表移动机器人在 t 时刻的位置；$\boldsymbol{u}_t$ 代表系统输入（这里指运动传感器所采集的数据）；$\boldsymbol{w}_t$ 代表传感器噪声。该方程反映了 $t-1$ 时刻到 t 时刻，移动机器人的位姿 $\boldsymbol{x}$ 是如何变化的（从 $\boldsymbol{x}_{t-1}$ 变为 $\boldsymbol{x}_t$ ）。第二个方程称为观测方程，$\boldsymbol{z}_{t,j}$ 代表在 $\boldsymbol{x}_t$ 的位姿下观测第 j 个路标点时观测到的数据（这里为激光雷达数据，视觉 SLAM 中为图像数据）；$\boldsymbol{y}_j$ 代表路标点（共 M 个）；$\boldsymbol{v}_{t,j}$ 代表观测噪声。该方程用于描述移动机器人在 $\boldsymbol{x}_t$ 位姿上，探测到某一个路标 $\boldsymbol{y}_j$ 的过程。通过上述两个方程，我们确定了移动机器人在 t 时刻的位姿及路标的位置，随着时间的推移，最终能构建出完整的环境地图。

考虑到传感器的测量数据会受到噪声的影响，所以 SLAM 模型的运动方程及观测方程均会受到噪声的影响，故移动机器人的位姿 $\boldsymbol{x}$ 及环境中的路标 $\boldsymbol{y}$（统称状态变量）应该看作随机变量。因此，针对 SLAM 问题，从概率角度出发提出的解决思路是，当已知运动数据 $\boldsymbol{u}$ 和观测数据 $\boldsymbol{z}$ 时，如何确定状态变量 $\boldsymbol{x}$ 的分布，以及当新的传感器数据到来之后，状态变量 $\boldsymbol{x}$ 的分布又将如何变化。

假设状态变量 $\boldsymbol{x}$ 及传感器噪声均服从高斯分布，则在设计算法时，只需要计算出状态变量的均值及协方差矩阵。均值可以看成对状态变量的最佳估计，而协方差矩阵则是对该估计不确定性的度量，从而问题变为当存在一些运动数据和观测数据时，如何去估计状态变量的高斯分布。

首先，由于移动机器人的位姿是待估计的状态变量，令 $\boldsymbol{x}_t$ 为 t 时刻的移动机器人的位姿，同时，把 t 时刻的所有观测量记为 $\boldsymbol{z}_t$ 。于是，SLAM 的运动方程和观测方程的形式如下。

$$\begin{cases} \boldsymbol{x}_t = f\left(\boldsymbol{x}_{t-1}, \boldsymbol{u}_t\right) + \boldsymbol{w}_t \\ z_{t,j} = h\left(\boldsymbol{x}_t\right) + \boldsymbol{v}_t \end{cases} \quad (t = 1, 2, \cdots, N) \tag{6-8}$$

对 t 时刻的状态进行估计，依据贝叶斯法则，有

$$P\left(\boldsymbol{x}_t \mid \boldsymbol{x}_0, \boldsymbol{u}_{1:t}, z_{1:t}\right) \propto P\left(z_k \mid \boldsymbol{x}_t\right) P\left(\boldsymbol{x}_t \mid \boldsymbol{x}_0, \boldsymbol{u}_{1:t}, z_{1:t-1}\right) \tag{6-9}$$

上式中 $P\left(z_t \mid \boldsymbol{x}_t\right)$ 称为似然，$P\left(\boldsymbol{x}_t \mid \boldsymbol{x}_0, \boldsymbol{u}_{1:t}, z_{1:t-1}\right)$ 称为先验。似然由观测方程给出，先验是基于过去所有状态对 $\boldsymbol{x}_t$ 的估计，其至少会受到 $\boldsymbol{x}_{t-1}$ 的影响，于是以 $\boldsymbol{x}_{t-1}$ 为条件概率展开，有

$$P\left(\boldsymbol{x}_t \mid \boldsymbol{x}_0, \boldsymbol{u}_{1:t}, z_{1:t-1}\right) = \int P\left(\boldsymbol{x}_t \mid \boldsymbol{x}_{t-1}, \boldsymbol{x}_0, \boldsymbol{u}_{1:t}, z_{1:t-1}\right) P\left(\boldsymbol{x}_{t-1} \mid \boldsymbol{x}_0, \boldsymbol{u}_{1:t}, z_{1:t-1}\right) \mathrm{d}\boldsymbol{x}_{t-1} \tag{6-10}$$

对于接下来的推理步骤有两种方法：一种方法是假设马尔可夫性，认为 t 时刻的状态只与 $t-1$ 时刻的状态有关，而与之前的状态无关。基于该假设，产生了以扩展卡尔曼滤波为代表的基于滤波方法的 SLAM 问题的解决方案。另一种方法是考虑所有时刻状态之间的影响，产生基于非线性优化方法为主体的 SLAM 问题的解决方案。

6.3.2 贝叶斯滤波

贝叶斯滤波的目的是在已知 $P\left(\boldsymbol{x}_t \mid \boldsymbol{u}_{1:t-1}, z_{1:t-1}\right)$、$\boldsymbol{u}_t$、$z_t$ 的情况下，得到 $P\left(\boldsymbol{x}_t \mid \boldsymbol{u}_{1:t}, z_{1:t}\right)$ 的表达式，即在 $t-1$ 时刻状态变量的概率分布，以及在 t 时刻的 $\boldsymbol{u}_t$ 和 z_t 的情况下，估算出状态变量在 t 时刻的后验概率分布，此概率称为状态的置信概率，设为 $\mathrm{Bel}\left(\boldsymbol{x}_t\right)$。

首先介绍贝叶斯滤波中涉及的假设。

（1）马尔可夫假设。马尔可夫性质主要在于，t 时刻的状态由 $t-1$ 时刻的状态和 t 时刻的动作决定，t 时刻的观测仅与 t 时刻的状态有关。

（2）系统所处环境是静态环境，即假设对象周边的环境是不变的。

（3）观测噪声、模型噪声等是彼此独立的。

综上，结合贝叶斯公式可得

$$\begin{aligned} \mathrm{Bel}\left(\boldsymbol{x}_t\right) = P\left(\boldsymbol{x}_t \mid \boldsymbol{u}_{1:t}, z_{1:t}\right) &= \frac{P\left(z_t \mid \boldsymbol{x}_t, \boldsymbol{u}_{1:t}, z_{1:t-1}\right) P\left(\boldsymbol{x}_t \mid \boldsymbol{u}_{1:t}, z_{1:t-1}\right)}{P\left(z_t \mid \boldsymbol{u}_{1:t}, z_{1:t-1}\right)} \\ &= \eta P\left(z_t \mid \boldsymbol{x}_t, \boldsymbol{u}_{1:t}, z_{1:t-1}\right) P\left(\boldsymbol{x}_t \mid \boldsymbol{u}_{1:t}, z_{1:t-1}\right) \end{aligned} \tag{6-11}$$

式中，根据马尔可夫性质中 t 时刻的观测仅与 t 时刻的状态有关可推出

$$P\left(z_t \mid \boldsymbol{x}_t, \boldsymbol{u}_{1:t}, z_{1:t-1}\right) = P\left(z_t \mid \boldsymbol{x}_t\right) \tag{6-12}$$

根据全概率公式可推出

$$P\left(\boldsymbol{x}_t \mid \boldsymbol{u}_{1:t}, z_{1:t-1}\right) = \int P\left(\boldsymbol{x}_t \mid \boldsymbol{x}_{t-1}, \boldsymbol{u}_{1:t}, z_{1:t-1}\right) P\left(\boldsymbol{x}_{t-1} \mid \boldsymbol{u}_{1:t}, z_{1:t-1}\right) \mathrm{d}\boldsymbol{x}_{t-1} \tag{6-13}$$

根据马尔可夫性质中 t 时刻的状态由 $t-1$ 时刻的状态和 t 时刻的动作决定可推出

$$P(\boldsymbol{x}_t | \boldsymbol{x}_{t-1}, \boldsymbol{u}_{1:t}, z_{1:t-1}) = P(\boldsymbol{x}_t | \boldsymbol{x}_{t-1}, \boldsymbol{u}_t) \tag{6-14}$$

以及

$$P(\boldsymbol{x}_{t-1} | \boldsymbol{u}_{1:t}, z_{1:t-1}) = P(\boldsymbol{x}_{t-1} | \boldsymbol{u}_{1:t-1}, z_{1:t-1}) \tag{6-15}$$

综上，可推导出

$$\text{Bel}(\boldsymbol{x}_t) = \eta P(z_t | \boldsymbol{x}_t) \int P(\boldsymbol{x}_t | \boldsymbol{x}_{t-1}, \boldsymbol{u}_t) P(\boldsymbol{x}_{t-1} | \boldsymbol{u}_{1:t-1}, z_{1:t-1}) \mathrm{d}\boldsymbol{x}_{t-1} \tag{6-16}$$

可以看出，最终贝叶斯公式可以分为两部分。一部分是

$$\int P(\boldsymbol{x}_t | \boldsymbol{x}_{t-1}, \boldsymbol{u}_t) P(\boldsymbol{x}_{t-1} | \boldsymbol{u}_{1:t-1}, z_{1:t-1}) \mathrm{d}\boldsymbol{x}_{t-1} \tag{6-17}$$

它是基于 $\boldsymbol{x}_{t-1}$ 和 $\boldsymbol{u}_t$ 预测 $\boldsymbol{x}_t$ 的状态，即状态预测。通常令

$$\overline{\text{Bel}}(\boldsymbol{x}_t) = \int P(\boldsymbol{x}_t | \boldsymbol{x}_{t-1}, \boldsymbol{u}_t) P(\boldsymbol{x}_{t-1} | \boldsymbol{u}_{1:t-1}, z_{1:t-1}) \mathrm{d}\boldsymbol{x}_{t-1} \tag{6-18}$$

$\overline{\text{Bel}}(\boldsymbol{x}_t)$ 表示 $\boldsymbol{x}_t$ 的预测概率分布，还可以写为

$$\overline{\text{Bel}}(\boldsymbol{x}_t) = P(\boldsymbol{x}_t | z_{1:t-1}, \boldsymbol{u}_{1:t}) \tag{6-19}$$

另一部分是 $\eta P(z_t | \boldsymbol{x}_t)$，它基于观测 z_t 更新状态 $\boldsymbol{x}_t$，即状态更新。

因此，贝叶斯滤波可以写成以下形式：

$$\begin{cases} \text{Bel}(\boldsymbol{x}_t) = \eta P(z_t | \boldsymbol{x}_t) \overline{\text{Bel}}(\boldsymbol{x}_t) \\ \text{Bel}(\boldsymbol{x}_t) = \int P(\boldsymbol{x}_t | \boldsymbol{x}_{t-1}, \boldsymbol{u}_t) \text{Bel}(\boldsymbol{x}_{t-1}) \mathrm{d}\boldsymbol{x}_{t-1} \end{cases} \tag{6-20}$$

作为经典的状态推断方法，贝叶斯滤波方法是很多算法的基础，如卡尔曼滤波算法、扩展卡尔曼滤波算法、粒子滤波算法等。

值得一提的是，这里的 $\text{Bel}(\boldsymbol{x}_t)$ 只是求出了 t 时刻移动机器人的位姿，即解决了 SLAM 问题中的定位问题。如果我们要完全解决 SLAM 问题，则我们需要根据位姿 $\boldsymbol{x}_{1:t}$ 与对应的观测数据 $z_{1:t}$ 构建地图，这个比较容易实现。

6.3.3 扩展卡尔曼滤波 SLAM 算法

卡尔曼滤波以贝叶斯滤波为基础，假设 $\text{Bel}(\boldsymbol{x}_t)$ 服从高斯分布，在每个时刻只需要计算出均值 $\boldsymbol{\mu}_t$ 和方差 $\boldsymbol{\Sigma}_t$，就可以完成对 $\text{Bel}(\boldsymbol{x}_t)$ 的描述。

卡尔曼滤波是一种递归算法，它的优点是计算复杂度低，缺点是不能处理非线性估计问题，因此引出了扩展卡尔曼滤波，一种通过线性近似得到系统状态估计的方法。

扩展卡尔曼滤波对非线性函数的泰勒展开式进行一阶线性化截断，忽略其余高阶项，从而将非线性问题转换成线性问题。线性化图解如图 6.4 所示，通过对非线性函数在目标点处取一阶线性化切线，可以得到线性化之后对应的高斯分布。

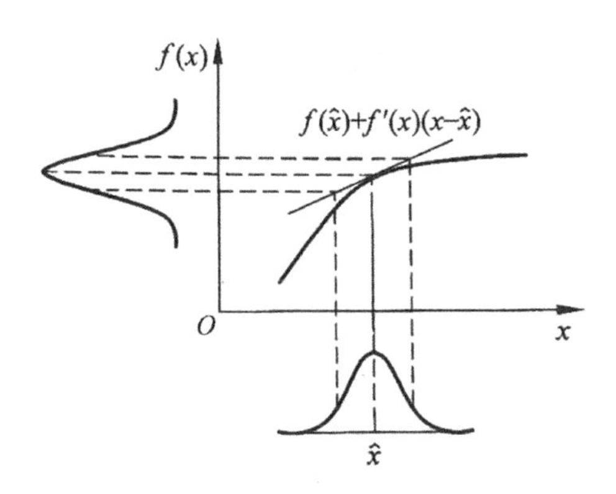

图6.4 线性化图解

扩展卡尔曼滤波算法用多元高斯函数表示移动机器人的估计，在SLAM问题中可表示如下。

$$P\left(\boldsymbol{x}_t, m | z_{1:t}, \boldsymbol{u}_{1:t}\right) = N\left(\boldsymbol{\mu}_t, \boldsymbol{\Sigma}_t\right) \tag{6-21}$$

高维向量 $\boldsymbol{\mu}_t$ 包含移动机器人对自身位姿 $\boldsymbol{x}_t$ 和所处环境 m 中特征位置的估计，由于移动机器人的自身位姿 $\boldsymbol{x}_t$ 是一个三维向量，以及地图中的 N 个地标需要 $2N$ 个变量表示，因此，$\boldsymbol{\mu}_t$ 的维度应该为 $3+2N$，协方差矩阵 $\boldsymbol{\Sigma}_t$ 的大小为 $(3+2N)\times(3+2N)$，且为半正定的。

SLAM问题可以说是状态估计的一个特例，在SLAM中，可以用两个方程描述状态估计问题：

$$\begin{cases} \boldsymbol{x}_t = f\left(\boldsymbol{x}_{t-1}, \boldsymbol{u}_t, \boldsymbol{w}_t\right) \\ z_t = h\left(\boldsymbol{x}_i, \boldsymbol{v}_t\right) \end{cases} \tag{6-22}$$

式中，f 为运动方程；$\boldsymbol{u}_t$ 为输入；$\boldsymbol{w}_t$ 为输入噪声；h 为观测方程；$\boldsymbol{v}_t$ 为观测噪声。

扩展卡尔曼滤波SLAM算法首先利用运动模型估计移动机器人的新位姿，并通过观测模型预估可能观测到的环境特征，计算出实际观测和估计观测间的误差，然后综合系统协方差计算卡尔曼滤波参数，并用其对之前估计的移动机器人位姿进行校正，最后将新观测到的环境特征加入地图。移动机器人在移动过程中循环不断地估计—校正，尽量消除累积误差，获得尽可能准确的定位和地图信息。

图6.5所示为一个扩展卡尔曼滤波SLAM的仿真过程。图中，虚线表示移动机器人的路径，移动机器人从初始位姿或坐标系原点开始运动。当它移动时，它自身姿态的不确定性就会增大，即图中半径不断扩大的黑色椭圆。在移动的同时，移动机器人不断感知环境中的目标（如地标），并在环境对象上将固定的测量不确定度与增加的姿态不确定度结合起来，因此，地标位置的不确定性将会随时间的推移而增大，在图中用半径不断增加的白色椭圆表示。

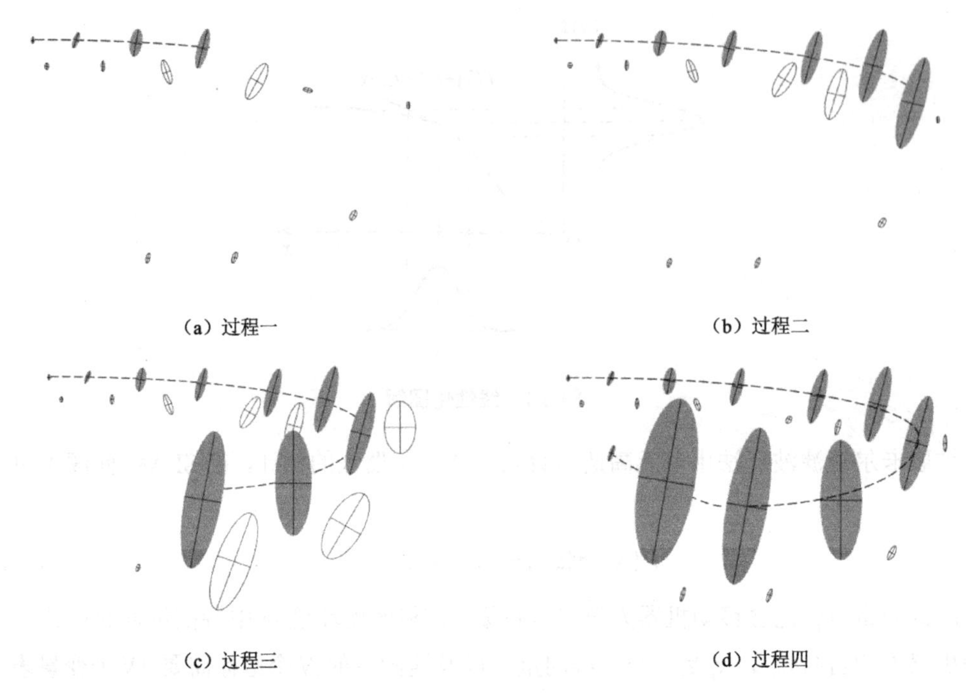

图 6.5　扩展卡尔曼滤波 SLAM 的仿真过程

之后如图 6.5（d）所示，当移动机器人观察到它在初始位姿观测到的地标时，可以看到移动机器人的姿态误差减小了。最终，移动机器人的姿态误差椭圆很小，同时地图上其他地标的不确定性也减小了。这是由于移动机器人在获取到之前观察到的地标信息时，会相应地修正逐步累积的误差。

随着 SLAM 问题研究的深入，人们发现扩展卡尔曼滤波算法的限制因素在于其计算复杂度难以满足构建大规模地图和实时性的要求。因此，有学者提出了许多相关的改进方法。

6.3.4　粒子滤波

针对扩展卡尔曼滤波实现较困难等缺陷，使用粒子滤波定位能够适应任意噪声分布，并且其容易实现。粒子滤波是一种基于蒙特卡罗模拟的非线性滤波方法，其基本思想是：用一组粒子预估移动机器人的可能位姿（处于该位姿的概率），每个粒子对应一个位姿，利用观测结果对每个粒子进行加权传播，从而使最有可能的位姿的概率越来越高。

1999 年，Carpenter 等人在文献中正式提出粒子滤波这一名称。其利用一套粒子表示后验概率，其中每个粒子表示这个系统可能存在的一种潜在状态。状态假设表示为一个有 n 个加权随机样本的集合 S。

$$S=\left\{\left(\boldsymbol{x}_t^i,\boldsymbol{\omega}_t^i\right)|i=1,2,\cdots,n\right\} \tag{6-23}$$

式中，n 表示总粒子数；$\boldsymbol{x}_t^i$ 表示 t 时刻第 i 个样本的状态向量；$\boldsymbol{\omega}_t^i$ 表示第 i 个样本的权重。

权重为非0值，且所有权重的总和为1。样本集S可用于模拟任意分布，这些样本是从被近似的分布中采样而来的。粒子滤波器利用一套样本集对多模态分布模型建模的能力较其他系列的滤波器有更大的优势。

标准的粒子滤波算法过程如下。

（1）初始化：对于$t=0$，根据状态先验分布$P\left(\boldsymbol{x}_0\right)$建立初始化状态粒子集$\left\{\left(\boldsymbol{x}_t^i,\boldsymbol{\omega}_t^i\right)|i=1,2,\cdots,n\right\}$，其中$\boldsymbol{\omega}_t^i=1/n$。

（2）对于$t=1,2,\cdots,n$，循环执行以下步骤。

① 采样：在先前粒子集的基础上生成下一代粒子集，即对每一个粒子，从重要性概率密度中生成采样粒子$\left\{\widetilde{\boldsymbol{x}_t^i}|i=1,2,\cdots,n\right\}$，计算粒子权重$\left\{\widetilde{\boldsymbol{\omega}_t^i}|i=1,2,\cdots,n\right\}$，并进行权重归一化处理。

② 重采样：对粒子集$\left\{\left(\widetilde{\boldsymbol{x}_t^i},\widetilde{\boldsymbol{\omega}_t^i}\right)|i=1,2,\cdots,n\right\}$进行重采样，重采样后的粒子集为$\left\{\left(\boldsymbol{x}_t^i,1/n\right)|i=1,2,\cdots,n\right\}$。

③ 输出：计算t时刻的状态估计值：$\widehat{\boldsymbol{x}_t}=\sum_{i=1}^{n}\widetilde{\boldsymbol{x}_t^i}\widetilde{\boldsymbol{\omega}_t^i}$。

重采样技术解决了粒子退化问题。粒子退化问题如图6.6所示，当没有图6.7所示重采样过程时，随着迭代次数的增加，只有少数粒子的权重比较大，其余粒子的权重变得很小。粒子权重的方差随着时间的推移而增大，状态空间中的有效粒子数减少。随着无效粒子数的增加，大量计算浪费在无效粒子上，估计性能下降。

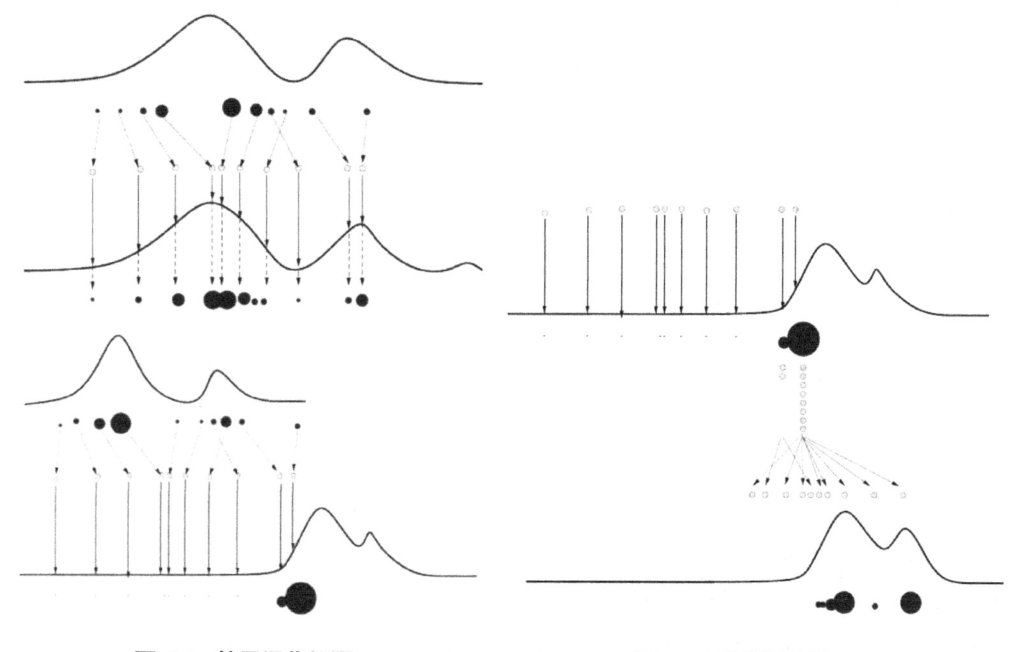

图6.6 粒子退化问题

图6.7 重采样过程

因为权重小的粒子基本是无用的，所以需要舍弃这些粒子，同时，为了保持粒子的数量不变，需要生成新的粒子来取代它们，这便是重采样的基本思想。一个简单的生成新粒子的方法是将权重大的粒子按照自己权重所占的比例分配需要生成的新粒子数目。但这样又会带来一个新的问题：粒子耗散，即粒子的多样性降低。

粒子滤波是一种非参数表示，可以轻松地表示多模态分布，但粒子滤波也存在粒子耗散、维数灾难等问题。

6.4 Gmapping 算法

Gmapping 算法是一种基于 2D 激光雷达、使用 RBPF（Rao-Blackwellized Particle Filters）算法完成二维栅格地图构建的 SLAM 算法，它将定位和建图过程分离，即先进行定位再进行建图，并在 BRPF 算法上做了两个主要的改进：改进提议分布和选择性重采样。

RBPF 算法将 SLAM 问题分解成移动机器人的定位问题和基于位姿估计的环境特征位置估计问题，用粒子滤波算法做整个路径的位置估计，用扩展卡尔曼滤波估计环境特征的位置，每一个扩展卡尔曼滤波对应一个环境特征。Montemerlo 等人在 2002 年首次将 RBPF 算法应用到移动机器人 SLAM 中，并取名为 FastSLAM 算法。

6.4.1 FastSLAM 算法

FastSLAM 算法独辟蹊径，采用 RBPF 算法，将 SLAM 算法分解成两个问题：一个是移动机器人的定位问题，另一个是已知移动机器人位姿进行地图构建的问题。分解过程的公式推导如下。

$$\begin{aligned} P\left(\boldsymbol{x}_{1:t}, m \mid z_{1:t}, \boldsymbol{u}_{1:t}\right) &= P\left(\boldsymbol{x}_{1:t} \mid z_{1:t}, \boldsymbol{u}_{1:t}\right) P\left(m \mid \boldsymbol{x}_{1:t}, z_{1:t}, \boldsymbol{u}_{1:t}\right) \\ &= P\left(\boldsymbol{x}_{1:t} \mid z_{1:t}, \boldsymbol{u}_{1:t}\right) P\left(m \mid \boldsymbol{x}_{1:t}, z_{1:t}\right) \end{aligned} \tag{6-24}$$

式中，$P\left(\boldsymbol{x}_{1:t} \mid z_{1:t}, \boldsymbol{u}_{1:t}\right)$表示估计移动机器人的轨迹；$P\left(m \mid \boldsymbol{x}_{1:t}, z_{1:t}\right)$表示在已知移动机器人轨迹和传感器观测数据的情况下，进行地图构建的闭式计算。这样 SLAM 问题就分解成两个问题。其中已知移动机器人位姿的地图构建问题是个简单问题，而移动机器人位姿的估计是个重点问题。

FastSLAM 算法采用粒子滤波来估计移动机器人的位姿，并且为每一个粒子构建一个地图。所以，每一个粒子都包含移动机器人的轨迹和对应的环境地图，故需要着重研究$P\left(\boldsymbol{x}_{1:t} \mid z_{1:t}, \boldsymbol{u}_{1:t}\right)$估计移动机器人的轨迹的过程。

通过使用贝叶斯准则对$P\left(\boldsymbol{x}_{1:t} \mid z_{1:t}, \boldsymbol{u}_{1:t}\right)$进行公式推导，如式（6-25）所示。

$$
\begin{aligned}
P\left(\boldsymbol{x}_{t-1} | z_{1:t}, \boldsymbol{u}_{1:t}\right) &= P\left(\boldsymbol{x}_{1:t} | z_t, z_{1:t}, \boldsymbol{u}_{1:t}\right) \\
&= \eta P\left(z_t | \boldsymbol{x}_{1:t}, z_{1:t-1}, \boldsymbol{u}_{1:t}\right) P\left(\boldsymbol{x}_{1:t} | z_{1:t-1}, \boldsymbol{u}_{1:t}\right) \\
&= \eta P\left(z_t | \boldsymbol{x}_t\right) P\left(\boldsymbol{x}_{1:t} | z_{1:t-1}, \boldsymbol{u}_{1:t}\right) \\
&= \eta P\left(z_t | \boldsymbol{x}_t\right) P\left(\boldsymbol{x}_t | \boldsymbol{x}_{1:t-1}, z_{1:t-1}, \boldsymbol{u}_{1:t}\right) P\left(\boldsymbol{x}_{1:t} | z_{1:t-1}, \boldsymbol{u}_{1:t}\right) \\
&= \eta P\left(z_t | \boldsymbol{x}_t\right) P\left(\boldsymbol{x}_t | \boldsymbol{x}_{t-1}, \boldsymbol{u}_t\right) P\left(\boldsymbol{x}_{1:t} | z_{1:t-1}, \boldsymbol{u}_{1:t-1}\right)
\end{aligned}
\tag{6-25}
$$

经过上面的公式推导，这里将移动机器人的轨迹估计转化成一个增量估计的问题，用上一时刻的粒子群 $P\left(\boldsymbol{x}_{1:t} | z_{1:t-1}, \boldsymbol{u}_{1:t-1}\right)$ 表示上一时刻的移动机器人轨迹。每一个粒子都用运动学模型 $P\left(\boldsymbol{x}_t | \boldsymbol{x}_{t-1}, u_t\right)$ 进行状态传播，这样就得到每个粒子对应的预测轨迹。对于每一个传播后的粒子，用观测模型 $P\left(z_t | \boldsymbol{x}_t\right)$ 进行权重计算归一化处理，这样就得到该时刻的移动机器人轨迹，之后根据估计的轨迹及观测数据进行地图构建即可。

整个过程以一个粒子为例，其中每个粒子都携带着上一时刻的位姿、权重、地图。从式（6-25）我们可以看出，上一时刻移动机器人的轨迹通过里程计的状态传播之后，我们得到了该粒子的预测位姿。根据预测位姿在观测模型的作用下，我们得到了该粒子代表的当前移动机器人轨迹，也就是完成了该粒子的移动机器人位姿估计。通过式（6-24），根据移动机器人的轨迹并结合观测数据，即可闭式得到该粒子代表的地图。这样每一个粒子都存储了一个移动机器人轨迹及一张环境地图。

6.4.2 Gmapping 算法概述

根据上一节的描述，我们已经知道 SLAM 问题被分解成了两个问题：移动机器人的轨迹估计问题和已知移动机器人轨迹后的地图构建问题。FastSLAM 算法中的移动机器人轨迹估计问题使用的是粒子滤波算法，由于使用的是粒子滤波算法，将不可避免地带来两个问题：第一个问题，当环境大或移动机器人里程计的误差大时，需要更多的粒子才能得到较好的估计，这时将造成内存爆炸；第二个问题，粒子滤波算法避免不了使用重采样以确保当前粒子的有效性，然而重采样带来的问题就是粒子耗散、粒子多样性的丢失。由于这两个问题出现，导致 FastSLAM 算法理论上可行实际上却不能实现。针对以上问题，Gmapping 算法提出了两种针对性的解决方法，也就是说，Gmapping 算法基于 FastSLAM 算法将 RBPF 算法变成了现实。

1．降低粒子数量

问题由来：每一个粒子都包含自己的栅格地图，对一个稍微大一点的环境来说，每一个粒子都会占用比较大的内存。如果移动机器人里程计的误差比较大，即 proposal 分布（提议分布）跟实际分布相差较大，那么需要较多的粒子才能比较好地表示移动机器人位姿的估计，这样将会造成内存爆炸。

目的：通过降低粒子数量的方法大幅度缓解内存爆炸。

分析：里程计的概率模型比较平滑，有一个比较大的范围，如果对整个范围采样将需要很多粒子，如果能找到一个位姿优值，在其周围进行小范围采样，这样就可以降低粒子数量。

方法一：直接采用极大似然估计的方式，根据粒子位姿的预测分布和与地图的匹配程度，通过扫描匹配找到粒子的最优位姿参数，将该位姿参数直接当作新粒子的位姿。如下式所示，用极大似然估计提升采样的质量，也就是Gmapping算法中的做法。

$$\boldsymbol{x}_t^i \sim P\left(\boldsymbol{x}_t|\boldsymbol{u}_t,\boldsymbol{x}_{t-1}^i\right) \to \boldsymbol{x}_t^i = \underset{\boldsymbol{x}_t}{\arg\max}\left[P\left(z_t|\boldsymbol{x}_t,m\right)P\left(\boldsymbol{x}_t|\boldsymbol{u}_t,\boldsymbol{x}_{t-1}^i\right)\right] \tag{6-26}$$

方法二：Gmapping 算法通过最近一帧的观测把提议分布限制在一个狭小的有效区域内，再正常地对提议分布进行采样。由图 6.8 所示的激光雷达匹配与里程计估计的位姿模型可知，激光雷达匹配的精度比里程计测量的精确很多，因为其方差要小得多。图中，虚线为$P(\boldsymbol{x}\,|\,\boldsymbol{x}',\boldsymbol{u})$的概率分布，也就是里程计采样的高斯分布，这里只是一维的情况；实线为$P(\boldsymbol{z}\,|\,\boldsymbol{x})$的概率分布，也就是使用激光进行观测后获得状态的高斯分布（这部分未在代码中进行实现）。

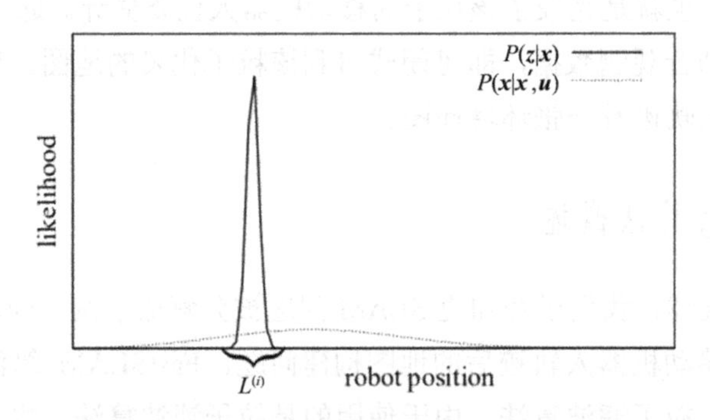

图 6.8 激光雷达匹配与里程计估计的位姿模型

如果提议分布用激光雷达匹配来表示，那么可以把采样范围限制在一个比较小的区域内，因此可以用更少的粒子覆盖移动机器人位姿的概率分布，也就是说，提议分布从里程计的观测模型变换到了激光雷达观测模型。具体公式推导如下所示：

$$
\begin{aligned}
&P\left(\boldsymbol{x}_t|\boldsymbol{x}_{t-1},\boldsymbol{u}_t\right) \to P\left(\boldsymbol{x}_t|\boldsymbol{x}_{t-1},\boldsymbol{u}_t,z_t,m\right)\\
&P\left(\boldsymbol{x}_t|\boldsymbol{x}_{t-1},\boldsymbol{u}_t,z_t,m\right) = P\left(\boldsymbol{x}_t|z_t,u_t,\boldsymbol{x}_{t-1},m\right)\\
&\qquad = \eta P\left(z_t|\boldsymbol{x}_t,\boldsymbol{u}_t,\boldsymbol{x}_{t-1},m\right)P\left(\boldsymbol{x}_t|\boldsymbol{u}_t,\boldsymbol{x}_{t-1},m\right)\\
&\qquad = \eta P\left(z_t|\boldsymbol{x}_t,m\right)P\left(\boldsymbol{x}_t|\boldsymbol{u}_t,\boldsymbol{x}_{t-1}\right)\\
&\qquad = \eta P\left(z_t|\boldsymbol{x}_t,m\right) \quad \left[\boldsymbol{x}_t \in L^{(i)}\right]
\end{aligned} \tag{6-27}
$$

从图 6.8 可以看出激光雷达观测模型的方差较小，假设其服从高斯分布，使用多元正态分布公式即可进行计算，于是求解高斯分布是下面需要做的。同方法一，首先通过极大似然估计找到局部极值 $\boldsymbol{x}_t$，认为该局部极值距离高斯分布的均值比较近，于是在位姿 $\boldsymbol{x}_t$ 附近取 N 个位姿；然后对这 N 个位姿进行打分（位姿匹配），这样我们就具有 N 个位姿，以及它们与地图匹配的得分；最后我们又假设它们服从高斯分布，计算出它们的均值和方差之后，即可使用多元正态分布，对移动机器人位姿的估计进行概率计算。

2. 缓解粒子耗散

问题由来：Gmapping 算法采用粒子滤波算法对移动机器人的轨迹进行估计，必然少不了粒子重采样的过程。随着采样次数的增多，会出现所有粒子都从一个粒子复制而来的情况，这样粒子的多样性就完全丧失了。

目的：缓解粒子耗散。

分析：Gmapping 算法在算法原理上使用粒子滤波算法，不可避免地要进行粒子重采样，所以，问题实实在在地存在，不能解决，只能从减少重采样的思路走。

方法：Gmapping 算法提出选择性重采样的方法，根据所有粒子自身权重的离散程度（权重方差）来决定是否进行粒子重采样的操作。于是就出现了式（6-28），当 N_{eff} 小于某个阈值时，说明粒子的差异性过大，进行重采样，否则，不进行。

$$N_{\text{eff}} = \frac{1}{\sum_{i=0}^{N}\left(\boldsymbol{w}^i\right)^2} \tag{6-28}$$

6.4.3 Gmapping 算法流程

Gmapping 算法的总体思路如下。

（1）接收激光信息、里程计信息，并根据里程计信息构建误差模型。

（2）初始化粒子群，遍历上一时刻的粒子群，获取位姿、权重、地图。

（3）通过里程计进行位姿更新，通过极大似然估计求得局部极值，获取最优粒子。

（4）若未找到局部极值，可通过观测模型对位姿更新。

（5）若找到局部极值，可选取周围 k 个粒子位姿，计算其高斯分布、均值、权重、方差，近似新位姿，并对粒子位姿权重进行更新。

（6）扩充地图、粒子群。

（7）根据粒子权重的离散程度选择是否对新的粒子位姿重采样。

其 Gmapping 伪代码如表 6.1 所示。Gmapping 算法的输入为：上一时刻的粒子群 S_{t-1}，当前时刻的激光雷达数据（观测数据）$\boldsymbol{z}_t$，当前时刻的里程计数据 $\boldsymbol{u}_t$。Gmapping 算法的输出为：当前时刻的粒子群 S_t，该粒子群里包含移动机器人的位姿、地图等信息。

表 6.1 Gmapping 伪代码

Gmapping

Require:

  S_{t-1} , the sample set of the previous time step

  z_t , the most recent laser scan

  u_{t-1} , the most recent odometry measurement

Ensure:

  S_t , the new sample set

  $S_t = \{\ \}$

  for all $s_{t-1}^{(i)} \in S_{t-1}$ do

    $\left\langle x_{t-1}^{(i)}, w_{t-1}^{(i)}, m_{t-1}^{(i)} \right\rangle = s_{t-1}^{(i)}$

   //scan-matching

   $x_t'^{(i)} = x_{t-1}^{(i)} \oplus u_{t-1}$

   $\hat{x}_t^{(i)} = \mathrm{argmax}_x P(x \mid m_{t-1}^{(i)}, z_t, x_t'^{(i)})$

   if $\hat{x}_t^{(i)} = \mathrm{failure}$ then

     $x_t^{(i)} \sim P(x_t \mid x_{t-1}^{(i)}, u_{t-1})$

     $w_t^{(i)} = w_{t-1}^{(i)} \times P(z_t \mid m_{t-1}^{(i)}, x_t^{(i)})$

   else

     //sample around the mode

     for $k = 1, \cdots, K$ do

     $x_k \sim \{x_j \mid \left| x_j - \hat{x}^{(i)} \right| < \Delta\}$

     end for

     //compute Gaussian proposal

     $\mu_t^{(i)} = (0,0,0)^T$

     $\eta^{(i)} = 0$

     for all $x_j \in \left\{ x_j, \cdots, x_K \right\}$ do

      $\mu_t^{(i)} = \mu_t^{(i)} + x_j \times P(z_t \mid m_{t-1}^{(i)}, x_j) \times P(x_t \mid x_{t-1}^{(i)}, u_{t-1})$

       $\eta^{(i)} = \eta^{(i)} + P(z_t \mid m_{t-1}^{(i)}, x_j) \times P(x_t \mid x_{t-1}^{(i)}, u_{t-1})$

     end for

     $\mu_t^{(i)} = \mu_t^{(i)} / \eta^{(i)}$

     $\Sigma_t^{(i)} = 0$

     for all $x_j \in \left\{ x_j, \cdots, x_K \right\}$ do

      $\Sigma_t^{(i)} = \Sigma_t^{(i)} + (x_j - \mu^{(i)})\ (x_j - \mu^{(i)})^T \eta^{(i)} \times P(z_t \mid m_{t-1}^{(i)}, x_j) \times P(x_j \mid x_{t-1}^{(i)}, u_{t-1})$

     end for

     $\Sigma_t^{(i)} = \Sigma_t^{(i)} / \eta^{(i)}$

     //sample new pose

     $x_t^{(i)} \sim \mathcal{N}(\mu_t^{(i)}, \Sigma_t^{(i)})$

续表

Gmapping

//update importance weights
$w_t^{(i)} = w_{t-1}^{(i)} \times \eta^{(i)}$
end if
//update map
$m_t^{(i)} = \text{integrateScan}(m_{t-1}^{(i)}, x_t^{(i)}, z_t)$
//update sample set
$S_t = S_t \bigcup \left\{ \left\langle x_t^{(i)}, w_t^{(i)}, m_t^{(i)} \right\rangle \right\}$
end for
$N_{eff} = \frac{1}{\sum_{i=1}^{N} (\tilde{w}^{(i)})^2}$
if $N_{eff} < T$ then
$S_t = \text{resample}(S_t)$
end if

Gmapping 算法的整体流程图如图 6.9 所示。

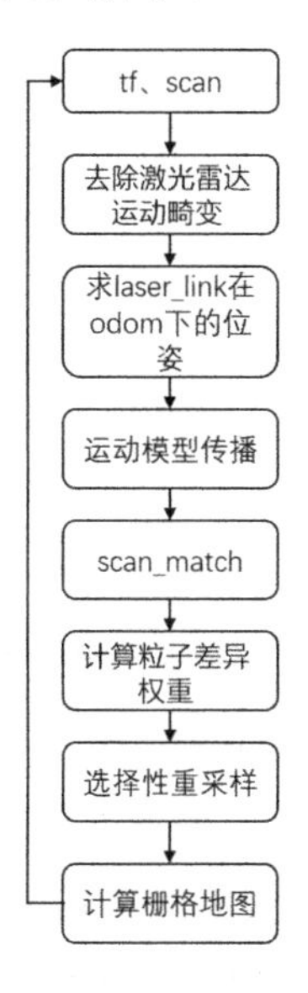

图 6.9　Gmapping 算法的整体流程图

下面对主要部分进行详细解释。

1．粒子数据

Gmapping 算法是基于粒子滤波的激光 SLAM 算法，在粒子滤波部分，我们对粒子进行了简单的介绍，但实际使用时，粒子包含的内容更加广泛。

Gmapping 算法会初始化一群粒子，用这群粒子的分布来表示移动机器人位姿的概率分布。每一个粒子都包含如下数据：该粒子当前的地图，仅占据部分（栅格地图分占据、空闲、未知三种状态，后面有详解）；该粒子的当前最优位姿；该粒子的权重及累计权重；该粒子的整条轨迹，表示移动机器人的轨迹。

2. 激光雷达运动畸变

激光雷达运动畸变在以激光雷达为外部传感器的移动机器人系统中是比较常见的一个问题。激光雷达运动畸变会直接影响移动机器人 SLAM 系统的建图效果，进而影响移动机器人定位的准确性。它产生的原因是激光雷达安装在移动机器人上，当移动机器人运动时，激光的测量伴随着移动机器人的运动，因为激光对环境当中的点云信息不是同一时刻获取的，一帧数据的首末位获取是存在时间差的，当激光雷达的帧率较低时或移动机器人运动较快时，激光雷达运动畸变就会产生较大的影响。激光雷达运动畸变的原理示意图如图 6.10 所示，假设移动机器人由位置 *A* 运动到位置 *B*，激光的扫描方向为逆时针。在位置 *A* 时扫描到空间某点 *C*，由于移动机器人一直在运动，当移动机器人在当前帧激光扫描结束的时间内运动到位置 *B* 时，移动机器人观测到空间某点 *D*，而此时移动机器人的位置并没有更新，移动机器人依然认为观测到的点 *D* 是在位置 *A* 时得到的数据，这就造成了数据的观测误差。

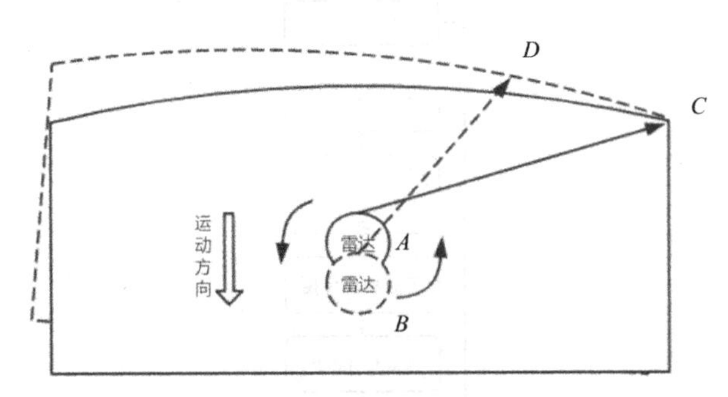

图 6.10　激光雷达运动畸变的原理示意图

有了激光雷达运动畸变就要去除这种畸变带来的影响，常见的激光雷达运动畸变去除方法是利用传感器辅助来去除，这里采用的是里程计来辅助去除激光雷达运动畸变，它的优势主要有以下 3 点：① 里程计具有很高的位姿更新频率，一般都能达到 100～200Hz，可以比较精确地反映出移动机器人多个时刻的运动状态；② 具有较高精度的移动机器人局部位姿估计；③ 可以和激光雷达对位姿的状态估计完全解耦，从而不会影响到后期 SLAM 算法的运行。

根据激光雷达运动畸变产生的原因，可以得知，去除激光雷达运动畸变的目标就是要求得移动机器人在运动过程中，当前帧激光数据中每一个激光点所对应的移动机器人的位姿，然后再将所求得的位姿转换到同一坐标系下，最后再重新封装成一帧激光数据发布出去。假设已知当前帧激光数据的起始时间分别是 T_1、T_n，两个激光束之间的时间间隔设为

ΔT，那么在一帧数据中所有的激光束数据时间是$\{T_1, T_1+\Delta T, \cdots, T_n\}$。我们取一组里程计数据，起始时间戳分别为$t_1$、$t_n$，并且使得$t_1 < T_1 < T_n < t_n$，这样就能保证里程计数据几乎覆盖当前激光帧数据的值。一般情况下，某一时刻的激光数据并不会和里程计数据完全重合，比如在T_1时刻激光得到位姿数据$\boldsymbol{P}_1$，可能在里程计中没有时间戳为T_1的位姿，这时需要采用插值近似的方法估计出T_1时刻的位姿，假设T_1时间戳落在里程计时间戳$\{t_m, t_k\}$中，如图6.11位姿插值示意图所示。由于t_m、t_k的时间间隔非常短（一般为5～10ms），在这么短的时间内可以认为移动机器人在做匀速运动，那么就可以根据里程计在t_m、t_k时刻的位姿$\boldsymbol{P}_m$、$\boldsymbol{P}_k$计算出T_1时刻的位姿，同理我们还可以求出T_n时刻移动机器人的位姿，在求出这两个位姿之后，不妨假设移动机器人在当前帧数据开始到结束这段时间内做加速度为a的匀加速运动，这样我们就能根据已知的数据求出移动机器人关于时间的匀加速运动方程，求出方程后将$\{T_1, T_1+\Delta T, \cdots, T_n\}$时间数据代入方程就能求出每一时刻的位姿。

图 6.11　位姿插值示意图

3．scan_match

scan_match 主要有两个功能：第一，为每个粒子的位姿找到一个最优值，即利用爬山算法将粒子的位姿作为初值，寻找最优的一个值来对其进行更新；第二，为每个粒子更新权重及累计权重，这里使用 scan-to-map 的方法对权重进行更新。

4．粒子差异性计算

粒子差异性计算过程如下。

（1）找到粒子权重的最大值$\boldsymbol{w}_t^{\max}$。

（2）对每个粒子计算权重差异$m_t^{(i)} = \exp\left\{\dfrac{1}{k\left[\boldsymbol{w}_t^{(i)} - \boldsymbol{w}_t^{\max}\right]}\right\}$，$\boldsymbol{w}_t^{(i)}$表示$t$时刻第$i$个粒子的权重，$k$为系数。

（3）总权重差异值：$M = \sum_{i=1}^{N} m_t^{(i)}$，总共有$N$个粒子。

（4）对每个粒子进行差异归一化处理：$m_t^{(i)} = \dfrac{m_t^{(i)}}{M}$。

（5）计算N_{eff}：$N_{\text{eff}} = \dfrac{1}{\sum_{i=0}^{N} m_t^{(i)} m_t^{(i)}}$。

当N_{eff}较大时，说明粒子分布的差异性较大，则不进行重采样，维持粒子的多样性，反之则重采样。

5．重采样

到目前为止，新的粒子群是根据提议分布进行采样的，并且用观测模型计算权重，而最终目的是用粒子群分布来近似后验概率分布，故需要进行重采样，即权重高的位置，粒子数多；权重低的位置，粒子数少。

重采样前后的粒子权重及分布变化如图 6.12 所示，$g(x)$ 表示先验分布，$f(x)$ 表示后验分布。根据上面提到的粒子滤波的原理，运动模型传播，即对粒子的位姿进行计算，将位姿由 $g(x)$ 变为 $f(x)$，但粒子的分布依然是提议分布，提议分布采样如图 6.12（a）所示，下方的黑色竖线表示粒子，竖线高度表示粒子权重，竖线的分布表示粒子的分布状态，即离散状态。通过观测模型（这里是 scan_match）进行权重计算后，粒子的权重发生变化，重采样后的粒子分布如图 6.12（c）所示。重采样的目的是用粒子群的分布来近似后验概率分布，即对每个粒子以其权重的概率来接受该粒子，从而使粒子的分布与权重联系起来。重采样完成后，粒子的权重就无所谓了，因为粒子的分布即代表了粒子的权重情况，故对其进行归一化处理，权重评估如图 6.12（b）所示，其竖线的分布与 $f(x)$ 分布一样，且其密集程度与权重相关。

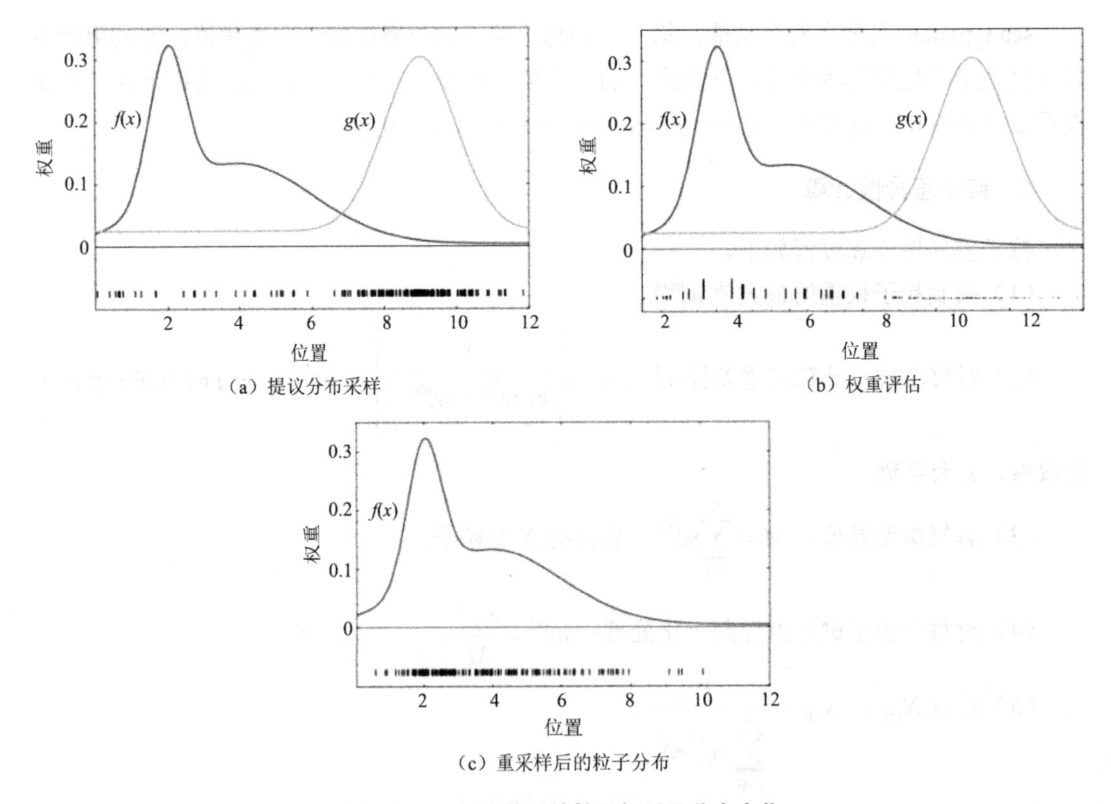

（a）提议分布采样　（b）权重评估

（c）重采样后的粒子分布

图 6.12　重采样前后的粒子权重及分布变化

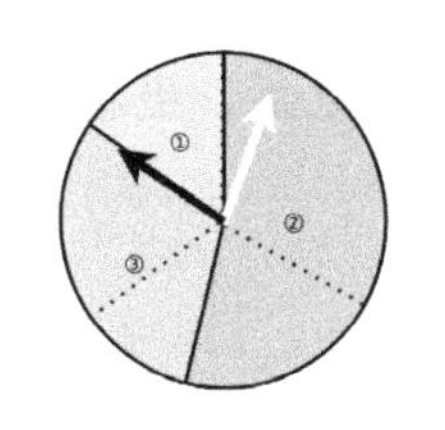

图 6.13　重采样示例图

Gmapping 算法具体的重采样过程如下（此处以 3 个粒子为例进行说明）。

（1）重采样示例图如图 6.13 所示，图 6.13 中有 3 个粒子，不同权重用不同灰色区域标识，并进行了编号。黑色虚线将权重之和均分为 3 份。右侧箭头表示第一次随机抽到的目标权重，黑色箭头表示粒子权重的累加值，最先开始位于 0 位置，即图 6.13 中黑色箭头所示的位置。

（2）两个箭头都顺时针旋转，黑色箭头每次增加当前粒子权重的大小。若黑色箭头超过右侧箭头，则将右侧箭头所在区域的粒子采样一次，否则不采样。每次采样后，右侧箭头向前旋转粒子权重均值的大小。

6．构建占据栅格地图

在开始讲解之前，我们要明确一些事情。

第一，构建栅格地图需要使用激光雷达传感器。

第二，激光雷达传感器是有噪声存在的，通俗地说，“不一定准”。

举个例子，移动机器人在同一位置下的不同时刻，通过激光雷达对一个固定的障碍物的探测距离不一致，一帧为 5m，一帧为 5.1m，我们难道要把 5m 和 5.1m 的位置都标记为障碍物吗？这也是使用占据栅格地图构建算法的原因。

为了解决这一问题，引入占据栅格地图的概念。我们将地图栅格化，对于每一个栅格的状态要么占据，要么空闲，要么未知（即初始化状态）。占据栅格地图的示意图如图 6.14 所示。

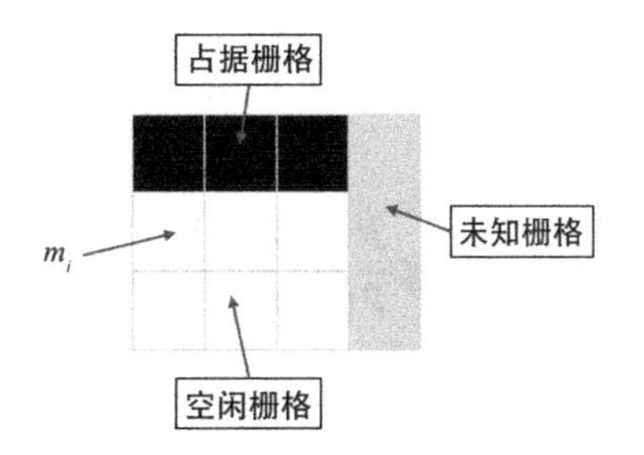

图 6.14　占据栅格地图的示意图

对于每一个栅格，我们用 $P(s=1)$ 来表示空闲状态的概率，我们用 $P(s=0)$ 来表示占据状态的概率，两者之和为 1。

用两个值表示一个栅格的状态，有点不妥，所以我们引入两者的比值表示栅格的状态：

$$\text{Odd}(s)=\frac{P(s=1)}{P(s=0)} \tag{6-29}$$

当激光雷达测量值的观测结果（ $z\sim\{0,1\}$ ）到来之后，相关的栅格就要更新栅格状态

$\mathrm{Odd}(s)$。

假设激光雷达测量值到来之前，该栅格的状态为 $\mathrm{Odd}(s)$，则到来之后，更新栅格的状态为

$$\mathrm{Odd}(s)=\frac{P(s=1|z)}{P(s=0|z)} \tag{6-30}$$

这种表达方式类似于条件概率，表示在 z 发生条件下栅格的状态。

根据贝叶斯公式得出以下两个式子：

$$\begin{aligned}P(s=1|z)&=\frac{P(z|s=1)P(s=1)}{P(z)}\\P(s=0|z)&=\frac{P(z|s=0)P(s=0)}{P(z)}\end{aligned} \tag{6-31}$$

将上述两个式子，代入 $\mathrm{Odd}(s|z)$ 之后，我们得出

$$\begin{aligned}\mathrm{Odd}(s|z)&=\frac{P(s=1|z)}{P(s=0|z)}\\\mathrm{Odd}(s|z)&=\frac{P(z|s=1)P(s=1)}{P(z|s=0)P(s=0)}\\\mathrm{Odd}(s|z)&=\frac{P(z|s=1)}{P(z|s=0)}\frac{P(s=1)}{P(s=0)}\\\mathrm{Odd}(s|z)&=\frac{P(z|s=1)}{P(z|s=0)}\mathrm{Odd}(s)\end{aligned} \tag{6-32}$$

此时，我们在上式两边同时取对数，即栅格状态的表示方法再一次发生改变，用 $\log\mathrm{Odd}(s)$ 表示一个栅格的状态。

$$\log\mathrm{Odd}(s|z)=\log\frac{P(z|s=1)}{P(z|s=0)}+\log\mathrm{Odd}(s) \tag{6-33}$$

此时，含有测量值的项就只有 $\log\frac{P(z|s=1)}{P(z|s=0)}$ 了，我们把这个比值称为测量值的模型。$\log\frac{P(z|s=1)}{P(z|s=0)}$ 的选项只有 lofree、looccu 两种，因为激光雷达对一个栅格的观测结果只有两种，空闲和占据。

$$\mathrm{lofree}=\log\frac{P(z=0|s=1)}{P(z=0|s=0)} \tag{6-34}$$

$$\mathrm{looccu}=\log\frac{P(z=1|s=1)}{P(z=1|s=0)} \tag{6-35}$$

此时，如果我们用 $\log \mathrm{Odd}(s)$ 来表示栅格 s 的状态 S 的话，我们的更新规则进一步化简为

$$S^{+}=S^{-}+\log\frac{P(z\mid s=1)}{P(z\mid s=0)} \tag{6-36}$$

式中，S^{+} 和 S^{-} 分别表示测量值到来之后和之前栅格 s 的状态。此外，一个栅格的初始状态为 S_{init}：默认栅格空闲和栅格占据的概率都为 0.5。

$$S_{\text{init}}=\log \mathrm{Odd}(s)=\log\frac{P(s=1)}{P(s=0)}=\log\frac{0.5}{0.5}=0 \tag{6-37}$$

此时，经过这样的建模，更新一个栅格的状态只需要做简单的加法即可。

$$S^{+}=S^{-}+\text{lofree} \tag{6-38}$$

或者

$$S^{+}=S^{-}+\text{looccu} \tag{6-39}$$

我们通过激光雷达数据栅格进行判断，如果判定栅格是空闲的，就执行式（6-38）；如果判定栅格是占据的，就执行式（6-39）。在经过许多帧激光雷达数据的洗礼之后，每一个栅格都存储了一个值，此时我们可以自己设定阈值与该值比较，来做栅格最终状态的判定。

6.5　图优化 SLAM 算法

6.5.1　图优化 SLAM 算法概述

图优化 SLAM 算法最早由 Lu 和 Milios 在 1997 年提出，由于使用标准技术解决误差最小化问题具有相当高的复杂性，因此在当时并没有受到重视。直到多年后，随着对 SLAM 问题结构的深入研究及稀疏线性代数领域的发展，解决优化问题成为了可能。图优化 SLAM 算法目前已经在速度和准确性方面属于最先进的技术之一。

图优化 SLAM 算法的出现解决了一致性建图的问题。如果说滤波类 SLAM 是属于序贯估计的话，图优化则属于批处理。图优化 SLAM 算法是目前主流的 SLAM 方案。

图优化 SLAM 算法应用所有保存的观测数据估计移动机器人所有的轨迹，这解决了 SLAM 问题。图优化 SLAM 算法从观测数据提取一组软约束，用一个稀疏图表示，如图 6.15 所示，图的节点表示移动机器人在该时刻的位姿与环境地图，连接两个节点的边表示两个节点之间的非线性约束关系，实线表示任意两个连续的移动机器人位姿间的约束关系，虚线表示位姿与移动机器人假定处于该位姿时观测到的特征的约束关系。

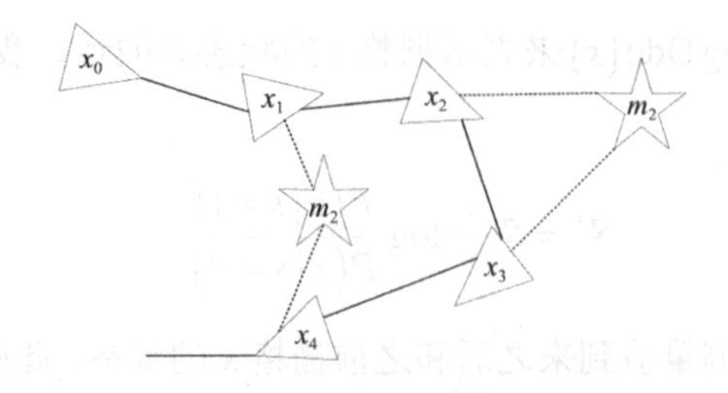

图 6.15 稀疏图表示

图优化 SLAM 算法将 SLAM 问题划分为前端与后端两个部分。前端根据传感器数据来构建图并计算约束，约束由两种形式构成：一种是通过相邻的几个连续观测的对应关系得到的；另一种是通过闭环检测，检测移动机器人是否回到曾经访问过的位置从而添加闭环约束的。后端根据前端提供的约束对图进行优化，它通过将这些约束条件解析为全局一致的估计值来获得地图和移动机器人路径。由于新的观测加入到已有的位姿图中时只是考虑最近的几次观测，因此位姿图会逐渐累积误差，通过全局优化可以将累积误差去除，得到在给定约束条件下的移动机器人运动轨迹的最优估计。

6.5.2 图优化 SLAM 算法原理

图优化 SLAM 算法交错执行前端和后端，图优化 SLAM 算法框架如图 6.16 所示。前端需要在部分优化的地图上进行操作，以限制误差的累积，当前位姿估计越精确，前端生成的约束条件的鲁棒性就越强，得到的地图就越精准。

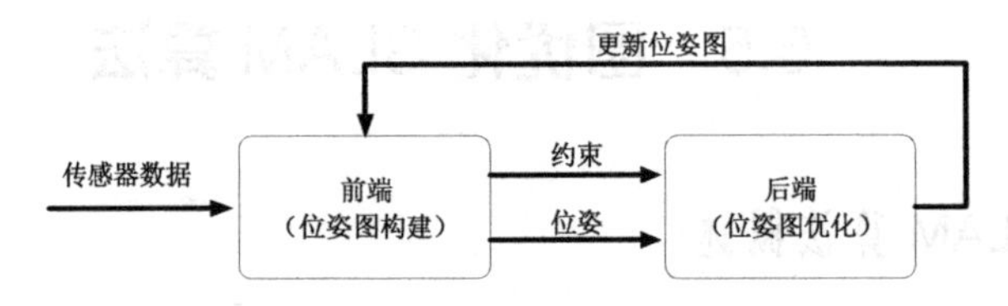

图 6.16 图优化 SLAM 算法框架

这类方法能够用图的方式直观表达，所得的图称为位姿图。在位姿图中，节点表示移动机器人的位姿，边由位姿之间的关系组成。图优化 SLAM 算法可以描述构建图和优化图的过程。

（1）构建图。将移动机器人的位姿作为顶点，位姿间的关系作为边，这一步通常被称为前端，一般是传感器信息的堆积。

（2）优化图。调节移动机器人的位姿顶点，以尽量满足边的约束，使得预测与观测的误差达到最小，这一步称为后端。

图优化中图的示意图如图 6.17 所示，用一个图来表示 SLAM 问题，用图中的节点来表示移动机器人的位姿，用两个节点之间的边表示两个位姿的空间约束（相对位姿关系及对应方差或线性矩阵），边分为了两种边：帧间边为连接的前后，时间上是连续的；回环边为连接的前后，时间上是不连续的，但是为两个位姿的空间约束。构建了回环边才会有误差出现，没有回环边没有误差。图优化的目标是找出最优的各节点位姿的配置，使得误差最小。

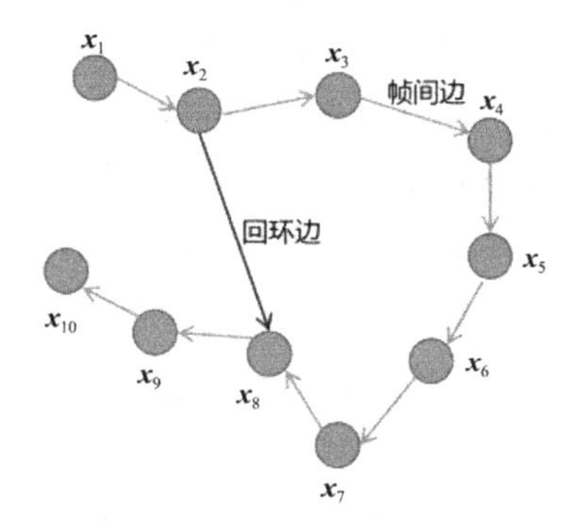

图 6.17 图优化中图的示意图

图优化 SLAM 算法的主要思想是：构建非线性最小二乘的目标函数，将移动机器人的位姿与特征点作为待优化变量，利用牛顿法、Levenberg-Marquardt 算法等迭代估计最优解。

图优化 SLAM 算法将移动机器人的轨迹与路标连同表示为 $\boldsymbol{X}=\left\{\boldsymbol{x}_1,\boldsymbol{x}_2,\cdots,\boldsymbol{x}_n,\boldsymbol{y}_1,\boldsymbol{y}_2,\cdots,\boldsymbol{y}_m\right\}$，将其作为待估变量，在给定观测数据 $\boldsymbol{Z}=\left\{z_i,i=1,2,3,\cdots,m\right\}$ 的情况下估计 $\boldsymbol{X}$，使得后验概率分布 $P(\boldsymbol{X}\mid\boldsymbol{Z})$ 最大。

图优化 SLAM 算法的目标为最小化预测和观测的差，所以误差即预测和观测的差：

$$\boldsymbol{e}_i(\boldsymbol{X})=h_i(\boldsymbol{X})-z_i \tag{6-40}$$

式中，$h_i(\ )$ 为抽象的非线性函数，可表示惯性传感器、编码器、GPS、相机等数学模型。$\boldsymbol{e}=\left[\boldsymbol{e}_1{}^{\mathrm{T}},\boldsymbol{e}_2{}^{\mathrm{T}},\cdots,\boldsymbol{e}_m{}^{\mathrm{T}}\right]$ 表示 m 维误差向量；$\boldsymbol{\Omega}=\operatorname{diag}\left[\boldsymbol{\Omega}_1^{\mathrm{T}},\boldsymbol{\Omega}_2^{\mathrm{T}},\cdots,\boldsymbol{\Omega}_m^{\mathrm{T}}\right]$ 表示误差权重矩阵，假设误差服从高斯分布，其对应的信息矩阵为 $\boldsymbol{\Omega}_i$，所以观测值误差的平方定义为

$$\boldsymbol{X}^*=\arg\min_{\boldsymbol{X}}\boldsymbol{e}^{\mathrm{T}}\boldsymbol{\Omega}\boldsymbol{e} \tag{6-41}$$

对于此非线性最小二乘问题，通常采用迭代线性化方式求解。在给定初值 $\boldsymbol{x}_0$ 时，对误差 $\boldsymbol{e}(\boldsymbol{x})$ 在 $\boldsymbol{x}_0$ 附近做一阶泰勒展开，求关于 $\boldsymbol{x}_0$ 增量 $\delta\boldsymbol{x}$ 的导数并使其等于零，得到增量方程

$$\boldsymbol{H}\delta x=\boldsymbol{g} \tag{6-42}$$

式中，$\boldsymbol{g}=-\boldsymbol{J}(\boldsymbol{x})^{\mathrm{T}}\boldsymbol{e}(\boldsymbol{x})$ 为系统信息向量；$\boldsymbol{H}=\boldsymbol{J}(\boldsymbol{x})^{\mathrm{T}}\boldsymbol{J}(\boldsymbol{x})$ 为 Hessian 矩阵；$\boldsymbol{J}(\boldsymbol{x})=\dfrac{\partial\boldsymbol{e}}{\partial\boldsymbol{X}}$ 为雅可比矩阵。进而可求得系统的解为

$$\boldsymbol{X}^*=\boldsymbol{x}_0+\delta\boldsymbol{x} \tag{6-43}$$

高斯–牛顿（Gauss-Newton）法对上述过程进行迭代求解，直到收敛，可获得参量的最优估计。为避免 $\delta\boldsymbol{x}$ 过大导致近似误差增大，Levenberg-Marquardt 算法通过对 $\delta\boldsymbol{x}$ 添加执行区域，引入松弛因子 λ 有效改善了 $\delta\boldsymbol{x}$ 求解的稳定性：

$$\left(\boldsymbol{H}+\lambda \boldsymbol{I}\right)\delta \boldsymbol{x}=\boldsymbol{g} \tag{6-44}$$

Karto SLAM 算法作为第一个以图优化为基本架构的开源 SLAM 算法于 2010 年被提出，该算法主要针对系统稀疏性问题。从 Karto SLAM 算法出来之后，众多学者看到了图优化的开发前景，基于滤波的激光 SLAM 算法的研究少了许多。Karto SLAM 算法在一定程度上替代了基于滤波的激光 SLAM 算法。

虽然系统的稀疏性问题有被考虑到，但是该算法在前端匹配局部子图的过程中，需要预先创建子图，所以需要较多的计算时长。如果用全局匹配的算法代替的话，碰到较为空旷的外部环境，需要扩大探测领域进而所需的时间也将增加。

Hector SLAM 算法也是图优化 SLAM 算法中的一种，于 2011 年被提出，该算法仅用激光雷达传感器就可对周围环境完成 SLAM 过程。与 Cartographer 算法部分过程类似，Hector SLAM 算法流程中也可分为前端及后端两个部分，前端主要用来预测移动机器人的运动，后端对位姿进行优化，但后端缺少了闭环检测环节。在建图过程中，首先前端进行激光扫描，获得栅格地图。每当激光雷达获得新的数据时，将其与上一时刻的地图进行匹配。为使激光雷达数据映射到栅格地图中，采用双线性插值的方法来获得连续的栅格地图。后端采用高斯牛–顿法对邻近帧进行匹配，使地图数据误差最小，得到优化的地图。

在算法实现过程中，Hector SLAM 算法的基本流程与 Cartographer 算法大致相同，但在所需的传感器方面与 Gmapping、Cartographer 算法有所不同：Hector SLAM 算法不需要里程计，但对激光雷达的精度要求较高，至少要达到 40Hz 的帧率。Hector SLAM 算法对硬件要求较高的特点使其在室内场景应用时存在局限性。

6.6 Cartographer 算法

Cartographer 算法是基于激光雷达的开源 SLAM 算法。该算法的重点分为两个部分，其中一个是局部子图在形成过程中，结合了多个不同的传感器数据，另一个是灵活地将扫描匹配用于闭环检测中。Cartographer 算法前端中的扫描匹配算法是通过将相关扫描匹配及梯度优化进行融合完成的。每当局部闭环之前都会通过数据构建子地图，生成所有子地图之后，为了达到减少闭环检测时间的目的，在全局的闭环检测中使用分支定界及提前推算网格的方案。

Cartographer 算法在实现方面有着操作简便的优点，且主要表现在对硬件，如激光雷达这样的设备的要求不是很严格上。不仅如此，借助 ROS 这个高效的平台，可以通过激光雷达在室内完成地图的创建，进而对周围环境实现 SLAM 过程。在室内环境下，该算法相对于其他算法在便捷性上存在一定的优势，主要体现在激光雷达可以在人工移动的情况下完成建图。在对周围环境的适应性方面，因为 Cartographer 算法在前端部分通过对激光扫描外部环境得到的数据进行处理得到了大量的局部子地图，所以当需要在较大的室内环境下建图时，Cartographer 算法能够较好地完成。在计算复杂度方面，该算法在后端部分使用基于图与图之间配对的闭环检测方法，提高了计算速度，进而使工作效率有效提高。基于图优化的二维激光 SLAM 特点如表 6.2 所示。

表 6.2 基于图优化的二维激光 SLAM 特点

分 类	定位方式与改进点	特点（优缺点）	年 份
Karto SLAM 算法	Karto SLAM 图优化框架包括局部扫描匹配、全局优化，以及子地图与子地图的闭环检测	首个开源的图优化 SLAM 算法，建图效果较好，建图所需时间较长	2010 年
Hector SLAM 算法	前端处理数据得到栅格地图，负责对移动机器人的运动进行估计，后端采用高斯-牛顿法对邻近帧进行匹配，使地图数据误差最小，得到优化的地图	该算法的好处在于不需要里程计，但对激光雷达的精度要求较高	2011 年
Cartographer 算法	融合多传感器数据的局部子图创建及用于闭环检测的扫描匹配策略	因为进行了闭环检测，所以利于室内较大场景下的建图，精度较高	2016 年

Cartographer 算法的理论流程图如图 6.18 所示，该图将整个 SLAM 过程大致分为三个部分：激光扫描匹配、闭环检测及位姿图优化。在进行大范围地图构建时，维护整个地图的高阶协方差矩阵具有非常庞大的计算复杂度，而且距离较远的特征间的约束不大。因此，将整个环境地图划分为一个个的子地图可以减小计算复杂度，通过构建子地图及子地图之间的位姿变换来构成整个环境地图。当子地图构建完成后，不会再插入新的扫描，Cartographer 算法将参与闭环检测的扫描匹配。

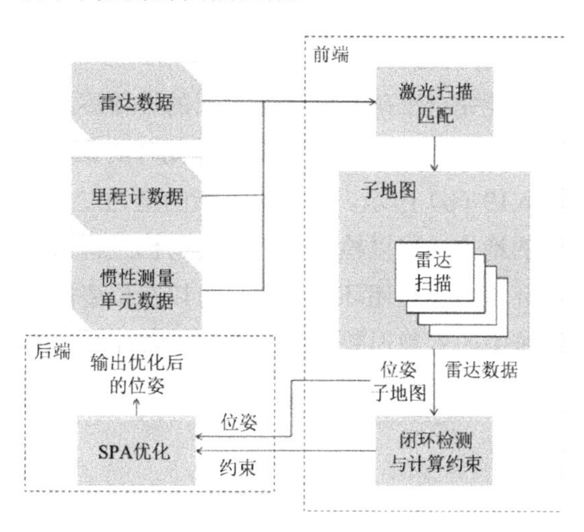

图 6.18 Cartographer 算法的理论流程图

6.6.1 激光扫描匹配

位姿图的构建主要通过激光扫描匹配建立位姿节点之间的约束关系。扫描与扫描间的匹配经常用于计算激光 SLAM 算法中的相对位姿变化，但是，这种方法累积误差很快。扫描与地图间的匹配有助于限制这种误差的累积，然而随着建图范围的增加，这种方法的计算复杂度将显著提升。

扫描与子地图间的匹配可以得到更好的效果。将每一帧的扫描数据通过激光扫描匹配插入子地图中的最佳估计位姿处，由于移动机器人短时间内不会剧烈移动，因此激光扫描匹配是针对最近的子地图进行的。扫描与子地图的匹配方式使用非线性优化的方法，将每个连续扫描与子地图进行匹配，从而得到该扫描在子地图中的最佳位姿估计。

子地图的构建是反复匹配扫描坐标系与子地图坐标系的迭代过程。在将扫描插入子地图之前，激光扫描匹配器负责找到该扫描在子地图中概率最大的位姿，通过非线性最小二乘优化进行求解得到最优匹配，见式（6-45）。

$$\underset{\xi}{\arg\min}\sum_{k=1}^{K}\left[1-M_{\mathrm{SMOOTH}}\left(\boldsymbol{T}_{\xi}\boldsymbol{h}_{k}\right)\right]^{2} \tag{6-45}$$

式中，$\boldsymbol{h}_k$ 表示该时刻第 k 个激光扫描数据；$\boldsymbol{T}_{\xi}$ 表示扫描数据 $\boldsymbol{h}_k$ 从激光雷达坐标系到子地图坐标系的坐标变换；M_{SMOOTH} 表示三次插值平滑函数，它可以得到该扫描在子地图中位姿的概率。

通过求解式（6-45）可以计算得到误差最小的位姿，再将当前扫描插入到该位姿处，从而实现最优的激光扫描匹配。但是这个过程始终存在着误差，并且会不断累积，闭环优化可以消除该累积误差。

6.6.2 闭环检测

由于激光扫描匹配不可能完全准确，会随着时间的推移逐渐累积误差，未闭环检测的位姿图如图 6.19（a）所示，未环路闭合检测需要通过闭环约束将累积误差消除，经过闭环检测修正后的位姿图如图 6.19（b）所示。闭环检测指的是通过传感器的数据判断移动机器人是否来到了曾经探索过的地方，用以检测当前观测与已经构建好的地图之间的关系。如果匹配到相同的地方说明环境中存在闭环的结构，可以在位姿图中添加新的闭环约束。正确的闭环约束可以消除系统中的累积误差，从而得到一致性更好的位姿图。

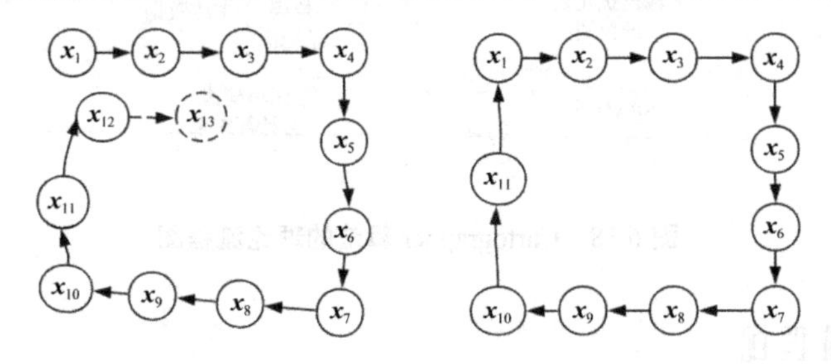

（a）未闭环检测的位姿图　　（b）经过闭环检测修正后的位姿图

图 6.19　闭环检测前后位姿图的示意图

子地图构建完成后，不再有新的扫描被插入，它将参与闭环检测的扫描匹配，所有完成的子地图和扫描都会被用来进行闭环检测。如果检测到当前扫描与子地图中某处足够相似，则将其作为闭环约束添加到优化问题中。每隔几秒进行一次匹配搜索，以使得在访问到曾经访问过的位置时，环路会立即闭合。因此，闭环扫描匹配的频率必须比扫描更新更快，否则会出现明显的滞后，可能会导致地图不一致。通过使用分支定界法（Branch and Bound Method）来加速这种搜索匹配可以实现在较大的搜索空间中高效地计算匹配位姿。

分支定界法在混合整数线性规划的背景下提出，其主要思想是将可行解的子集表示为树中的节点，其中根节点表示所有可行解的空间，每个节点的子节点形成它们父节点的一个分支，称为分支节点，对应着一个可行解的部分集合，是该分支能否成为拓展分支的关键。整个分支的最底端被称为叶节点，它是全部可行解的集合。分支定界法搜索树的示意图如图 6.20 所示。

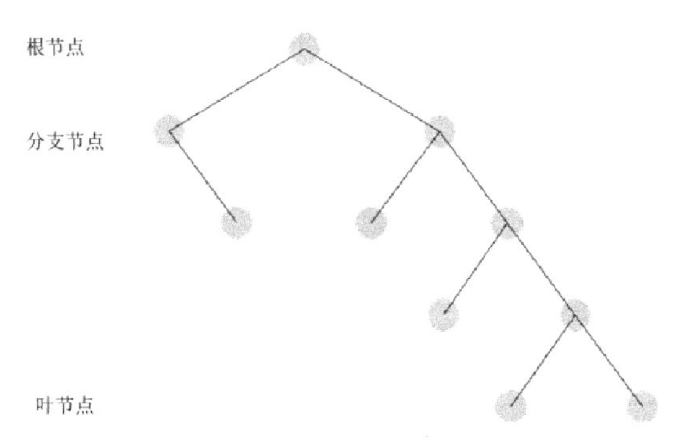

图 6.20　分支定界法搜索树的示意图

通常，分支定界法首先将全部可行解的集合不断地分成越来越小的集合，即分支；之后，为每个小集合计算出一个目标上界或下界，即定界；在进行分支时，那些集合的界限超过了已知可行解界限的将不再进行分支，即剪枝，因为那些集合中不存在比目前最优的可行解更好的解。

对于 SLAM 过程，就是要找到最佳的匹配从而确定闭环，即确定当前扫描与以前构建的子地图为同一地点的最大概率，因而需要求得上界。解决 SLAM 闭环问题的分支定界法的过程如下。

第一步：根据计算复杂度及上界质量设定边界。根据最初节点拓展其所有子节点，在当前可行解集合中选择边界，作为初始边界，接下来每步的上界由当前所有可行解集合的最大值决定（定界）。

第二步：每个未被拓展的节点有且仅有一次机会成为拓展节点，当其目标函数的值大于当前上界时即可成为拓展节点。对拓展节点进行分支，生成当前拓展节点的所有子节点（分支），在所有子节点中根据边界舍弃那些不可能产生最优解的节点（剪枝）。

重复第一步与第二步，在目前所有符合条件的节点中选取下一次的拓展节点，如此循环，直到找到问题的最优解或拓展节点的列表为空。匹配当前扫描与以往子地图的问题与上一节的激光扫描匹配十分类似，同样可以应用非线性最小二乘的方式解决。为了找到正确的闭环匹配，设定一个阈值函数，只有匹配得分大于该阈值才会被认为存在一个闭环。由于闭环在实际操作过程中不经常出现，这使得节点的选择策略与初始节点的选择并不是很重要。

闭环检测每隔几秒进行一次，不断在已经构建好的子地图中搜索与匹配，判断是否存在与当前扫描相似的子地图，这使得在重新访问已经来到过的地方时，环路会立即闭合。

图 6.21 所示为闭环优化的整体过程。移动机器人从起点开始绕着某房间运动了一圈，当移动机器人再次回到起点时，其路径中出现了如图 6.21（a）所示闭环优化前的闭环误差，即在同一位置处，新的激光扫描数据与最初构建的地图匹配不上。应用分支定界扫描匹配的方式加快了激光扫描数据的匹配过程，闭环检测能够每隔几秒进行一次，使得闭环误差一经出现就可以被检测到。图 6.21（b）所示为下一时刻进行了闭环优化后的地图，可以看到整体地图在经过闭环优化之后成功地消除了闭环误差，使得新得到的激光扫描数据与地图能够匹配上。

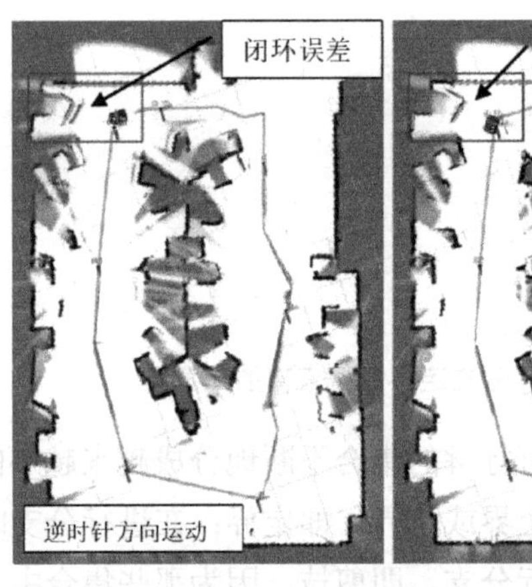

（a）闭环优化前

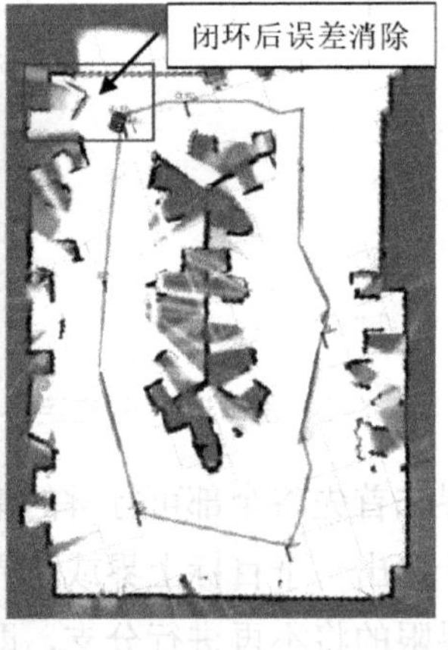

（b）闭环优化后

图 6.21　闭环优化的整体过程

6.6.3　位姿图优化

应用上述算法虽然可以完成位姿图的构建，但是为了应对由约束引入的累积误差，需要定期对位姿图进行优化，以便将误差最小化从而获得一致的地图，可以应用稀疏姿态调整（Sparse Pose Adjustment，SPA）来进行后端优化。该方法使用众所周知的 Levenberg-Marquardt 方法作为框架，利用位姿图的稀疏性将地图特征与移动机器人间的约束转换为移动机器人姿态中的直接约束来创建更紧凑的位姿图，从而实现姿态和约束条件的优化。SPA 优化具有以下优点。

（1）它使用了约束中的协方差信息，从而得到更加准确的解。

（2）SPA 算法对初始化具有很强的鲁棒性，对于增量和批量处理都具有非常低的失败率。

（3）因此它只用 Levenberg-Marquardt 算法进行较少次数的迭代，这使它的收敛速度非常快。

（4）SPA 算法是完全非线性的。在每一次迭代中，它将当前姿态周围的所有约束线性化。

优化的目的就是在充满误差的位姿集合中，求得误差最小的位姿集合。位姿图中的节点表示见式（6-46）。

$$\boldsymbol{c}_i=\left[\boldsymbol{t}_i,\theta_i\right]=\left[x_i,y_i,\theta_i\right]^{\mathrm{T}} \tag{6-46}$$

式中，$\boldsymbol{c}_i$ 表示位姿图中的一个节点，代表移动机器人的位姿；$\boldsymbol{t}_i$、θ_i 表示该节点在全局坐标系下的坐标和角度。

位姿图中的约束为两个节点之间的变换关系，用式（6-47）表示。

$$h\left(\boldsymbol{c}_i,\boldsymbol{c}_j\right)\equiv\begin{Bmatrix}\boldsymbol{R}_j^{\mathrm{T}}\left(\boldsymbol{t}_j-\boldsymbol{t}_i\right)\\ \theta_j-\theta_i\end{Bmatrix} \tag{6-47}$$

式中，$h\left(\boldsymbol{c}_i,\boldsymbol{c}_j\right)$ 为观测方程，表示任意两个节点位姿之间变换的估计值；$\boldsymbol{R}_j^{\mathrm{T}}$ 表示移动机器人角度 θ_i 的 2×2 的旋转矩阵。

因此，约束的误差公式可用式（6-53）表示。

$$\boldsymbol{e}_{ij}\equiv\bar{\boldsymbol{Z}}_{ij}-h\left(\boldsymbol{c}_i,\boldsymbol{c}_j\right) \tag{6-48}$$

式中，$\bar{\boldsymbol{Z}}_{ij}$ 表示节点 $\boldsymbol{c}_i$ 到节点 $\boldsymbol{c}_j$ 之间变换的测量值（真实值），带有精确度矩阵 $\boldsymbol{\Lambda}_{ij}$（协方差矩阵的逆）。

整体位姿图的误差可用式（6-49）表示。

$$\boldsymbol{x}^2\left(\boldsymbol{c},\boldsymbol{p}\right)\equiv\sum_{ij}\boldsymbol{e}_{ij}^{\mathrm{T}}\boldsymbol{\Lambda}_{ij}\boldsymbol{e}_{ij} \tag{6-49}$$

通过最小化总体误差式（6-49）即可求得位姿集合 $\boldsymbol{c}$ 的最优配置。SPA 算法通过 Levenberg-Marquardt 算法解决该问题，系统用式（6-50）表示。

$$\begin{gathered}\left(\boldsymbol{H}+\boldsymbol{\lambda}\boldsymbol{H}_{\mathrm{diag}}\right)\Delta\boldsymbol{x}=\boldsymbol{J}^{\mathrm{T}}\boldsymbol{\Lambda}\boldsymbol{e}\\ \boldsymbol{J}\equiv\frac{\Delta\boldsymbol{e}}{\Delta\boldsymbol{x}}\\ \boldsymbol{H}\equiv\boldsymbol{J}^{\mathrm{T}}\boldsymbol{\Lambda}\boldsymbol{J}\end{gathered} \tag{6-50}$$

式中，$\boldsymbol{\lambda}$ 表示一个较小正稀疏，该稀疏控制了 Levenberg-Marquardt 算法的步长；$\boldsymbol{H}$ 表示由位姿图稀疏性构造出来的具有压缩存储数据结构的上三角矩阵；$\boldsymbol{H}_{\mathrm{diag}}$ 表示取整体观测矩阵 $\boldsymbol{H}$ 对角线上的值构成的对角矩阵。

求解上述线性方程将产生一个增量$\Delta \boldsymbol{x}$，通过将其重新加回到位姿 $\boldsymbol{x}$ 得到优化后的位姿，如式（6-51）所示。

$$\begin{aligned} \boldsymbol{t}_i &= \boldsymbol{t}_i + \Delta \boldsymbol{x} \\ \theta_i &= \theta_i + \Delta \theta_i \end{aligned} \tag{6-51}$$

SPA 算法过程如下。

（1）首先初始化输入的值，若为 0，则应用上一次迭代储存的值。

由于传感器的距离限制，移动机器人只能观测到附近一定距离的特征，因此，位姿图呈现出非常稀疏的连接结构。该算法针对位姿图的稀疏性，通过只储存和处理非 0 元素可以大幅度降低储存空间及计算复杂度。非 0 元素要通过压缩存储数据结构来储存，因此需要将位姿图节点 $\boldsymbol{c}$ 和约束 $\boldsymbol{e}$ 创建出的稀疏上三角矩阵 $\boldsymbol{H}$ 转换成这种格式。

（2）建立线性系统式（6-50），通过求解该式得到增量$\Delta \boldsymbol{x}$与$\Delta \boldsymbol{e}$。

（3）根据式（6-51）更新位姿，得到更新后的位姿。

（4）如果误差变小了，那么返回更新后的位姿，并把$\boldsymbol{\lambda}$的值缩小一半，并保存。

（5）如果误差变大了，那么返回原始位姿，并把$\boldsymbol{\lambda}$扩大一倍，并保存。

（6）SPA 算法的输入为位姿 $\boldsymbol{c}$、约束 $\boldsymbol{e}$ 及对角线增量 $\boldsymbol{\lambda}$，输出为更新后的位姿 $\boldsymbol{c}$。该算法的每次迭代是为了寻找一个合适的对角线增量$\boldsymbol{\lambda}$，当$\boldsymbol{\lambda}$很小时，SPA 算法就变成了牛顿-欧拉法的最优步长计算式，当$\boldsymbol{\lambda}$很大时，SPA 算法就蜕化为梯度下降法的最优步长计算式。

SPA 算法依赖于高效的线性矩阵构造和稀疏非迭代 Cholesky 分解，可以有效地表示和解决大型稀疏姿态图，从而大幅度降低存储空间需求及计算复杂度，显著提高计算性能。

6.7 激光 SLAM 的案例分析

当移动机器人刚刚进入未知环境时，由于没有关于环境的先验信息，移动机器人无法知道自身所处的位置及其周围的环境情况。首先需要获取移动机器人自身所携带的里程计及激光雷达数据；然后，采用粒子滤波算法，使用里程计及激光雷达数据实现移动机器人的定位。在确定了移动机器人的位姿之后，基于该位姿，构建移动机器人的周围环境地图，从而解决 SLAM 问题，需要特别说明的是，环境地图构建包含不同形式的地图，具体使用哪类地图，需要根据移动机器人所要完成的具体任务而定。本案例由于应用于移动机器人室内环境自主探索，所以构建的环境地图为栅格地图。

本案例将 SLAM 问题分成了两个步骤进行解决，首先估计出移动机器人的位姿，然后在已知位姿的基础上构建周围环境地图。此种策略决定了移动机器人的位姿估计成为 SLAM 的核心，决定了整个 SLAM 的性能。

6.7.1 传感器模型

移动机器人通过传感器来获取其周围环境信息，不同的传感器对应着不同的模型。本节针对实验所用的轮式里程计及激光雷达进行建模，从而为后面的移动机器人的位姿估计及环境地图构建打下基础。

1．里程计运动模型

里程计是移动机器人进行相对定位的有效传感器，可以说是许多移动机器人平台的标配。其主要工作原理是检测安装在移动机器人的轮子上的光电编码器对轮子在单位时间内转过的弧度，从而推算出移动机器人的相对运动。

由于移动机器人在二维地面上运动，所以其位姿可以通过二维坐标和方向角来描述，里程计运动模型如图 6.22 所示。

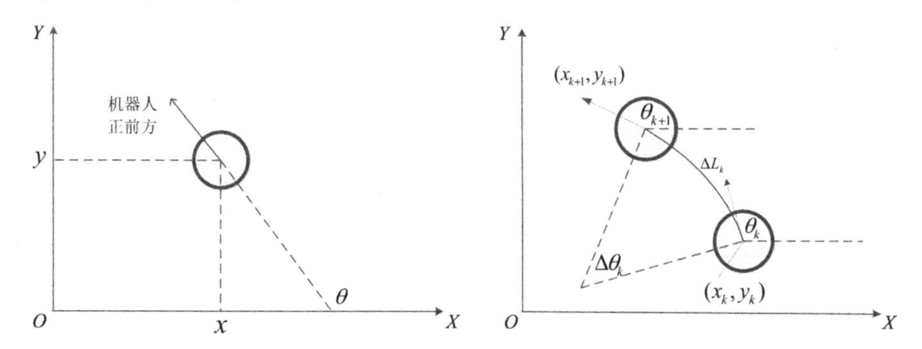

图 6.22　里程计运动模型

在图 6.22 中，我们使用三元组(x, y, θ)来表示移动机器人的位姿，(x, y)表示移动机器人在二维平面内运动时在世界坐标系下的位置点，θ表示移动机器人正前方与水平轴的夹角。移动机器人的位姿与环境中对象的位置构成了 SLAM 所要估计的状态。

里程计的运动模型可以分为直线型与圆弧型，考虑到移动机器人在进行自主探索时，常常伴随着转动，所以针对里程计运动模型，决定采用圆弧型，其表现形式如图 6.22 所示。下面给出基于圆弧型的里程计运动模型的具体形式：

$$\begin{cases} x_{k+1} = x_k + \dfrac{\Delta L_k}{\Delta\theta_k}\left[\sin\left(\theta_k + \Delta\theta_k\right) - \sin\theta_k\right] \\ y_{k+1} = y_k + \dfrac{\Delta L_k}{\Delta\theta_k}\left[\cos\theta_k - \cos\left(\theta_k + \Delta\theta_k\right)\right] \\ \theta_{k+1} = \theta_k + \Delta\theta_k \end{cases} \tag{6-52}$$

式中，ΔL_k表示移动机器人行走轨迹的弧长；$\Delta\theta_k$表示移动机器人转动的角度。

上式不方便求解里程计运动模型的概率分布，需要变换一下形式。我们不使用

$\left[\Delta L_k, \Delta\theta_k\right]^{\mathrm{T}}$ 作为系统的输入，而改用 $\left[\Delta x_k, \Delta y_k, \Delta\theta_k\right]^{\mathrm{T}}$，其中，$\Delta x_k$ 和 Δy_k 的计算方式如下：

$$\begin{cases} \Delta x_k = \dfrac{\Delta L_k}{\Delta\theta_k}\left[\sin\left(\theta_k + \Delta\theta_k\right) - \sin\theta_k\right] \\ \Delta y_k = \dfrac{\Delta L_k}{\Delta\theta_k}\left[\cos\theta_k - \cos\left(\theta_k + \Delta\theta_k\right)\right] \end{cases} \tag{6-53}$$

从而，式（6-52）可以改写为

$$\begin{bmatrix} x_{k+1} \\ y_{k+1} \\ \theta_{k+1} \end{bmatrix} = \begin{bmatrix} x_k \\ y_k \\ \theta_k \end{bmatrix} + \begin{bmatrix} \Delta x_k \\ \Delta y_k \\ \Delta\theta_k \end{bmatrix} \tag{6-54}$$

进而，里程计运动模型可以表示为

$$\boldsymbol{x}_{k+1} = \boldsymbol{A}_k \boldsymbol{x}_k + \boldsymbol{u}_k \tag{6-55}$$

式中，$\boldsymbol{A}_k$ 是状态转移矩阵；$\boldsymbol{u}_k$ 是系统的输入量。

上述模型是在无噪声影响情况下的系统的运动模型，但在实际当中，系统不可避免地会受到噪声的影响，针对上述运动模型，还需要引入噪声，如下所示。

$$\boldsymbol{x}_k = \boldsymbol{A}_k \boldsymbol{x}_{k-1} + \boldsymbol{u}_k + \boldsymbol{\omega}_k \tag{6-56}$$

式中，$\boldsymbol{\omega}_k$ 表示引入的白噪声。

2. 激光雷达观测模型

激光雷达是移动机器人上常用的进行环境建模的传感器，其基于 TOF 原理进行设计，精度很高，可以达到毫米级，其在光照严重不足或纹理缺失的环境中依然能够稳定可靠地工作，所以我们采用激光雷达作为对未知环境进行观测的传感器。

本书中使用的激光雷达是思岚科技所生产的 2D 激光雷达 RPLIDAR-A1，如图 6.23 所示。其采用激光三角测距技术，能够进行每秒 8000 次以上的测距动作，从而能够让移动机器人更快、更精确地构建地图。此外，该激光雷达可以实现 360° 的全方位扫描测距检测，从而获得移动机器人周围环境的轮廓图，并且该雷达的测量半径最大可达 12m，扫描频率可通过输送给电机的 PWM 信号进行控制，最高可达 10Hz。

图 6.23　2D 激光雷达 RPLIDAR-A1

RPLIDAR-A1 的角度分辨率为 1°，其在扫描平面上按照设定好的角度分辨率进行 360° 扫描。激光雷达在观测一个二维路标点时，能测到两个量，路标点与移动机器人之间的距离 r 和夹角 φ。记路标点为 $\left[x_{\text{obs}}, y_{\text{obs}}\right]^{\text{T}}$，激光雷达中心位置为 $\left[x_{\text{r}}, y_{\text{r}}\right]^{\text{T}}$，观测数据为 $z=\left[r,\varphi\right]^{\text{T}}$，那么观测方程可以表示为

$$\begin{bmatrix} r \\ \varphi \end{bmatrix} = \begin{bmatrix} \sqrt{\left(x_{\text{obs}}-x_{\text{r}}\right)^2+\left(y_{\text{obs}}-y_{\text{r}}\right)^2} \\ \arctan\left(\dfrac{y_{\text{obs}}-y}{x_{\text{obs}}-x}\right) \end{bmatrix} \tag{6-57}$$

为得到障碍物在世界坐标系下的位置，需要变换一下形式。观测量不使用 $\left[r,\varphi\right]^{\text{T}}$，而是使用 $\left[r\cos\varphi, r\sin\varphi\right]^{\text{T}}$，则（6-57）式变换为

$$\begin{bmatrix} r\cos\varphi \\ r\sin\varphi \end{bmatrix} = \begin{bmatrix} x_{\text{obs}} \\ y_{\text{obs}} \end{bmatrix} - \begin{bmatrix} x_{\text{r}} \\ y_{\text{r}} \end{bmatrix} \tag{6-58}$$

从而，我们可以得到障碍物在世界坐标系下的位置为

$$\begin{bmatrix} x_{\text{obs}} \\ y_{\text{obs}} \end{bmatrix} = \begin{bmatrix} r\cos\varphi \\ r\sin\varphi \end{bmatrix} + \begin{bmatrix} x_{\text{r}} \\ y_{\text{r}} \end{bmatrix} \tag{6-59}$$

式中，$\left[r\cos\varphi, r\sin\varphi\right]^{\text{T}}$ 为激光雷达的观测量；$\left[x_{\text{r}}, y_{\text{r}}\right]^{\text{T}}$ 为 k 时刻移动机器人在世界坐标系下的位置，$\left[x_{\text{obs}}, y_{\text{obs}}\right]^{\text{T}}$ 为障碍物在世界坐标系下的位置。

激光雷达采集到的物体信息呈现出一系列分散的、具有准确角度和距离信息的点，被称为点云，点云本身包含直接的几何关系，使得移动机器人的运动变得非常直观。

6.7.2 基于粒子滤波的移动机器人定位

本节将 SLAM 问题分成了两个步骤进行解决，首先估计出移动机器人的位姿，然后在已知位姿的基础上构建周围环境地图。此种策略决定了移动机器人的位姿估计成为 SLAM 的核心，决定了整个 SLAM 的性能。本节使用粒子滤波算法提高了移动机器人位姿估计的准确度，并在学校走廊环境中进行了具体的验证。

1. 状态变量的概率分布

传感器模型一节给出了 SLAM 模型运动方程的具体形式，如下所示。

$$\boldsymbol{x}_k = \boldsymbol{A}_k \boldsymbol{x}_{k-1} + \boldsymbol{u}_k + \boldsymbol{\omega}_k \tag{6-60}$$

式中，$\boldsymbol{x}_k$ 表示移动机器人的位姿；$\boldsymbol{u}_k$ 表示经预处理后的轮式里程计的输入数据；$\boldsymbol{\omega}_k$ 表示白噪声。

假设上述的噪声服从零均值高斯分布，即 $\boldsymbol{\omega}_k \sim N\left(0, R\right)$。从而，我们可以得到运动模型

的概率分布形式。

假设$k-1$时刻的系统状态的后验估计$\hat{\boldsymbol{x}}_{k-1}$及其协方差矩阵$\hat{\boldsymbol{P}}_{k-1}$已知，从而，在已知$\boldsymbol{x}_0$、$\boldsymbol{u}_{1:k}$及$\boldsymbol{z}_{1:k-1}$的情况下，$k$时刻的系统状态$\boldsymbol{x}_k$服从高斯分布，即

$$P\left(\boldsymbol{x}_k \mid \boldsymbol{x}_0, \boldsymbol{u}_{1:k}, \boldsymbol{z}_{1:k-1}\right) \sim N\left(\boldsymbol{A}_k \hat{\boldsymbol{x}}_{k-1} + \boldsymbol{u}_k, \boldsymbol{A}_k \hat{\boldsymbol{P}}_{k-1} \boldsymbol{A}_k^{\mathrm{T}} + \boldsymbol{R}\right) \tag{6-61}$$

移动机器人在未知环境下进行自主探索时，随着其不断运动，由于偶然因素的影响，如轮子打滑等，导致移动机器人对自身位姿的估计误差越来越大，所以才需要研究定位算法来减小误差。

2．移动机器人的位姿估计

粒子滤波算法是一种基于蒙特卡罗方法和递归贝叶斯估计的统计滤波算法。该算法的核心思想是：根据蒙特卡罗方法来求解贝叶斯估计中的积分运算。首先，根据系统状态向量的条件概率分布，在状态空间中生成一组随机样本，这些样本称为粒子，然后根据测量值不断调整粒子的权值及位置，通过调整后的粒子来近似上述条件概率分布。其实质是利用由粒子及其权值组成的离散随机测度来近似条件概率分布，并根据算法的递归特性来更新离散随机测度。当样本量较大时，蒙特卡罗方法估计的概率密度函数近似于状态变量的真实后验概率密度函数。粒子滤波算法的数学形式如下：假设在k时刻获得了描述系统状态的后验概率分布$P\left[\boldsymbol{x}(k) \mid z_k\right]$的一组粒子，然后通过粒子滤波算法，在$k+1$时刻，利用系统的运动方程和观测方程来更新这组粒子，从而使其近似于$k+1$时刻系统状态的后验概率分布$P\left[\boldsymbol{x}(k+1) \mid z_{k+1}\right]$。虽然粒子滤波算法所估计的概率分布只是真实概率分布的近似，但由于该算法具有非参数化的特征，所以，其在解决非线性滤波问题时能够近似表达任意分布。粒子滤波算法可归纳为以下3个步骤。

（1）采样。基于先前的粒子集S_{k-1}创建下一代粒子集S_k'。

（2）重要性加权。在集合S_k'中为每个粒子计算一个权值。

（3）重采样。从集合S_k'中提取N个粒子得到S_k，粒子被提取的概率与其权值成正比。

基于粒子滤波的移动机器人定位的伪代码如表6.3所示。在粒子滤波算法中，使用粒子集S_k来近似表示样本的真实概率分布。针对移动机器人的定位，使用粒子集S_k来近似表示移动机器人位姿的概率分布，其中的元素表示移动机器人的位姿。下面简要阐述移动机器人定位的具体实现，在初始时刻，从里程计运动模型$P\left(\boldsymbol{x}_k \mid \boldsymbol{x}_{k-1}, \boldsymbol{u}_{t-1}\right)$采样得到粒子集，作为移动机器人位姿的先验。第$i$个粒子的重要性权重$\boldsymbol{w}_k^i$通过计算激光雷达观测模型的概率$P\left(z_k \mid m, \boldsymbol{x}_k^i\right)$得到，观测模型的意义是指在已经创建的环境地图$m$和用粒子所表示的移动机器人位姿$\boldsymbol{x}_k^i$的基础上当前时刻传感器观测到数据$z_k$的概率。依据每个粒子所对应的权重的大小，对粒子集进行重采样得到新的粒子集，该粒子集的均值就是当前时刻移动机器人位姿的最佳估计。

表 6.3 基于粒子滤波的移动机器人定位的伪代码

基于粒子滤波的移动机器人定位
输入：具有 N 个粒子（机器人位姿）的粒子集，里程计数据 u ，观测数据 z $S_k' = S_k = \varnothing$ for i = 1 to N do $x_k^i = sample\_from\_motion\_model(u_k, x_{k-1}^i)$ $w_k^i = weighs\_from\_observation\_model(z_k, x_k^i, i)$ $S_k' = S_k' + \langle x_k^i, w_k^i \rangle$ end for i = 1 to N do//重采样步骤 从 S_k' 中提取一个样本 x_k^i ，该样本被提取的概率为 w_k^i $S_k = S_k \bigcup x_k^i$ end return S_k

当移动机器人在进行定位时，首先从里程计运动模型中提取 N 个粒子，然后计算每个粒子的权值，通过这 N 个加权的粒子的集合，这里记为 S_k'，来近似样本的真实概率分布，但该近似的效果较差，因此需要将每一个粒子权值的大小作为被采样到的概率大小，对 S_k' 进行重采样，得到与其元素个数相同的粒子集 S_k 来近似样本的真实概率分布，从而通过求取粒子集 S_k 的均值和方差来近似样本真实概率分布的均值和方差。我们使用样本均值作为对移动机器人的位姿估计，使用样本方差作为对该位姿估计的不确定性的度量。对于粒子 i 权值的计算，采用激光雷达似然域模型，粒子权值计算的伪代码如表 6.4 所示。

表 6.4 粒子权值计算的伪代码

粒子权值计算
q=1 for n = 1 to M do// M 表示激光雷达的有效光束个数 if $z_k^n \neq z_{max}$ $x_{z_k^n} = x + x_{n,sens}\cos\theta - y_{n,sens}\sin\theta + z_k^n\cos(\theta + \theta_{n,sens})$ $y_{z_k^n} = y + y_{n,sens}\cos\theta + x_{n,sens}\sin\theta + z_k^n\sin(\theta + \theta_{n,sens})$ $dist = \min\limits_{x',y'}\left\{\sqrt{(x_{z_k^n} - x')^2 + (y_{z_k^n} - y')^2} \mid (x',y') \text{ occupied in m}\right\}$ $q = q \cdot prob(dist, \sigma^2)$ Return q

在表 6.4 中，z_k^n 是 k 时刻激光雷达的第 n 条波束的观测值；z_{max} 是激光雷达波束的最大有效距离；(x, y, θ) 是移动机器人在 k 时刻的位姿；$(x_{n,sens}, y_{n,sens})^T$ 是与移动机器人固连的激光雷达在移动机器人坐标系下的位置；$\theta_{n,\,sens}$ 是激光雷达波束相对于移动机器人航向的

角度；$\left(x_{z_k^n}, y_{z_k^n}\right)$是激光雷达的第$n$条波束的终点在$k$时刻在栅格地图$m$中的坐标；dist是点$\left(x_{z_k^n}, y_{z_k^n}\right)$与其周围最近障碍点$\left(x', y'\right)$的距离；$\sigma^2$是人为设定的方差，在本节的实际实验中，该值设置为0.5。

重采样步骤对粒子滤波算法的性能具有显著影响。在重采样过程中，具有较低权值的粒子将被具有较高权值的粒子替代。重采样过程是必要的，因为我们只使用有限个粒子来估计系统的状态。但是重采样有可能去掉粒子集中较好的粒子，从而导致粒子耗尽问题。所以，在实际的应用中，找到一种何时执行重采样的评判标准是非常有必要的。具体的评判标准如下。

$$N_{\text{eff}} = \frac{1}{\sum_{i=1}^{N}\left(w_k^i\right)^2} \tag{6-62}$$

式中，N_{eff}可以被看作权值的方差度量。如果采样点是从真实后验分布中获取的，由于采样重要性原则，采样点的权值将彼此相等。但实际上，我们是从提议分布中进行采样的，所以存在估计越不准确，权值起伏越大的问题。所以，我们使用N_{eff}来评估粒子集所估计的真实后验概率的好坏程度。N_{eff}的取值范围为1～N，我们用N_{eff}来决定何时执行重采样。若N_{eff}的值很高，则粒子集对目标分布的估计较好，此时重采样是不需要的；若N_{eff}的值小于某一阈值，则需要进行重采样。在我们的实现过程中，设定该阈值为$N/2$。

图6.24（b）所示为对学校教学楼的一段走廊所构建的环境地图，图6.24（a）所示为移动机器人在构建地图时的实时位姿，其中的虚线条是只使用里程计来估计的移动机器人的位姿，可以看出，由于里程计存在累积误差，对移动机器人的位姿估计造成很大影响。图6.24（a）中的实线条是使用粒子滤波算法估计的移动机器人的实时位姿，所用的粒子数为30，参照图6.24（b），并与6.24（a）中的虚线条进行对比，可以看出，其明显要好于基于里程计的位姿估计。在初始阶段，两种方法对移动机器人的位姿估计都较为准确，随着移动机器人的运动，里程计对移动机器人位姿的估计出现了明显的偏差。这是由于对装备了激光雷达的移动机器人而言，除了使用里程计运动模型，还加入了激光雷达的观测数据。

图6.25所示为在学校实验室进行移动机器人位姿估计的实验结果，黑色圆柱体部分是实验所使用的移动机器人，黑色线条是墙体或障碍物，图中细线是移动机器人的实时位姿，其上的每个点都对应着一个估计的移动机器人的位姿。通过图6.25可以看到，基于粒子滤波的移动机器人的位姿估计较为准确，从而为后面的环境地图构建，以及移动机器人自主探索策略的有效执行打下坚实的基础。

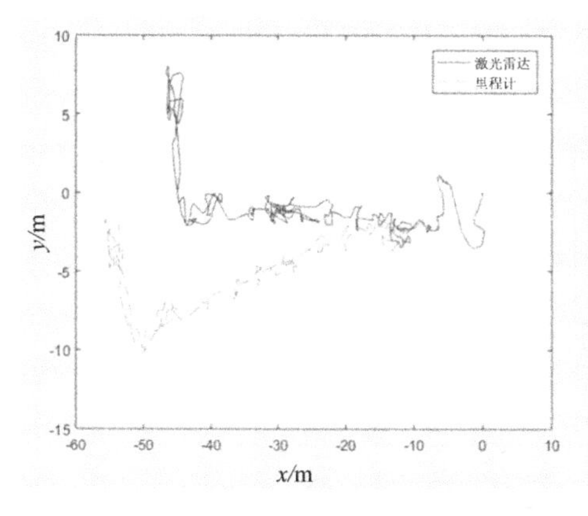

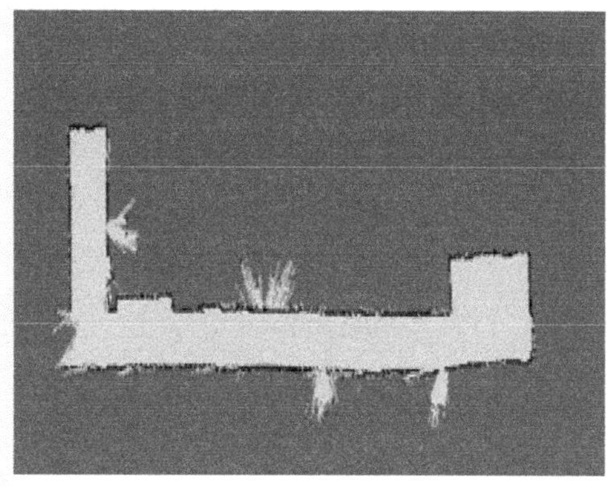

（a）移动机器人在构建地图时的实时位姿　　（b）对学校教学楼的一段走廊所构建的环境地图

图 6.24　移动机器人位姿估计对比

图 6.25　在学校实验室进行移动机器人位姿估计的实验结果

6.7.3　环境地图构建

本节主要解决移动机器人在未知环境中的地图构建问题，首先介绍激光雷达所获取的环境数据与栅格地图的每个栅格单元的关系，然后给出用二维栅格地图来表示环境空间的方法，最后在学校实验室环境中进行实验。

1．栅格地图单元的更新

本节所使用的环境地图类型为占据栅格地图，所以需要确定激光雷达所获取的环境数据与栅格地图的每个栅格单元的关系，如图 6.26 所示。假设移动机器人的位姿为 $\boldsymbol{x}_k$，并且栅格 c 被观测 $\boldsymbol{z}$ 的第 n 束激光 $\boldsymbol{z}_{k,n}$ 所覆盖，如果任意栅格到激光雷达中心位置的距离小于实际测量值，则表示该栅格未被占据；如果任意栅格处于激光束的末端，则表示被占据。

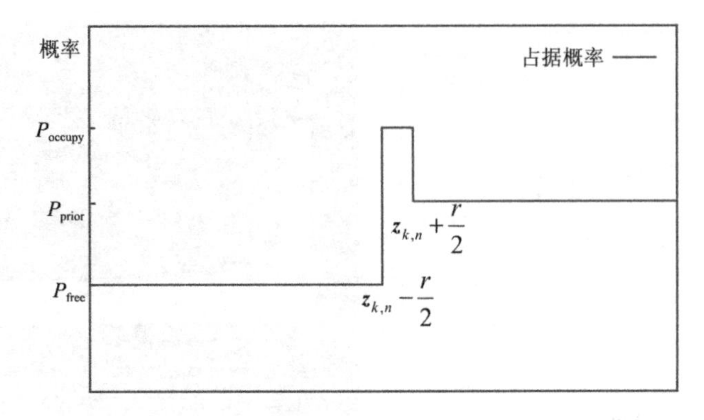

图 6.26　激光雷达所获取的环境数据与栅格地图的每个栅格单元的关系

任意栅格的占据概率的计算方式如下：

$$P\left(c \mid z_{k,n}, \boldsymbol{x}_k\right)=\begin{cases}P_{\text{prior}}, & z_{k,n}-\operatorname{dist}\left(\boldsymbol{x}_k, c\right) \leqslant -\dfrac{r}{2} \\ P_{\text{occupy}}, & \left|z_{k,n}-\operatorname{dist}\left(\boldsymbol{x}_k, c\right)\right|<\dfrac{r}{2} \\ P_{\text{free}}, & z_{k,n}-\operatorname{dist}\left(\boldsymbol{x}_k, c\right) \geqslant \dfrac{r}{2}\end{cases} \tag{6-63}$$

式中，r 表示栅格地图的分辨率；$\operatorname{dist}\left(\boldsymbol{x}_k, c\right)$ 表示激光雷达的中心与栅格中心的距离。此外，必须满足 $0 \leqslant P_{\text{free}} \leqslant P_{\text{prior}} \leqslant P_{\text{occupy}}$。图 6.26 是对式（6-63）的直观描述。

栅格地图将环境离散成大小相等的单元，每个单元都代表了该环境包含的区域。假定每个单元要么空闲，要么被障碍物占据。栅格地图的每个栅格 c 存储了被障碍物占据的概率 $P(c)$。

下面给出独立栅格 c 的占据概率的估计方法。假设我们知道移动机器人的位姿序列 $\boldsymbol{x}_{1:k}$ 及在相应位置上传感器所观测到的数据序列 $\boldsymbol{z}_{1:k-1}$，则通过贝叶斯法则，我们可以得到如下计算公式。

$$P\left(c \mid \boldsymbol{x}_{1:k}, \boldsymbol{z}_{1:k}\right)=\frac{P\left(\boldsymbol{z}_k \mid c, \boldsymbol{x}_{1:k}, \boldsymbol{z}_{1:k-1}\right) P\left(c \mid \boldsymbol{x}_{1:k}, \boldsymbol{z}_{1:k-1}\right)}{P\left(\boldsymbol{z}_k \mid \boldsymbol{x}_{1:k}, \boldsymbol{z}_{1:k-1}\right)} \tag{6-64}$$

假定，$\boldsymbol{z}_k$ 独立于 $\boldsymbol{x}_{1:k-1}$ 和 $\boldsymbol{z}_{1:k-1}$，则

$$P\left(c \mid \boldsymbol{x}_{1:k}, \boldsymbol{z}_{1:k}\right)=\frac{P\left(\boldsymbol{z}_k \mid c, \boldsymbol{x}_k\right) P\left(c \mid \boldsymbol{x}_{1:k}, \boldsymbol{z}_{1:k-1}\right)}{P\left(\boldsymbol{z}_k \mid \boldsymbol{x}_{1:k}, \boldsymbol{z}_{1:k-1}\right)} \tag{6-65}$$

假定，如果没有观测数据 $\boldsymbol{z}_k$，那么 $\boldsymbol{x}_k$ 不包含任何关于独立栅格 c 的信息，从而有

$$P\left(c \mid \boldsymbol{x}_{1:k}, \boldsymbol{z}_{1:k}\right)=\frac{P\left(c \mid \boldsymbol{x}_k, \boldsymbol{z}_k\right) P\left(\boldsymbol{z}_k \mid \boldsymbol{x}_k\right) P\left(c \mid \boldsymbol{x}_{1:k-1}, \boldsymbol{z}_{1:k-1}\right)}{P(c) P\left(\boldsymbol{z}_k \mid \boldsymbol{x}_{1:k}, \boldsymbol{z}_{1:k-1}\right)} \tag{6-66}$$

令栅格地图中每个栅格都由一个二进制变量来表示，则可用上述方法得到

$$P\left(c'|\boldsymbol{x}_{1:k},\boldsymbol{z}_{1:k}\right)=\frac{P\left(c'|\boldsymbol{x}_k,\boldsymbol{z}_k\right)P\left(\boldsymbol{z}_k|\boldsymbol{x}_k\right)P\left(c'|\boldsymbol{x}_{1:k-1},\boldsymbol{z}_{1:k-1}\right)}{P\left(c'\right)P\left(\boldsymbol{z}_k|\boldsymbol{x}_{1:k},\boldsymbol{z}_{1:k-1}\right)} \tag{6-67}$$

用式（6-66）除以式（6-67）有

$$\frac{P\left(c|\boldsymbol{x}_{1:k},\boldsymbol{z}_{1:k}\right)}{P\left(c'|\boldsymbol{x}_{1:k},\boldsymbol{z}_{1:k}\right)}=\frac{P\left(c|\boldsymbol{x}_k,\boldsymbol{z}_k\right)P\left(c'\right)P\left(c|\boldsymbol{x}_{1:k-1},\boldsymbol{z}_{1:k-1}\right)}{P\left(c'|\boldsymbol{x}_k,\boldsymbol{z}_k\right)P\left(c\right)P\left(c'|\boldsymbol{x}_{1:k-1},\boldsymbol{z}_{1:k-1}\right)} \tag{6-68}$$

由于$P\left(c\right)=1-P\left(c'\right)$，得到

$$\frac{P\left(c|\boldsymbol{x}_{1:k},\boldsymbol{z}_{1:k}\right)}{1-P\left(c|\boldsymbol{x}_{1:k},\boldsymbol{z}_{1:k}\right)}=\frac{P\left(c|\boldsymbol{x}_k,\boldsymbol{z}_k\right)}{1-P\left(c|\boldsymbol{x}_k,\boldsymbol{z}_k\right)}\frac{1-P\left(c\right)}{P\left(c\right)}\frac{P\left(c|\boldsymbol{x}_{1:k-1},\boldsymbol{z}_{1:k-1}\right)}{1-P\left(c|\boldsymbol{x}_{1:k-1},\boldsymbol{z}_{1:k-1}\right)} \tag{6-69}$$

定义函数

$$\mathrm{Odds}\left(x\right)=\frac{P\left(x\right)}{1-P\left(x\right)} \tag{6-70}$$

则式（6-69）变为

$$\mathrm{Odds}\left(c|\boldsymbol{x}_{1:k},\boldsymbol{z}_{1:k}\right)=\mathrm{Odds}\left(c|\boldsymbol{x}_k,\boldsymbol{z}_k\right)\left[\mathrm{Odds}\left(c\right)\right]^{-1}\mathrm{Odds}\left(c|\boldsymbol{x}_{1:k-1},\boldsymbol{z}_{1:k-1}\right) \tag{6-71}$$

对上式取对数有

$$\ln\mathrm{Odds}\left(c|\boldsymbol{x}_{1:k},\boldsymbol{z}_{1:k}\right)=\ln\mathrm{Odds}\left(c|\boldsymbol{x}_k,\boldsymbol{z}_k\right)-\ln\mathrm{Odds}\left(c\right)+\ln\mathrm{Odds}\left(c|\boldsymbol{x}_{1:k-1},\boldsymbol{z}_{1:k-1}\right) \tag{6-72}$$

上式给出了栅格地图的更新策略。当我们通过上式获得任意栅格地图的概率对数值后，通过式（6-64）的逆变换可以得到该栅格所表示的概率值，然后与图 6.26 中所设定的阈值进行比较，从而判断该栅格的状态，即该栅格处于空闲状态、占据状态还是未观测状态，进而确定该栅格单元上是否存在障碍物。在本节的实际实验中，P_{occupy}和P_{free}分别设定为 0.8 和 0.2。当栅格所表示的概率值超过 0.8 时，代表该栅格的状态为占据状态，将该栅格标记为 1；当栅格所表示的概率值小于 0.2 时，代表该栅格的状态为空闲状态，将该栅格标记为 0；当栅格所表示的概率值在$\left[0.2,0.8\right]$时，代表该栅格的状态为未观测状态，将该栅格标记为-1。

2. 构建二维栅格地图

我们通过直角坐标法来构建二维栅格地图，将环境划分为$m\times m$个大小相同的栅格，将二维栅格地图的中心位置设为世界坐标系的原点$(0,0)$，横轴代表世界坐标系的x轴，纵轴代表世界坐标系的y轴，每一个单元格代表一个栅格，可以用坐标(x,y)对栅格进行唯一标识。栅格划分图如图 6.27 所示，将环境空间划分为9×9个栅格。

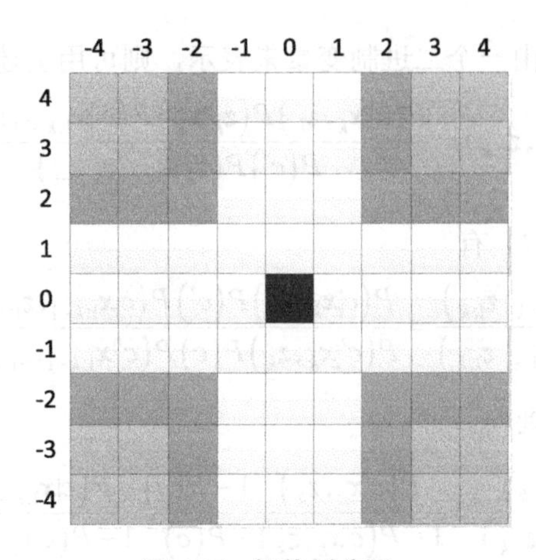

图 6.27　栅格划分图

环境空间划分完后的栅格有着 3 种状态：空闲状态、占据状态、未观测状态。如图 6.27 所示，白色部分表示空闲状态，代表该栅格所表示的空间位置没有障碍物，将其标记为 0；与白色相接的部分表示占据状态，代表该栅格所表示的空间位置存在障碍物，将其标记为 1；其他部分表示未观测状态，代表无法判断该栅格所表示的空间位置是否有障碍物，将其标记为-1。于是，整个环境空间可以用一个矩阵来进行表示：

$$\boldsymbol{Q}=\begin{bmatrix} -1 & -1 & 1 & 0 & 0 & 0 & 1 & -1 & -1 \\ -1 & -1 & 1 & 0 & 0 & 0 & 1 & -1 & -1 \\ 1 & 1 & 1 & 0 & 0 & 0 & 1 & 1 & 1 \\ 0 & 0 & 0 & 0 & 0 & 0 & 0 & 0 & 0 \\ 0 & 0 & 0 & 0 & 0 & 0 & 0 & 0 & 0 \\ 0 & 0 & 0 & 0 & 0 & 0 & 0 & 0 & 0 \\ 1 & 1 & 1 & 0 & 0 & 0 & 1 & 1 & 1 \\ -1 & -1 & 1 & 0 & 0 & 0 & 1 & -1 & -1 \\ -1 & -1 & 1 & 0 & 0 & 0 & 1 & -1 & -1 \end{bmatrix} \tag{6-73}$$

为了确保使用栅格法所构建的环境地图能够使移动机器人在移动时安全躲避障碍物，需要对占据状态的栅格进行扩展，将占据状态的栅格的边界按照移动机器人最大长度的 1/3 进行扩展。在本节的实验中，将占据状态栅格周围的 8 个栅格标记为占据状态。

图 6.28 所示为移动机器人在学校实验室环境通过运行 SLAM 所构建的地图，该图是通过运行 ROS 中的 RViz 得到的，图 6.28 中的栅格单元的边长为 1m。由于本节的 SLAM 是通过粒子滤波器实现的，粒子滤波器中的粒子数对 SLAM 的性能有很大影响，粒子数增多会造成所需内存和计算量增加，粒子数太少会导致估计效果不佳，所以需要选择一个合适的粒子数。

图 6.28　移动机器人在学校实验室环境通过运行 SLAM 所构建的地图

图 6.29 所示为在学校实验室环境中对使用不同粒子数的 SLAM 算法性能进行测试的结果，从 3 张地图所呈现出的效果来看，使用 100 个粒子的效果不好，其所构建的环境地图与真实环境存在明显的偏差，而使用 30 个粒子和使用 50 个粒子所构建的地图效果较好，但粒子滤波器使用 30 个粒子要比使用 50 个粒子的计算量小，系统的实时性会更高，所以在实际的实验中，选择 30 个粒子作为粒子滤波器的采样个数。

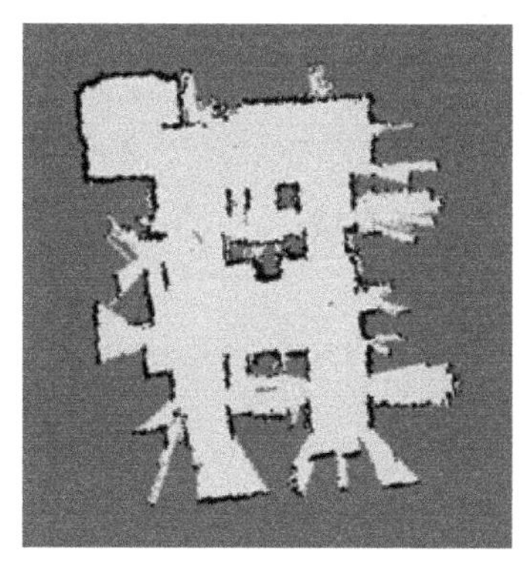

30 个粒子

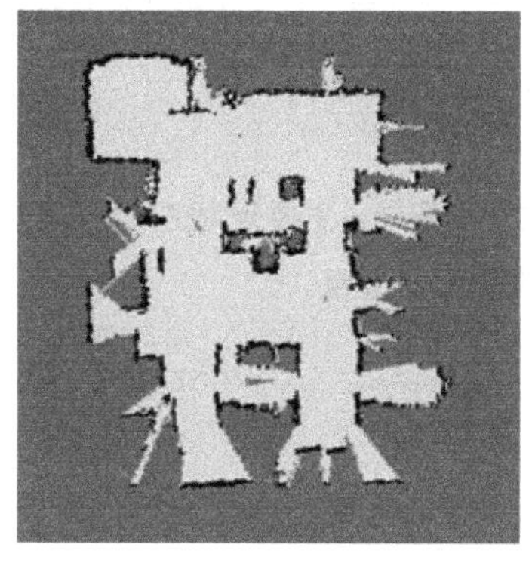

50 个粒子

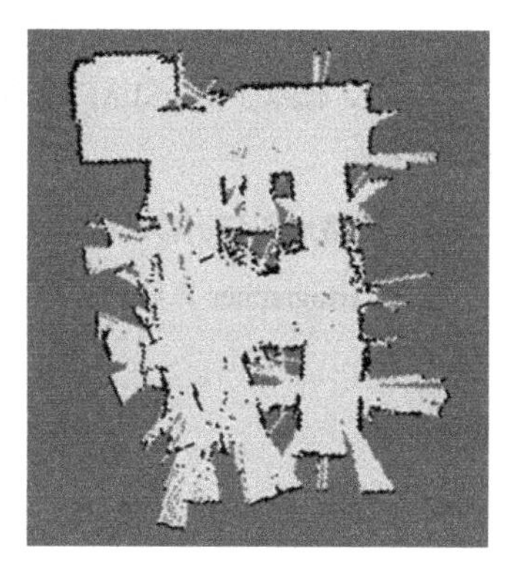

100 个粒子

图 6.29　在学校实验室环境中对使用不同粒子数的 SLAM 算法性能进行测试的结果

6.8　本章小结

本章主要针对激光 SLAM 算法进行介绍。根据优化方式的不同，分别从基于滤波的激光 SLAM 算法和图优化 SLAM 算法两部分进行介绍。在基于滤波的激光 SLAM 算法中，主要对常见的滤波方法进行了介绍，如贝叶斯滤波、粒子滤波，随后对基于滤波的开源框架 Gmapping 算法进行了详细的介绍。在图优化 SLAM 算法中，对相关原理进行了介绍，并且对对应的开源框架 Cartographer 算法进行了详细的介绍。

习题 6

一、选择题

1．下列哪个开源框架不是基于非线性优化的激光 SLAM 算法：（　　）。

A．Gmapping 算法　　B．Hector SLAM 算法

C．Karto SLAM 算法　　D．Cartographer 算法

2．加速 Cartographer 算法闭环匹配过程的算法是（　　）。

A．SPA 算法　　B．分支定界算法

C．Levenberg-Marquardt 算法　　D．子地图匹配

3．有关 Gmapping 算法的说法错误的是（　　）。

A．需要对雷达进行运动畸变去除

B．主要原理是粒子滤波

C．需要对粒子的分布情况进行重采样，且重采样的次数越多越好

D．继承于 FastSLAM 算法

二、判断题

1．栅格地图利于移动机器人的运动指导，主要分为空闲、占据、未知 3 个区域。（　　）

2．Cartographer 算法的子地图增加了计算量。（　　）

第 7 章　视觉 SLAM

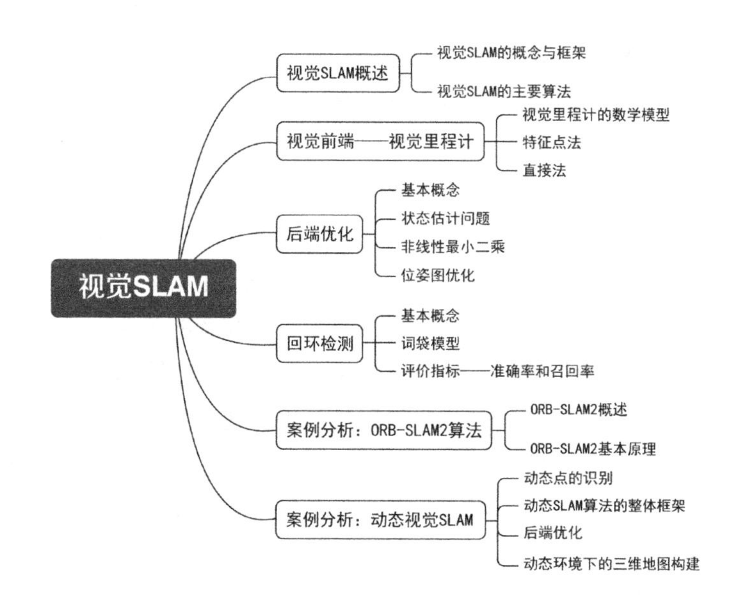

本章导读

在了解完激光 SLAM 之后，我们现在来学习另一大类：视觉 SLAM。本章主要介绍视觉 SLAM 的基本组成，以及各模块内的相关概念、应用算法等基础知识，同时在最后附加案例分析。读者应在理解相关模块功能、用法及实现原理之后，掌握整体的视觉 SLAM 流程，同时通过对案例的研习，深刻掌握视觉 SLAM 的内涵及应用。

本章要点

- 视觉 SLAM 的模块构成
- 视觉 SLAM 各模块的相关内容
- 常见视觉 SLAM 的案例分析

7.1 视觉SLAM概述

7.1.1 视觉SLAM的概念与框架

1. 视觉SLAM的基本概念

视觉SLAM是在传统SLAM的基础上发展起来的，早期的视觉SLAM多采用扩展卡尔曼滤波等手段来优化相机位姿的估计和地图构建的准确性，后期随着计算能力的提升及算法的改进，光束法平差（Bundle Adjustment，BA）优化、位姿优化等手段逐渐成为主流。

相比于激光雷达，作为视觉SLAM传感器的相机更加便宜、轻便，而且随处可得（如人人都用的手机上都配有摄像头），另外图像能提供更加丰富的信息，特征区分度更高，缺点是图像信息的实时处理需要很高的计算能力。幸运的是，随着硬件的计算能力提升，在小型PC和嵌入式设备，乃至移动设备上运行实时的视觉SLAM已经成为可能。随着人工智能技术的普及，基于深度学习的SLAM越来越受到研究者的关注。

视觉SLAM技术有广泛的应用，如三维重建、视频分割与编辑、增强现实和自动驾驶等。例如，基于SLAM和三维重建技术，可以进一步实现时空一致性的视频分割与编辑。基于三维重建和分割的结果，我们可以先在三维空间上对场景进行编辑，编辑完后重新投影到二维视频上，生成修改后的视频；还可以把一个视频对象抽取出来插入到另一个视频序列中，实现无缝的视频合成。在自动驾驶方面，在只用摄像头的情况下，可以将视觉SLAM和道路线的检查结合起来，提高定位的鲁棒性。

2. 视觉SLAM的框架

现代流行的视觉SLAM系统大概可以分为前端和后端。前端完成数据关联，相当于视觉里程计，研究帧与帧之间的变换关系，主要完成实时的位姿跟踪，对输入的图像进行处理，计算姿态变化，同时也检测并处理闭环，当有惯性测量单元信息时，也可以参与融合计算（视觉惯性里程计的做法）；后端主要对前端的输出结果进行优化，利用滤波理论（扩展卡尔曼滤波、粒子滤波等）或者优化理论进行树或图的优化，得到最优的位姿估计和地图。

如图7.1所示，整体视觉SLAM流程分为以下几步。

（1）传感器信息的读取，在视觉SLAM中主要为相机图像信息的读取和预处理；如果在移动机器人中，还可能有码盘、惯性传感器等信息的读取和同步。

（2）前端视觉里程计。视觉里程计的任务是估算相邻图像间相机的运动，以及局部地图的样子。视觉里程计又称为前端。

（3）后端非线性优化。后端接受不同时刻视觉里程计测量的相机位姿，以及回环检测的信息，对它们进行优化，得到全局一致的轨迹和地图。由于接在视觉里程计之后，非线性优化又称为后端。

（4）回环检测。回环检测判断移动机器人是否曾经到达过先前的位置。如果检测到回环，它会把信息提供给后端进行处理。

（5）建图。它根据估计的轨迹，建立与任务要求对应的地图。

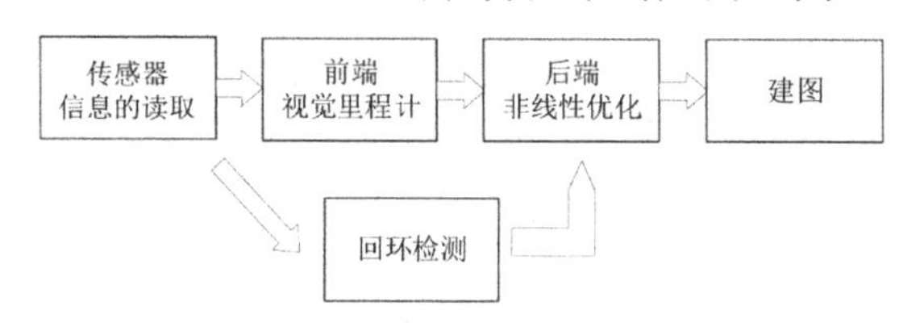

图 7.1　整体视觉 SLAM 流程图

7.1.2　视觉 SLAM 的主要算法

视觉 SLAM 算法在国外经历长期发展，许多经典算法被研发出来。视觉 SLAM 发展过程中的经典算法发展的时间轴如图 7.2 所示。

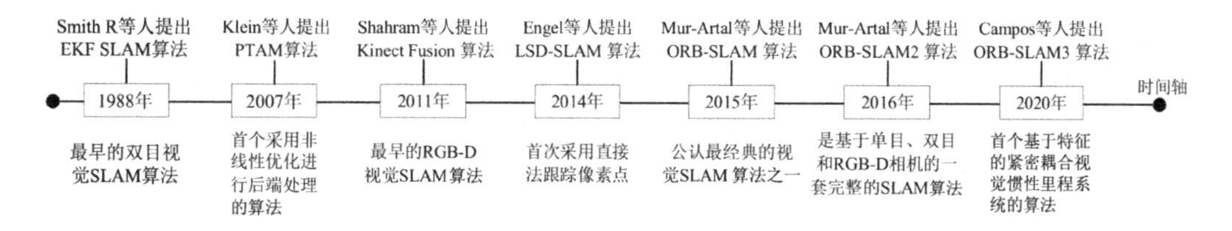

图 7.2　经典算法发展的时间轴

EKF SLAM 算法[见图 7.3（a）]以双目相机为信息获取源，显著优势是能在大场景中使用。其每一步的计算复杂度降低到了 $O(n)$，并且算法的总成本降低到了 $O(n^2)$。与许多大规模 SLAM 技术不同，该算法在不依赖近似或简化的情况下计算以降低复杂度。该算法首次采用近特征点和远特征点，并通过逆深度参数进行估计，但其使用扩展卡尔曼滤波导致优化效果有限，影响了该算法的发展。

PTAM 算法[见图 7.3（b）]以单目相机为信息获取源，以特征点为前端处理依据，首次提出的前后端区分设计一直沿用至今，并创造性地提出了将跟踪定位与地图构建作为两条独立线程的思路，通过协同互斥方式实现多线程同步运行，是第一个将 BA 优化集成到实时视觉 SLAM 中的算法。虽然 PTAM 算法提出了很多开创性的改进点，但该算法在跟踪线程中容易丢失自身位置。

Kinect Fusion 算法[见图 7.3（c）]以 RGB-D 相机为信息获取源，通过获取的环境信息，建立相邻帧之间的匹配以求解位姿，并将每帧新观测到的点云信息投影到之前的提速空间中，从而构造出环境完整的地图模型。在过程中 Kinect Fusion 算法不断补充新观测到的信息，是一种性能良好的实时跟踪及三维重建算法。但由于需要进行较为精准的三维重建，该算法只能在应用场景较小的情况下使用，且无回环检测线程，导致运动产生的漂移误差不断地累积，影响整个系统的精度。

LSD-SLAM 算法[见图 7.3（d）]以单目相机为信息获取源，该算法首次采用直接法跟踪图像像素点，创造性地实现了在 CPU 上实时半稠密建图的功能。LSD-SLAM 算法对所有像素点进行提取和深度估计，从而构建出半稠密地图。构建不依赖图像中的像素块，因此在一些缺乏纹理特征的特殊环境中，也能够有较好的处理效果。同时其半稠密跟踪最小化光度误差的同时考虑深度噪声进行优化，但该算法利用广度误差进行跟踪，对相机的内部参数和曝光敏感，实际的可应用场景有限。

ORB-SLAM 算法[见图 7.3（e）]，最开始基于单目相机进行研发，而后扩展到了双目和 RGB-D 相机上，该算法被公认为是最经典的视觉 SLAM 算法之一。其在跟踪线程中利用图像中的 ORB 特征点进行相互数据关联，根据相邻图像信息匹配进行位姿估算。利用回环检测和全局优化线程减小误差，有效地消除了系统的累计漂移误差，保证了运动后的重定位且具有良好的鲁棒性，可用于大范围场景。ORB 特征点的使用使得系统具有很好的旋转及尺度不变性，也提高了关联速度及准确率。但其计算量大导致耗时严重，同时构建的是稀疏的点云地图，缺少一定的环境信息，在实际应用中只能满足定位的需求，不能满足自主导航、路径规划和避障的要求。随后改进版 ORB-SLAM2 算法被提出，其在地图的重载使用方面进行了一定的优化，完善了整个系统。目前 ORB-SLAM3 算法已被提出并开源，该算法支持上述所有的主流视觉传感器，是第一个基于特征的紧密耦合视觉惯性里程计系统，支持视觉、视觉加惯性导航。无论是在室内外的大小场景，该算法均可鲁棒地实时运行。

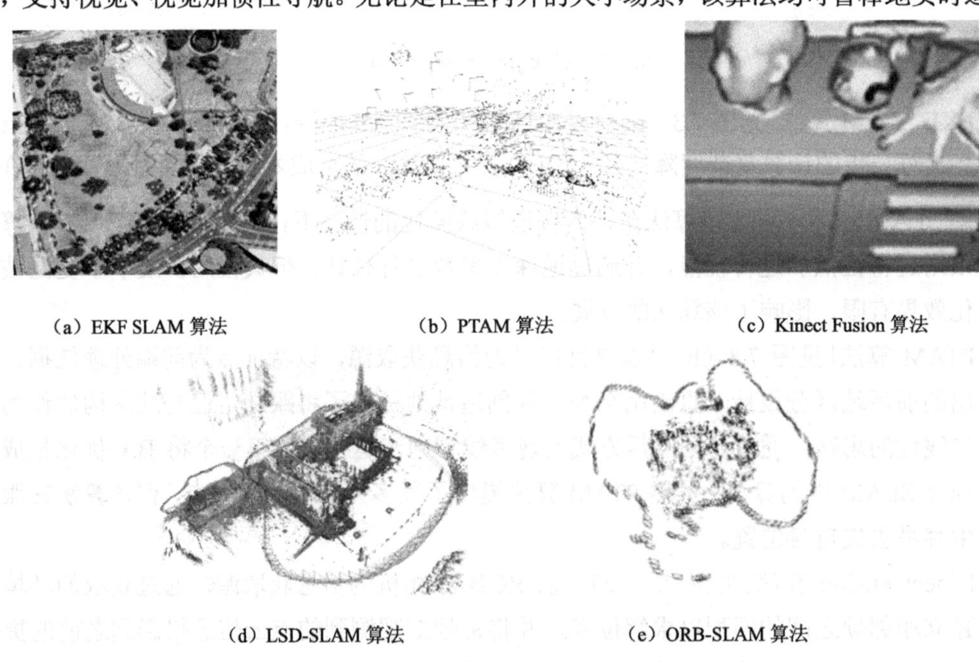

（a）EKF SLAM 算法　（b）PTAM 算法　（c）Kinect Fusion 算法

（d）LSD-SLAM 算法　（e）ORB-SLAM 算法

图 7.3　SLAM 算法的效果图

随后也有许多研究将深度学习应用于视觉 SLAM，从而提高算法的性能。目前，针对动态场景下的视觉 SLAM 算法也有许多研究成果。

7.2　视觉前端——视觉里程计

通常视觉 SLAM 主要分为视觉前端和优化后端，其中视觉前端为视觉里程计，它根据相邻图像间获取的信息，粗略估算出相机运动，为后端提供较好的初始值。视觉里程计按照是否需要提取特征点，通常会分为特征点法前端及不提取特征点的直接法前端。基于特征点法的前端方法是目前视觉里程计的主流方法，它运行稳定，对光照、动态物体不敏感，是目前比较成熟的解决方案；不提取特征点的直接法由于其信息提取的完整性，在一定的场景中也会被使用。本章主要介绍基于特征点法的视觉里程计，同时会对直接法和光流法进行简要介绍。

7.2.1　视觉里程计的数学模型

视觉里程计关心相邻图像之间的相机运动，最简单的情况当然是两张图像之间的运动关系。在计算机视觉领域，人类在直觉上看来十分自然的事情，在计算机视觉中却非常困难。图像在计算机里只是一个数值矩阵，而在视觉 SLAM 中，我们只能看到一个个像素，知道它们是某些空间点在相机的成像平面上投影的结果。所以，为了定量地估计相机运动，必须在了解相机与空间点的几何关系之后进行。

1．点和向量，坐标系

相机可以看成三维空间的刚体，需要考虑其位置及姿态，那么可将其抽象为向量。向量是线性空间中的一个元素，可以把它想象成从原点指向某处的一个箭头。例如，三维空间中的某个向量的坐标可以用 $\boldsymbol{R}^3$ 当中的 3 个数来描述，某个点的坐标也可以用 $\boldsymbol{R}^3$ 来描述。假设确定一个坐标系，也就是一个线性空间的基$\left(e_1,e_2,e_3\right)$，那么向量 $\boldsymbol{a}$ 在这组基下的坐标为

$$\boldsymbol{a}=\left[e_1,e_2,e_3\right]\begin{bmatrix}a_1\\a_2\\a_3\end{bmatrix}=a_1e_1+a_2e_2+a_3e_3 \tag{7-1}$$

所以这个坐标的具体取值，首先和向量本身有关，其次也和坐标系的选取有关。坐标系通常由 3 个正交的坐标轴组成，人们通常习惯于使用右手坐标系来进行表示，右手坐标系如图 7.4 所示。

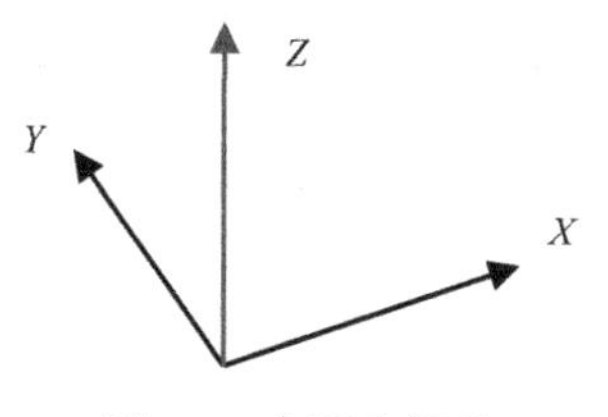

图 7.4　右手坐标系

对于两个向量$\boldsymbol{a}$、$\boldsymbol{b} \in \boldsymbol{R}^3$，其内积可以写成

$$\boldsymbol{a} \cdot \boldsymbol{b} = \boldsymbol{a}^{\mathrm{T}}\boldsymbol{b} = \sum_{i=1}^{3} a_i b_i = |\boldsymbol{a}||\boldsymbol{b}|\cos(\boldsymbol{a},\boldsymbol{b}) \tag{7-2}$$

内积可以描述向量间的投影关系，而外积可以写成

$$\boldsymbol{a} \times \boldsymbol{b} = \begin{bmatrix} i & j & k \\ a_1 & a_2 & a_3 \\ b_1 & b_2 & b_3 \end{bmatrix} = \begin{bmatrix} a_2b_3 - a_3b_2 \\ a_3b_1 - a_1b_3 \\ a_1b_2 - a_2b_1 \end{bmatrix} = \begin{bmatrix} 0 & -a_3 & a_2 \\ a_3 & 0 & -a_1 \\ -a_2 & a_1 & 0 \end{bmatrix} \boldsymbol{b} \triangleq \boldsymbol{a}^{\wedge}\boldsymbol{b} \tag{7-3}$$

外积的方向垂直于这两个向量，大小为$|\boldsymbol{a}||\boldsymbol{b}|\cos(\boldsymbol{a},\boldsymbol{b})$，是两个向量张成的四边形的有向面积。对于外积，我们引入了$\wedge$符号，同时外积只对三维向量存在定义，因此也可用外积表示向量的旋转。

2．坐标系间的欧氏变换

与向量间的旋转类似，我们同样可以描述两个坐标系之间的旋转关系，再加上平移，统称为坐标系之间的变换关系。在移动机器人的运动过程中，常见的做法是设定一个惯性坐标系（或者叫世界坐标系），可以认为它是固定不动的，如图 7.5 中的x_{W}、y_{W}、z_{W}定义的坐标系所示。同时，相机或移动机器人则是一个移动坐标系，如x_{C}、y_{C}、z_{C}定义的坐标系。对于同一个向量 $\boldsymbol{p}$，它在世界坐标系下的坐标 $\boldsymbol{p}_{\mathrm{W}}$ 和在相机坐标系下的坐标 $\boldsymbol{p}_{\mathrm{C}}$ 是不同的。变换关系由坐标系间的变换矩阵$\boldsymbol{T}$来表述，坐标变换如图 7.5 所示。

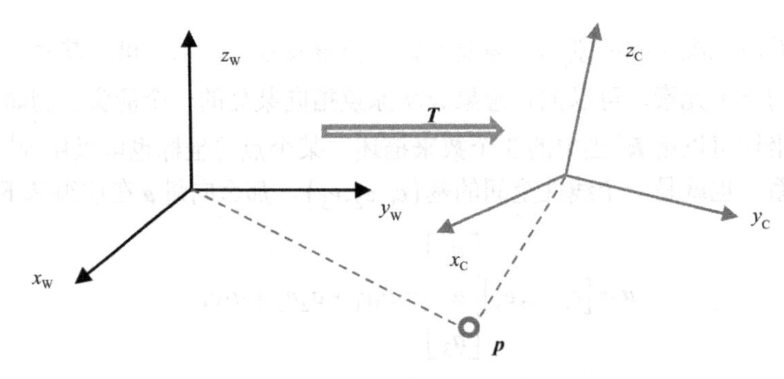

图 7.5　坐标变换

相机运动是一个刚体运动，它保证了同一个向量在各个坐标系下的长度和夹角都不会发生变化，这种变换称为欧氏变换。欧氏变换由一个旋转和一个平移两个部分组成。首先考虑旋转，我们设某个单位正交基(e_1,e_2,e_3)经过一次旋转，变成了(e_1',e_2',e_3')。那么，对于同一个向量$\boldsymbol{a}$（注意该向量并没有随着坐标系的旋转而发生运动），它在两个坐标系下的坐标为$[a_1,a_2,a_3]^{\mathrm{T}}$和$[a_1',a_2',a_3']^{\mathrm{T}}$。

根据坐标的定义，有

$$\left[e_1,e_2,e_3\right]\begin{bmatrix}a_1\\a_2\\a_3\end{bmatrix}=\left[e_1',e_2',e_3'\right]\begin{bmatrix}a_1'\\a_2'\\a_3'\end{bmatrix} \tag{7-4}$$

为了描述两个坐标之间的关系，我们对上面的等式左右同时左乘以$\begin{bmatrix}e_1^{\mathrm{T}}\\e_2^{\mathrm{T}}\\e_3^{\mathrm{T}}\end{bmatrix}$，那么左边的系数变成了单位矩阵，所以

$$\begin{bmatrix}a_1\\a_2\\a_3\end{bmatrix}=\begin{bmatrix}e_1^{\mathrm{T}}e_1' & e_1^{\mathrm{T}}e_1' & e_1^{\mathrm{T}}e_1'\\e_1^{\mathrm{T}}e_1' & e_1^{\mathrm{T}}e_1' & e_1^{\mathrm{T}}e_1'\\e_1^{\mathrm{T}}e_1' & e_1^{\mathrm{T}}e_1' & e_1^{\mathrm{T}}e_1'\end{bmatrix}\begin{bmatrix}a_1'\\a_2'\\a_3'\end{bmatrix}\triangleq \boldsymbol{R}\boldsymbol{a}' \tag{7-5}$$

把中间的矩阵拿出来，定义成一个矩阵 $\boldsymbol{R}$。这个矩阵由两组基之间的内积组成，刻画了旋转前后同一个向量的坐标变换关系。只要旋转是一样的，那么这个矩阵就是一样的。可以说，矩阵 $\boldsymbol{R}$ 描述了旋转本身，因此它又称为旋转矩阵。

由于旋转矩阵为正交矩阵，它的逆（即转置）描述了一个相反的旋转。按照上面的定义方式，有

$$\boldsymbol{a}'=\boldsymbol{R}^{-1}\boldsymbol{a}=\boldsymbol{R}^{\mathrm{T}}\boldsymbol{a} \tag{7-6}$$

在欧氏变换中，除了旋转还有一个平移。考虑世界坐标系中的向量 $\boldsymbol{a}$，经过一次旋转（用 $\boldsymbol{R}$ 描述）和一次平移 $\boldsymbol{t}$ 后，得到了 $\boldsymbol{a}'$，那么把旋转和平移合到一起，有

$$\boldsymbol{a}'=\boldsymbol{R}\boldsymbol{a}+\boldsymbol{t} \tag{7-7}$$

式中，$\boldsymbol{t}$ 称为平移向量。通过上式，我们用一个旋转矩阵 $\boldsymbol{R}$ 和一个平移向量 $\boldsymbol{t}$ 完整地描述了一个欧氏空间的坐标变换关系。

3．变换矩阵

上述得到的 $\boldsymbol{a}'$ 完整地表达了欧氏空间的旋转与平移，不过这里的变换关系不是一个线性关系。假设我们进行了两次变换：$\boldsymbol{R}_1$、$\boldsymbol{t}_1$ 和 $\boldsymbol{R}_2$、$\boldsymbol{t}_2$，满足

$$\boldsymbol{b}=\boldsymbol{R}_1\boldsymbol{a}+\boldsymbol{t}_1 \qquad \boldsymbol{c}=\boldsymbol{R}_2\boldsymbol{b}+\boldsymbol{t}_2 \tag{7-8}$$

但是从 $\boldsymbol{a}$ 到 $\boldsymbol{c}$ 的变换为

$$\boldsymbol{c}=\boldsymbol{R}_2\left(\boldsymbol{R}_1\boldsymbol{a}+\boldsymbol{t}_1\right)+\boldsymbol{t}_2 \tag{7-9}$$

这样的形式在变换多次之后会过于复杂。因此，我们要引入齐次坐标，将变换矩阵重写为

$$\begin{bmatrix}\boldsymbol{a}'\\1\end{bmatrix}=\begin{bmatrix}\boldsymbol{R} & \boldsymbol{t}\\0^{\mathrm{T}} & 1\end{bmatrix}\begin{bmatrix}\boldsymbol{a}\\1\end{bmatrix}\triangleq \boldsymbol{T}\begin{bmatrix}\boldsymbol{a}\\1\end{bmatrix} \tag{7-10}$$

该式中，矩阵$\boldsymbol{T}$称为变换矩阵。两个坐标系之间的旋转变换可以用旋转矩阵$\boldsymbol{R}$来实现，也就是变换矩阵$\boldsymbol{T}$，该矩阵的逆表示一个反向的变换：

$$\boldsymbol{T}=\begin{bmatrix}\boldsymbol{R} & \boldsymbol{t}\\ 0^{\mathrm{T}} & 1\end{bmatrix}\boldsymbol{T}^{-1}=\begin{bmatrix}\boldsymbol{R}^{\mathrm{T}} & -\boldsymbol{R}^{\mathrm{T}}\boldsymbol{t}\\ 0^{\mathrm{T}} & 1\end{bmatrix} \tag{7-11}$$

其中，旋转矩阵的结构不够紧凑，因为它有 9 个量，但是一次旋转只有 3 个自由度，且必须是行列式值为 1 的正交矩阵，所以非常不利于后端的优化求解。欧拉角的结构是紧凑的，其旋转形式可以由 3 个分离的转角来描述，但是不可避免地会出现万向锁问题，因此不适合进行插值和迭代。四元数不仅是紧凑密集的，而且也不存在奇异性，其表示形式如式（7-12）所示，但是不够直观，且运算量大。

$$\boldsymbol{q}=\boldsymbol{q}_0+\boldsymbol{q}_1 i+\boldsymbol{q}_2 j+\boldsymbol{q}_3 k \tag{7-12}$$

式中，i、j、k为四元数的虚部。

在 SLAM 中位姿是未知的，李群与李代数间的变换能够把位姿估计转换成无约束的优化问题。具有连续（光滑）性质的群被称为李群，它在实数空间上具有连续性。特殊正交群由三维旋转矩阵群组成，而特殊欧式群可以通过变换矩阵群构成，表示形式如下式所示：

$$\mathrm{SO}(3)=\left\{\boldsymbol{R}\in\boldsymbol{R}^{3\times3}\mid \boldsymbol{R}\boldsymbol{R}^{\mathrm{T}}=\boldsymbol{I},\det(\boldsymbol{R})=1\right\} \tag{7-13}$$

$$\mathrm{SE}(3)=\left\{\boldsymbol{T}\in\boldsymbol{R}^{4\times4}\mid \boldsymbol{R}\in\mathrm{SO}(3),\boldsymbol{t}\in\boldsymbol{R}^{3}\right\} \tag{7-14}$$

李群存在与其对应的李代数，李代数是李群局部性质的一种体现形式。李代数$\mathrm{SO}(3)$为旋转矩阵的导数。李代数$\mathrm{SE}(3)$记作$\boldsymbol{\xi}$，用一个六维向量$\boldsymbol{\xi}$来表示相机的位姿。李群和李代数之间可以通过指数映射和对数映射相互转换。

$$\mathrm{SO}(3)=\left\{\boldsymbol{\phi}\in\boldsymbol{R}^{3},\boldsymbol{\Phi}=\boldsymbol{\phi}^{\wedge}\in\boldsymbol{R}^{3\times3}\right\} \tag{7-15}$$

$$\mathrm{SE}(3)=\left\{\boldsymbol{\xi}=\begin{bmatrix}\boldsymbol{\rho}\\ \boldsymbol{\phi}\end{bmatrix}\in\boldsymbol{R}^{6},\boldsymbol{\phi}\in\mathrm{SO}(3),\boldsymbol{\rho}\in\boldsymbol{R}^{3},\boldsymbol{\xi}^{\wedge}=\begin{bmatrix}\boldsymbol{\phi}^{2} & \boldsymbol{\rho}\\ 0 & 1\end{bmatrix}\in\boldsymbol{R}^{4\times4}\right\} \tag{7-16}$$

接下来将进行基于特征点法的视觉里程计相关知识的学习。

7.2.2 特征点法

基于特征点法的前端是目前比较成熟的解决方案，本节从特征点法入手，对特征点提取、特征点匹配及误匹配等进行阐述，估计两帧之间的相机运动和场景结构，从而实现一个基本的两帧间视觉里程计。

1. 特征点

在视觉 SLAM 中，路标指图像特征，而特征是图像信息的另一种数字表达形式，一组好的特征对于在指定任务上的最终表现至关重要。数字图像在计算机中以灰度值矩阵的方式存储，所以每张图像上的单个像素点为一种特征。但是在视觉 SLAM 系统中，希望特征点在相机运动之后保持稳定，而灰度值受光照、形变、物体材质的影响严重，在不同图像之间变化非常大、不够稳定。理想的情况是，当场景和相机视角发生少量改变时，还能从图像中判断哪些地方是同一个点，因此仅凭灰度值是不够的，需要对图像提取特征点。

特征点是图像里一些有代表性的地方。我们可以把图像中的角点、边缘和像素区块都当成图像中有代表性的地方。图像中的角点、边缘相比于像素区块更加显眼，在不同图像之间的辨识度更强。所以，一种直观的提取特征的方式就是在不同图像间辨认角点，确定它们的对应关系。在这种做法中，角点就是所谓的特征。

然而，在大多数应用中，单纯的角点依然不能满足我们的很多需求，许多更加稳定的局部图像特征被研发出来，如著名的 SIFT、SURF、ORB 特征等。相比于朴素的角点，这些人工设计的特征点能够拥有如下的性质。

可重复性：相同的“区域”可以在不同的图像中被找到。

可区别性：不同的“区域”有不同的表达。

高效率：在同一图像中，特征点的数量应远小于像素的数量。

本地性：特征仅与一小片图像区域相关。

特征点由关键点和描述子两部分组成。关键点指该特征点在图像里的位置、朝向、大小等信息。描述子通常是一个向量，按照某种人为设计的方式，描述该关键点周围像素的信息。

研究者提出过许多图像特征。它们有些很精确，在相机的运动和光照变化下仍具有相似的表达，但相应地需要较大的计算量。其中，SIFT（尺度不变特征变换）当属最为经典的一种。它充分考虑了在图像变换过程中出现的光照、尺度、旋转等变化，但随之而来的是极大的计算量。

另一些特征则考虑适当降低精度和鲁棒性，提升计算的速度，如 FAST 关键点属于计算特别快的一种特征点，而 ORB 特征则是目前看来非常具有代表性的实时图像特征。解决了 FAST 检测子不具有方向性的问题，并采用速度极快的二进制描述子 BRIEF，使整个图像特征提取的环节大大加速。ORB 特征在保持了特征子具有旋转、尺度不变性的同时，在速度方面提升明显，对实时性要求很高的 SLAM 来说是一个很好的选择。

为获取具有一定程度不变性的图像特征信息，最早常通过人工设计的特征提取算法来实现。获取信息的位置通常是图像中的角点、边缘及像素区块等区域。其中角点的辨识度更高，因此研究者提出了许多角点算法，如 FAST 角点等。之后又出现了局部图像特征，如 SIFT、SURF、ORB 特征等，这些特征相较于角点更加稳定。首先对同一张图像进行上述 4 种特征点的提取实验，特征提取结果图如图 7.6 所示。

(a) ORB

(b) FAST

(c) SIFT

(d) SURF

图 7.6　特征提取结果图

其中 FAST 角点提取速度最快，其后是 ORB 特征点。但 FAST 角点是没有描述子的单纯点，无法获取位置信息。同时相对于图像特征描述子（SIFT、SUDF）来说，ORB 特征点具有更高的检测效率，其实时性更高。

2．ORB 特征

ORB 特征亦由关键点和描述子两部分组成。它的关键点是一种改进的 FAST 角点，它的描述子称为 BRIEF。因此，提取 ORB 特征分为两个步骤。

（1）FAST 角点的提取：找出图像中的角点。

FAST 角点主要检测局部像素灰度变化明显的地方。相比于其他角点检测算法，FAST 角点只需比较像素亮度的大小，十分快捷。FAST 角点如图 7.7 所示，它的检测过程如下。

① 在图像中选取像素 p，假设它的亮度为 I_p。

② 设置一个阈值 T（如 I_p 的 20%）。

③ 以像素 p 为中心，选取半径为 3 的圆上的 16 个像素点。

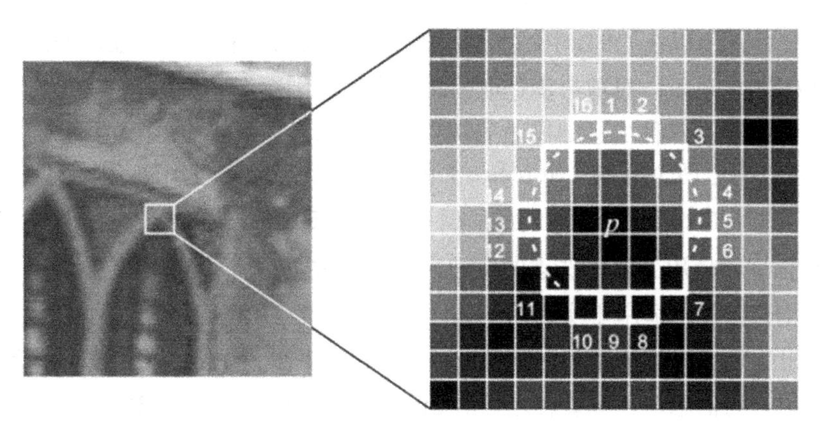

图 7.7　FAST 角点

④ 假如选取的圆上有连续 N 个点的亮度大于 $I_p + T$ 或小于 $I_p - T$，那么像素 p 可以被认为是特征点（N 通常取 12，即 FAST-12。其他常用的 N 取值为 9 和 11，它们分别被称为 FAST-9、FAST-11）。

⑤ 循环以上 4 步，对每一个像素执行相同的操作。

FAST 特征点的计算仅仅是比较像素间亮度的差异，速度非常快，但 FAST 特征点的数量很大且不确定，而我们往往希望对图像提取固定数量的特征。因此对最终要提取的角点数量 N 进行指定，对原始 FAST 角点分别计算 Harris 响应值，然后选取前 N 个具有最大响应值的角点，作为最终的角点集合。

针对 FAST 角点不具有方向性和尺度的弱点，ORB 添加了尺度和旋转的描述。尺度不变性由构建图像金字塔，并在金字塔的每一层上检测角点来实现；而特征的旋转是由灰度质心法实现的。

质心是指将图像块灰度值作为权重的中心，其具体操作步骤如下。

① 在一个小的图像块 B 中，定义图像块的矩为

$$m_{pq} = \sum_{x,y \in B} x^p y^q I(x,y) \qquad p,q = \{0,1\} \tag{7-17}$$

② 通过矩可以找到图像块的质心：

$$C = \left(\frac{m_{10}}{m_{00}}, \frac{m_{01}}{m_{00}} \right) \tag{7-18}$$

③ 连接图像块的几何中心 O 与质心 C，得到一个方向向量 $\boldsymbol{OC}$，于是特征点的方向可以定义为

$$\theta = \arctan\left(\frac{m_{01}}{m_{10}} \right) \tag{7-19}$$

通过以上方法，FAST 角点便具有了尺度与旋转的描述，大大提升了它们在不同图像之

间表述的鲁棒性。所以在ORB中，把这种改进后的FAST角点称为Oriented FAST。

（2）BRIEF描述子：对前一步提取出特征点的周围图像区域进行描述。

BRIEF描述子是一种二进制描述子，它的描述向量由许多个0和1组成，这里的0和1编码了关键点附近两个像素（如p和q）的大小关系：若p比q大，则取1，反之就取0。如果我们取了128个这样的p、q，最后就得到128维由0、1组成的向量。

BRIEF描述子使用了随机选点的比较，速度非常快，而且由于其使用了二进制表达，存储起来也十分方便，适用于实时的图像匹配。原始的BRIEF描述子不具有旋转不变性，因此在图像发生旋转时容易丢失，而ORB在FAST特征点提取阶段计算了关键点的方向，所以可以利用方向信息，计算旋转之后的Steer BRIEF特征，使ORB的描述子具有较好的旋转不变性。

由于考虑到旋转和缩放，ORB在平移、旋转、缩放的变换下仍有良好的表现。同时FAST和BRIEF的组合也非常高效，使ORB特征在实时SLAM中非常受欢迎。了解了特征点，下面我们将介绍特征点匹配的实现原理。

3．特征点匹配

特征点匹配是视觉SLAM中极为关键的一步，宽泛地说，特征点匹配解决了SLAM中的数据关联问题，即确定当前看到的路标与之前看到的路标之间的对应关系。通过对图像与图像，或者图像与地图之间的描述子进行准确的匹配，我们可以为后续的姿态估计、优化等操作减轻大量负担。通常特征点匹配有两种算法：暴力匹配算法和快速近似最近邻算法。

考虑两个时刻的图像，如果在图像I_t中提取到特征点x_t^m，$m=1,2,\cdots,M$，在图像I_{t+1}中提取到特征点x_{t+1}^n，$n=1,2,\cdots,N$，寻找这两个集合元素的对应关系，最简单的特征点匹配算法就是暴力匹配算法，即对每一个特征点x_t^m，与所有的x_{t+1}^n测量描述子的距离，然后排序，取最近的一个作为匹配点。描述子的距离表示两个特征之间的相似程度，不过在实际运用中还可以取不同的距离度量范数。对于二进制的描述子（如BRIEF描述子），我们往往使用汉明距离作为度量。然而，当特征点数量很大时，暴力匹配算法的运算量将变得很大，特别是当匹配一个帧和一张地图的时候，无法满足SLAM系统的实时性需求，此时快速近似最近邻算法更加适合于匹配点数量极多的情况。

然而，由于图像特征的局部特性，误匹配的情况广泛存在，而且长期以来一直没有得到有效解决，目前已经成为视觉SLAM中制约性能提升的一大瓶颈。部分原因是场景中经常存在大量的重复纹理，使得特征描述非常相似。在这种情况下，仅利用局部特征解决误匹配是非常困难的。在进行误匹配筛选时，当汉明距离小于最小距离的N倍时将本次匹配视为误匹配并滤除，从而获得正确的特征点匹配结果。

在了解了特征点匹配之后，接下来将进行移动机器人运动估计方法的学习。当相机为单目时，我们只知道2D的像素坐标，因此问题是如何根据两组2D点估计运动，通常用对极几何来解决；当相机为双目、RGB-D时，我们通过某种方法得到了距离信息，那么问题就是如何根据两组3D点估计运动，通常用ICP来解决；如果我们有3D点和它们在相机的投影位置，也能估计相机的运动，则通过多点透视成像（Perspective-n-Point，PnP）求解，下面将对这3种方法进行讲解。

4．2D-2D：对极几何

假设两张图像中得到了一对配对好的特征点，对极几何如图7.8所示，若能够得到多个匹配好的点，则可实现运动轨迹的推测。

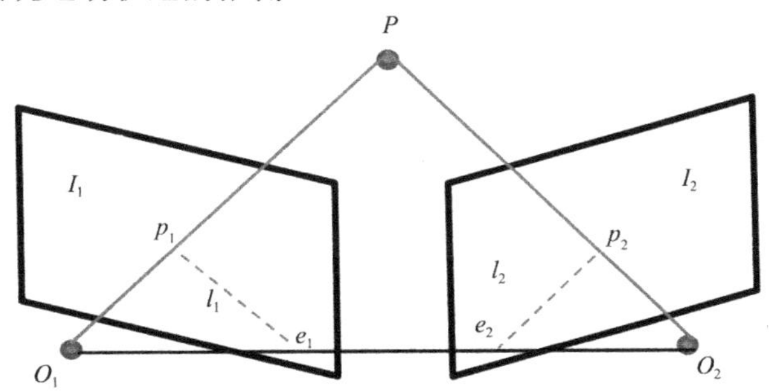

图7.8　对极几何

设第一帧到第二帧的运动为$\boldsymbol{R}$、$\boldsymbol{t}$。两个相机的中心分别为O_1、O_2。现在，考虑I_1中有一个特征点p_1，它在I_2中对应着特征点p_2。我们知道p_1、p_2是通过特征点匹配得到的，如果匹配正确，说明它们确实是同一个空间点在两个成像平面上的投影。这里我们需要一些术语来描述它们之间的几何关系。首先，连线$\overrightarrow{O_1p_1}$和连线$\overrightarrow{O_2p_2}$在三维空间中会相交于点P。这时点O_1、O_2、P三个点可以确定一个平面，称为极平面。O_1O_2连线与像平面I_1、I_2的交点分别为e_1、e_2。e_1、e_2被称为极点，O_1O_2被称为基线。称极平面与两个像平面I_1、I_2之间的相交线l_1、l_2为极线。

直观上讲，从第一帧的角度上看，射线$\overrightarrow{O_1p_1}$是某个像素可能出现的空间位置——因为该射线上的所有点都会投影到同一个像素点。同时，如果不知道P的位置，那么当我们在第二个图像上看时，连线$\overrightarrow{e_2p_2}$（也就是第二个图像中的极线）就是P可能出现的投影的位置，也就是射线$\overrightarrow{O_1p_1}$在第二个相机中的投影。现在，由于我们通过特征点匹配，确定了p_2的像素位置，所以能够推断P的空间位置，以及相机的运动。要注意前提是正确的特征点匹配。如果没有特征点匹配，我们就没法确定p_2到底在极线的哪个位置了。那时，就必须在极线上搜索以获得正确的匹配。

现在，我们从代数角度来看一下这里出现的几何关系。在第一帧的坐标系下，设P的空间位置为

$$\boldsymbol{P}=\left[X,Y,Z\right]^{\mathrm{T}} \tag{7-20}$$

两个像素点p_1、p_2的像素位置为

$$s_1 \boldsymbol{p}_1 = \boldsymbol{KP} \qquad s_2 \boldsymbol{p}_2 = \boldsymbol{K}(\boldsymbol{RP} + \boldsymbol{t}) \tag{7-21}$$

式中，$\boldsymbol{K}$ 为相机内参矩阵；$\boldsymbol{R}$、$\boldsymbol{t}$ 为两个坐标系的相机运动。如果使用齐次坐标，我们也可以把上式写成在乘以非零常数下成立的等式：

$$\boldsymbol{p}_1 = \boldsymbol{KP} \qquad \boldsymbol{p}_2 = \boldsymbol{K}(\boldsymbol{RP} + \boldsymbol{t}) \tag{7-22}$$

现在，取

$$\boldsymbol{x}_1 = \boldsymbol{K}^{-1}\boldsymbol{p}_1 \qquad \boldsymbol{x}_2 = \boldsymbol{K}^{-1}\boldsymbol{p}_2 \tag{7-23}$$

式中的 $\boldsymbol{x}_1$、$\boldsymbol{x}_2$ 为两个像素点在归一化平面上的坐标。代入上式，得

$$\boldsymbol{x}_2 = \boldsymbol{R}\boldsymbol{x}_1 + \boldsymbol{t} \tag{7-24}$$

两边同时左乘以 $\boldsymbol{t}^\wedge$，其中 $\wedge$ 相当于两侧同时与 $\boldsymbol{t}$ 做外积：

$$\boldsymbol{t}^\wedge \boldsymbol{x}_2 = \boldsymbol{t}^\wedge \boldsymbol{R}\boldsymbol{x}_1 \tag{7-25}$$

然后，两侧同时左乘以 $\boldsymbol{x}_2^{\mathrm{T}}$：

$$\boldsymbol{x}_2^{\mathrm{T}}\boldsymbol{t}^\wedge \boldsymbol{x}_2 = \boldsymbol{x}_2^{\mathrm{T}}\boldsymbol{t}^\wedge \boldsymbol{R}\boldsymbol{x}_1 \tag{7-26}$$

观察等式左侧，$\boldsymbol{t}^\wedge \boldsymbol{x}_2$ 为一个与 $\boldsymbol{t}$ 和 $\boldsymbol{x}_2$ 都垂直的向量，把它再和 $\boldsymbol{x}_2$ 做内积时，将得到 0。因此，我们就得到了一个简洁的式子：

$$\boldsymbol{x}_2^{\mathrm{T}}\boldsymbol{t}^\wedge \boldsymbol{R}\boldsymbol{x}_1 = 0 \tag{7-27}$$

重新代入 $\boldsymbol{p}_1$、$\boldsymbol{p}_2$，有

$$\boldsymbol{p}_2^{\mathrm{T}}\boldsymbol{K}^{-\mathrm{T}}\boldsymbol{t}^\wedge \boldsymbol{R}\boldsymbol{K}^{-1}\boldsymbol{p}_1 = 0 \tag{7-28}$$

这两个式子都称为对极约束，它以形式简洁著名。它的几何意义是 O_1、P、O_2 三者共面。对极约束中同时包含平移和旋转。我们把中间部分记作两个矩阵，基础矩阵（Fundamental Matrix）$\boldsymbol{F}$ 和本质矩阵（Essential Matrix）$\boldsymbol{E}$，可以进一步简化对极约束：

$$\boldsymbol{E} = \boldsymbol{t}^\wedge \boldsymbol{R} \qquad \boldsymbol{F} = \boldsymbol{K}^{-\mathrm{T}}\boldsymbol{E}\boldsymbol{K}^{-1} \qquad \boldsymbol{x}_2^{\mathrm{T}}\boldsymbol{E}\boldsymbol{x}_1 = \boldsymbol{p}_2^{\mathrm{T}}\boldsymbol{F}\boldsymbol{p}_1 = 0 \tag{7-29}$$

5．3D-2D：PnP

PnP 是求解 3D 到 2D 点对运动的方法，它描述了当我们知道 n 个 3D 空间点及它们的投影位置时，如何估计相机所在的位姿。前面已经说了，2D-2D 的对极几何方法需要 8 个或 8 个以上的点对，且存在着初始化、纯旋转和尺度的问题。然而，如果两张图像中，其中一张特征点的 3D 位置已知，那么至少需要 3 个点对（需要至少一个额外点验证结果）就可以估计相机运动。特征点的 3D 位置可以由三角化，或者由 RGB-D 相机的深度图确定。因此在双目或 RGB-D 相机的视觉里程计中，我们可以直接使用 PnP 估计相机运动；而在单目视觉里程计中，必须先进行初始化，然后才能使用 PnP。3D-2D 方法不需要使用对极约束，还可以在很少的匹配点中获得较好的运动估计，是最重要的一种姿态估计方法。

PnP 问题有很多种求解方法，如用三对点估计位姿的 P3P、直接线性变换、EPnP、UPnP 等。此外，还能用非线性优化的方式，构建最小二乘问题并迭代求解，也就是 BA 优化。下面我们讲 BA 优化。

除了使用线性方法，我们还可以把 PnP 问题构建成一个定义于李代数上的非线性最小二乘问题。前面说的线性方法，往往要先求相机位姿，再求空间点位置，而非线性优化则把它们都看成优化变量，放在一起优化。这是一种非常通用的求解方式，我们可以用它对 PnP 或 ICP 给出的结果进行优化。在 PnP 中，这个 BA 优化问题是一个最小化重投影误差的问题。

考虑 n 个三维空间点 P 和它们的投影 p，我们希望计算相机的位姿 $\boldsymbol{R}$、$\boldsymbol{t}$，其李代数表示为 $\boldsymbol{\xi}$。假设某空间点的坐标为 $\boldsymbol{P}_i=[\boldsymbol{X}_i,\boldsymbol{Y}_i,\boldsymbol{Z}_i]^{\mathrm{T}}$，其投影的像素坐标为 $\boldsymbol{u}_i=[\boldsymbol{u}_i,\boldsymbol{v}_i]^{\mathrm{T}}$，那么可得像素位置与空间点位置的关系如下：

$$\boldsymbol{s}_i\begin{bmatrix}\boldsymbol{u}_i\\ \boldsymbol{v}_i\\ 1\end{bmatrix}=\boldsymbol{K}\exp\left(\boldsymbol{\xi}^{\wedge}\right)\begin{bmatrix}\boldsymbol{X}_i\\ \boldsymbol{Y}_i\\ \boldsymbol{Z}_i\\ 1\end{bmatrix} \tag{7-30}$$

除了用 $\boldsymbol{\xi}$ 为李代数表示的相机位姿，别的都和前面的定义保持一致。上式写成矩阵形式就是

$$\boldsymbol{s}_i\boldsymbol{u}_i=\boldsymbol{K}\exp\left(\boldsymbol{\xi}^{\wedge}\right)\boldsymbol{P}_i \tag{7-31}$$

由于相机位姿未知及观测点的噪声，因此我们把误差求和，构建最小二乘问题，然后寻找最好的相机位姿，使其最小化：

$$\boldsymbol{\xi}^*=\arg\min_{\boldsymbol{\xi}} 12i=1n\,\|\,\boldsymbol{u}_i-\frac{1}{\boldsymbol{s}_i}\boldsymbol{K}\exp\left(\boldsymbol{\xi}^{\wedge}\right)\boldsymbol{P}_i\,\|_2^2 \tag{7-32}$$

该问题的误差项是将像素坐标（观测到的投影位置）与 3D 点按照当前估计的位姿投影所得位置进行比较得到的误差，被称为重投影误差。使用齐次坐标时，这个误差有三维。不过，由于 $\boldsymbol{u}$ 最后一维为 1，该维度的误差一直为零，因而我们更多时候使用非齐次坐标，于是误差就只有二维了。

使用李代数可以构建无约束的优化问题，可以很方便地通过高斯-牛顿法、Levenberg-Marquardt 等优化算法进行求解。不过，在使用高斯-牛顿法和 Levenberg-Marquardt 算法之前，我们需要知道每个误差项关于优化变量的导数，也就是进行线性化处理。

$$\boldsymbol{e}\left(\boldsymbol{x}+\Delta\boldsymbol{x}\right)\approx\boldsymbol{e}\left(\boldsymbol{x}\right)+\boldsymbol{J}\Delta\boldsymbol{x} \tag{7-33}$$

这里的 $\boldsymbol{J}$ 的形式是值得讨论的，甚至可以说是关键所在。我们固然可以使用数值导数，但如果能够推导解析形式，我们会优先考虑解析导数。现在，当 $\boldsymbol{e}$ 为像素坐标误差（二维），$\boldsymbol{x}$ 为相机位姿（六维）时，$\boldsymbol{J}$ 将是一个 2×6 的矩阵。我们来推导 $\boldsymbol{J}$ 的形式。

使用扰动模型来求李代数的导数，首先记变换到相机坐标系下的空间点坐标为 $\boldsymbol{P}'$，并且把它的前三维取出来：

$$\boldsymbol{P}'=\left[\exp\left(\xi^{\wedge}\right)\boldsymbol{P}\right]_{1:3}=\left[\boldsymbol{X}',\boldsymbol{Y}',\boldsymbol{Z}'\right]^{\mathrm{T}} \tag{7-34}$$

那么，相机投影模型相对于 p' 则为

$$s\boldsymbol{u}=\boldsymbol{K}\boldsymbol{P}' \tag{7-35}$$

展开得

$$\begin{bmatrix} su \\ sv \\ s \end{bmatrix}=\begin{bmatrix} f_x & 0 & c_x \\ 0 & f_y & c_y \\ 0 & 0 & 1 \end{bmatrix}\begin{bmatrix} \boldsymbol{X}' \\ \boldsymbol{Y}' \\ \boldsymbol{Z}' \end{bmatrix} \tag{7-36}$$

消去 s 得

$$u=f_x\frac{\boldsymbol{X}'}{\boldsymbol{Z}'}+c_x \quad v=f_y\frac{\boldsymbol{Y}'}{\boldsymbol{Z}'}+c_y \tag{7-37}$$

当我们求误差时，可以把这里的 u、v 与实际的测量值比较、求差。在定义了中间变量后，我们对 $\xi^{\wedge}$ 左乘以扰动量 $\delta\xi$，然后考虑 e 的变化关于扰动量的导数。利用链式法则，可以列写如下：

$$\frac{\partial e}{\partial\delta\xi}=\lim_{\delta\xi\to 0}\frac{e\left(\delta\xi\oplus\xi\right)}{\delta\xi}=\frac{\partial e}{\partial\boldsymbol{P}'}\frac{\partial\boldsymbol{P}'}{\partial\delta\xi} \tag{7-38}$$

式中，$\oplus$ 指李代数左乘以扰动，上式变换得

$$\frac{\partial e}{\partial\boldsymbol{P}'}=-\begin{bmatrix} \frac{\partial u}{\partial\boldsymbol{X}'} & \frac{\partial u}{\partial\boldsymbol{Y}'} & \frac{\partial u}{\partial\boldsymbol{Z}'} \\ \frac{\partial v}{\partial\boldsymbol{X}'} & \frac{\partial v}{\partial\boldsymbol{Y}'} & \frac{\partial v}{\partial\boldsymbol{Z}'} \end{bmatrix}=-\begin{bmatrix} \frac{f_x}{\boldsymbol{Z}'} & 0 & -\frac{f_x\boldsymbol{X}'}{\boldsymbol{Z}'^2} \\ 0 & \frac{f_y}{\boldsymbol{Z}'} & -\frac{f_y\boldsymbol{Y}'}{\boldsymbol{Z}'^2} \end{bmatrix} \tag{7-39}$$

而第二项为变换后的点关于李代数的导数，得

$$\frac{\partial\left(\boldsymbol{T}\boldsymbol{P}\right)}{\partial\delta\xi}=\left(\boldsymbol{T}\boldsymbol{P}\right)^{\odot}=\begin{bmatrix} \boldsymbol{I} & -\boldsymbol{P}'^{\wedge} \\ 0^{\mathrm{T}} & 0^{\mathrm{T}} \end{bmatrix} \tag{7-40}$$

在 $\boldsymbol{P}'$ 的定义中取前三维，得

$$\frac{\partial\boldsymbol{P}'}{\partial\delta\xi}=\left[\boldsymbol{I},-\boldsymbol{P}'^{\wedge}\right] \tag{7-41}$$

将这两项相乘，就得到了 2×6 的雅可比矩阵：

$$\frac{\partial \boldsymbol{e}}{\partial \delta \boldsymbol{\xi}} = -\begin{bmatrix} \frac{f_x}{\boldsymbol{Z}'} & 0 & -\frac{f_x \boldsymbol{X}'}{\boldsymbol{Z}'^2} & -\frac{f_x \boldsymbol{X}'\boldsymbol{Y}'}{\boldsymbol{Z}'^2} & f_x + \frac{f_x \boldsymbol{X}'^2}{\boldsymbol{Z}'^2} & -\frac{f_x \boldsymbol{Y}'}{\boldsymbol{Z}'} \\ 0 & \frac{f_y}{\boldsymbol{Z}'} & -\frac{f_y \boldsymbol{Y}'}{\boldsymbol{Z}'^2} & -f_y - \frac{f_y \boldsymbol{Y}'^2}{\boldsymbol{Z}'^2} & \frac{f_y \boldsymbol{X}'\boldsymbol{Y}'}{\boldsymbol{Z}'^2} & \frac{f_y \boldsymbol{X}'}{\boldsymbol{Z}'} \end{bmatrix} \tag{7-42}$$

这个雅可比矩阵描述了重投影误差关于相机位姿李代数的一阶变化关系。我们保留了前面的负号，这是由于误差是由观测值减预测值定义的。它当然也可反过来定义成“预测值减观测值”的形式，在那种情况下，只要去掉前面的负号即可。此外，如果 $\boldsymbol{se}(3)$ 的定义方式为旋转在前，平移在后，那么只要把这个矩阵的前 3 列与后 3 列对调即可。

另一方面，除了优化位姿，我们还希望优化特征点的空间位置。因此，需要讨论 $\boldsymbol{e}$ 关于空间点 $\boldsymbol{P}$ 的导数，所幸这个导数矩阵相对来说容易一些。仍利用链式法则，有

$$\frac{\partial \boldsymbol{e}}{\partial \boldsymbol{P}} = \frac{\partial \boldsymbol{e}}{\partial \boldsymbol{P}'} \frac{\partial \boldsymbol{P}'}{\partial \boldsymbol{P}} \tag{7-43}$$

第二项，按照定义

$$\boldsymbol{P}' = \exp\left(\boldsymbol{\xi}^\wedge\right)\boldsymbol{P} = \boldsymbol{RP} + \boldsymbol{t} \tag{7-44}$$

我们发现 $\boldsymbol{P}'$ 对 $\boldsymbol{P}$ 求导后只剩下 $\boldsymbol{R}$，于是

$$\frac{\partial \boldsymbol{e}}{\partial \boldsymbol{P}} = -\begin{bmatrix} \frac{f_x}{\boldsymbol{Z}'} & 0 & -\frac{f_x \boldsymbol{X}'}{\boldsymbol{Z}'^2} \\ 0 & \frac{f_y}{\boldsymbol{Z}'} & -\frac{f_y \boldsymbol{Y}'}{\boldsymbol{Z}'^2} \end{bmatrix} \boldsymbol{R} \tag{7-45}$$

6．3D-3D：ICP

假设我们有一组配对好的3D 点（两个 RGB-D 图像进行了匹配）：

$$\boldsymbol{P} = \left\{\boldsymbol{p}_1, \boldsymbol{p}_2, \cdots, \boldsymbol{p}_n\right\} \qquad \boldsymbol{P}' = \left\{\boldsymbol{p}_1', \boldsymbol{p}_2', \cdots, \boldsymbol{p}_n'\right\} \tag{7-46}$$

现在，想要找一个欧氏变换 $\boldsymbol{R}$、$\boldsymbol{t}$，使得

$$\forall i,\ \boldsymbol{p}_i = \boldsymbol{R}\boldsymbol{p}_i' + \boldsymbol{t} \tag{7-47}$$

这个问题可以用 ICP 求解。在 3D-3D 位姿估计问题中，仅考虑两组 3D 点之间的变换，和相机并没有关系。因此，在激光 SLAM 中也会碰到 ICP，不过由于激光数据的特征不够丰富，我们无从知道两个点集之间的匹配关系，只能认为距离最近的两个点为同一个，所以这个方法称为迭代最近点。而在视觉 SLAM 中，特征点为我们提供了较好的匹配关系，所以整个问题就变得更简单了。在 RGB-D SLAM 中，我们可以用这种方式估计相机位姿。下面我们用 ICP 指代匹配好的两组点间的运动估计问题。和 PnP 类似，ICP 的求解也分为两种方式：利用线性代数的求解（主要是 SVD），以及利用非线性优化方式的求解（类似于 BA 优化）。

7.2.3 直接法

上面介绍了使用特征点估计相机运动的方法。尽管特征点法在视觉里程计中占据主流地位，但是研究者们认识到它至少有以下几个缺点。

（1）关键点的提取与描述子的计算非常耗时。

（2）使用特征点时，忽略了除特征点外的所有信息。

（3）相机有时会运动到特征缺失的地方，往往这些地方没有明显的纹理信息。

解决上述问题有以下几种思路。

（1）保留特征点，只计算关键点，不计算描述子。同时，使用光流法来跟踪特征点的运动。这样可以回避计算和匹配描述子带来的时间消耗，但光流法本身的计算需要一定时间。

（2）只计算关键点，不计算描述子。同时，使用直接法来计算特征点在下一时刻图像中的位置。这同样可以跳过描述子的计算过程，而且直接法的计算更加简单。

（3）既不计算关键点，也不计算描述子，而是根据像素灰度的差异直接计算相机运动。

第一种方法仍然使用特征点，只是把匹配描述子替换成了光流跟踪，估计相机运动时仍使用对极几何、PnP 或 ICP 算法，而在后两种算法中，我们会根据图像的像素灰度信息来计算相机运动，它们都称为直接法。

使用特征点法估计相机运动时，我们把特征点看作固定在三维空间的不动点。根据它们在相机中的投影位置，通过最小化重投影误差来优化相机运动。在这个过程中，我们需要精确地知道空间点在两个相机中投影后的像素位置——这也就是我们为何要对特征进行匹配或跟踪的理由。同时，我们也知道，计算、匹配特征需要付出大量的计算量。相对地，在直接法中，我们并不需要知道点与点之间的对应关系，而是通过最小化光度误差来求得它们。

直接法是为了克服特征点法的上述缺点而存在的。直接法不需要提取图像特征和进行匹配特征点对，基于灰度（也可称光度）不变假设，根据同一像素点在连续帧图像中的灰度误差来求解相机的位姿估计。直接法由光流法演变而来，而光流可以用来直接描述像素随时间在图像中的运动状态，根据计算像素的多少，分为稀疏光流和稠密光流。直接法根据像素的亮度信息，估计相机的运动，可以完全不用计算关键点和描述子，于是，既避免了特征的计算时间，也避免了特征缺失的情况。只要场景中存在明暗变化（可以是渐变，不形成局部的图像梯度），直接法就能工作。

1. Lucas-Kanade 光流

直接法是从光流法演变而来的。它们非常相似，具有相同的假设条件。光流法描述了像素在图像中的运动，而直接法则附带着一个相机运动模型。光流法是一种描述像素随着时间，在图像之间运动的方法。随着时间流逝，同一个像素会在图像中运动，我们希望追踪它的运动过程。计算部分像素运动的被称为稀疏光流，计算所有像素运动的被称为稠密光流。稀疏光流以 Lucas-Kanade 光流为代表，并可以在 SLAM 中用于跟踪特征点的位置。

在 Lucas-Kanade 光流中，我们认为来自相机的图像是随时间变化的。图像可以看作时间的函数 $\boldsymbol{I}(t)$。那么，一个在 t 时刻，位于 (x,y) 处的像素，它的灰度可以写成

$$\boldsymbol{I}(x,y,t)$$

这种方式把图像看成了关于位置与时间的函数，它的值域就是图像中像素的灰度。现在考虑某个固定的空间点，它在 t 时刻的像素坐标为 (x,y)。由于相机的运动，它的图像坐标将发生变化。我们希望估计这个空间点在其他时刻图像中的位置，引入光流法的基本假设。

灰度不变假设：同一个空间点的像素灰度值在各个图像中是固定不变的。

对于 t 时刻位于 (x,y) 处的像素，我们设 $t+\mathrm{d}t$ 时刻，它运动到 $(x+\mathrm{d}x,y+\mathrm{d}y)$ 处。由于灰度不变，有

$$\boldsymbol{I}(x+\mathrm{d}x,y+\mathrm{d}y,t+\mathrm{d}t)=\boldsymbol{I}(x,y,t) \tag{7-48}$$

灰度不变假设是一个很强的假设，在实际中很可能不成立。事实上，由于物体的材质不同，像素会出现高光和阴影部分。有时，相机会自动调整曝光参数，使得图像整体变亮或变暗。这些时候灰度不变假设都是不成立的，因此光流的结果也不一定可靠。然而，从另一方面来说，所有算法都是在一定假设下工作的，因此暂且认为该假设成立。

对（7-48）式左边进行泰勒展开，保留一阶项，得

$$\boldsymbol{I}(x+\mathrm{d}x,y+\mathrm{d}y,t+\mathrm{d}t)\approx\boldsymbol{I}(x,y,t)+\frac{\partial\boldsymbol{I}}{\partial x}\mathrm{d}x+\frac{\partial\boldsymbol{I}}{\partial y}\mathrm{d}y+\frac{\partial\boldsymbol{I}}{\partial t}\mathrm{d}t \tag{7-49}$$

假设灰度不变，下一个时刻的灰度等于之前的灰度，得

$$\frac{\partial\boldsymbol{I}}{\partial x}\mathrm{d}x+\frac{\partial\boldsymbol{I}}{\partial y}\mathrm{d}y+\frac{\partial\boldsymbol{I}}{\partial t}\mathrm{d}t=0 \tag{7-50}$$

$$\frac{\partial\boldsymbol{I}}{\partial x}\frac{\mathrm{d}x}{\mathrm{d}t}+\frac{\partial\boldsymbol{I}}{\partial y}\frac{\mathrm{d}y}{\mathrm{d}t}=-\frac{\partial\boldsymbol{I}}{\partial t} \tag{7-51}$$

其中 $\frac{\mathrm{d}x}{\mathrm{d}t}$ 为像素在 x 轴上的运动速度，$\frac{\mathrm{d}y}{\mathrm{d}t}$ 为像素在 y 轴上的运动速度，把它们记为 u、v。同时 $\frac{\partial\boldsymbol{I}}{\partial x}$ 为图像在该点处 x 方向上的梯度，$\frac{\partial\boldsymbol{I}}{\partial y}$ 则为图像在该点处 y 方向上的梯度，记为 $\boldsymbol{I}_x$、$\boldsymbol{I}_y$。把图像灰度对时间的变化量记为 $\boldsymbol{I}_t$，写成矩阵形式，有

$$\begin{bmatrix}\boldsymbol{I}_x & \boldsymbol{I}_y\end{bmatrix}\begin{bmatrix}u\\ v\end{bmatrix}=-\boldsymbol{I}_t \tag{7-52}$$

我们想计算的是像素的运动 u、v，但是该式是带有两个变量的一次方程，仅凭它无法计算出 u、v。因此，必须引入额外的约束来计算 u、v。在 Lucas-Kanade 光流中，我们假设某一个窗口内的像素具有相同的运动。

考虑一个大小为 $w\times w$ 大小的窗口，它含有 w^2 数量的像素。由于该窗口内像素具有同

样的运动，因此我们共有w^2个方程：

$$\begin{bmatrix} \boldsymbol{I}_x & \boldsymbol{I}_y \end{bmatrix}_k \begin{bmatrix} u \\ v \end{bmatrix} = -\boldsymbol{I}_{tk} \qquad k = 1,2,\cdots,w^2 \tag{7-53}$$

式中，

$$\boldsymbol{A} = \begin{bmatrix} \begin{bmatrix} \boldsymbol{I}_x & \boldsymbol{I}_y \end{bmatrix}_1 \\ \vdots \\ \begin{bmatrix} \boldsymbol{I}_x & \boldsymbol{I}_y \end{bmatrix}_k \end{bmatrix} \qquad \boldsymbol{b} = \begin{bmatrix} \boldsymbol{I}_{t1} \\ \vdots \\ \boldsymbol{I}_{tk} \end{bmatrix} \tag{7-54}$$

于是整个方程为

$$\boldsymbol{A} \begin{bmatrix} u \\ v \end{bmatrix} = -\boldsymbol{b} \tag{7-55}$$

这是一个关于u、v的超定线性方程，传统解法是求最小二乘解，得

$$\begin{bmatrix} u \\ v \end{bmatrix}^* = -\left(\boldsymbol{A}^{\mathrm{T}}\boldsymbol{A}\right)^{-1}\boldsymbol{A}^{\mathrm{T}}\boldsymbol{b} \tag{7-56}$$

在 SLAM 中，Lucas-Kanade 光流常被用来跟踪角点的运动。

2. 灰度误差

理论上，基于灰度不变假设，相机发生微小运动时，两点的灰度值相等，但是在实际情况下，因为光照等干扰条件，是存在误差的。深度相机采集参考帧、当前帧图像及两帧图像之间的灰度误差示意图如图 7.9 所示，图 7.9（a）为深度相机采集参考帧图像，图 7.9（b）为当前帧图像，图 7.9（c）则为两帧图像之间的灰度误差，越亮的地方代表该像素点的误差越大。

（a）参考帧图像　　（b）当前帧图像　　（c）两帧图像之间的灰度误差

图 7.9　深度相机采集参考帧、当前帧图像及两帧图像之间的灰度误差示意图

最小化光度误差如图 7.10 所示，假设空间点P的世界坐标为(X,Y,Z)，它在连续两帧 RGB-D 图像I_1和I_2上的像素坐标为$\boldsymbol{p}_1$、$\boldsymbol{p}_2$。相机在获取了第 1 帧图像，经过给定相机三维运动的旋转和平移$\boldsymbol{R}$、$\boldsymbol{t}$（对应的李代数为$\boldsymbol{\xi} \in \boldsymbol{R}^6$）后，得到第 2 帧图像，可得灰度误差：

$$\boldsymbol{e}(\boldsymbol{\xi}) = I_1(\boldsymbol{p}_1) - I_2(\boldsymbol{p}_2) \tag{7-57}$$

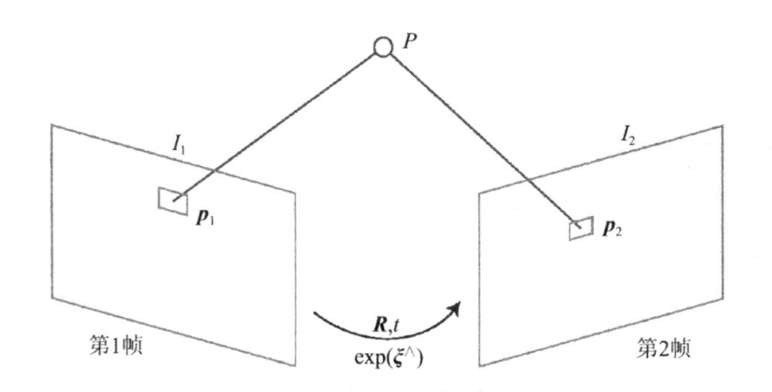

图 7.10 最小化光度误差

因为是同一相机，所以内参数矩阵 $\boldsymbol{K}$ 相同，可得如下完整的投影方程：

$$\boldsymbol{p}_1=\begin{bmatrix}u\\v\\1\end{bmatrix}_1=\frac{1}{\boldsymbol{Z}_1}\boldsymbol{KP} \tag{7-58}$$

$$\boldsymbol{p}_2=\begin{bmatrix}u\\v\\1\end{bmatrix}_2=\frac{1}{\boldsymbol{Z}_2}\boldsymbol{K}\left(\boldsymbol{RP}+\boldsymbol{t}\right)=\frac{1}{\boldsymbol{Z}_2}\boldsymbol{K}\left[\exp\left(\boldsymbol{\xi}^\wedge\right)\boldsymbol{P}\right] \tag{7-59}$$

式中，$\boldsymbol{p}_1$ 的深度为 $\boldsymbol{Z}_1$，而下一帧的 $\boldsymbol{p}_2$ 像素点的深度为 $\boldsymbol{Z}_2$，也就是 $\boldsymbol{RP}+\boldsymbol{t}$ 的第 3 个坐标值。假设所述的灰度不变假设适用于图像中的所有像素点，得到所有像素点的灰度误差，相机的位姿估计转换成了一个最小二乘优化问题：

$$\min_{\boldsymbol{\xi}} E\left(\boldsymbol{\xi}\right)=\sum_{i=1}^{N}\left\|\boldsymbol{e}_i\right\|^2 \qquad \boldsymbol{e}_i=I_1\left(\boldsymbol{p}_{1,i}\right)-I_2\left(\boldsymbol{p}_{2,i}\right) \tag{7-60}$$

式中，i 表示图像帧 I_1 上的第 i 个空间点。

我们说，视觉里程计的实现问题是 SLAM 的关键问题，但仅通过视觉里程计来估计轨迹，将不可避免地出现累计漂移误差，它将导致我们无法建立一致的地图。因此需要下面两个步骤进行解决：回环检测和后端优化。回环检测负责确定移动机器人是否回到原始位置，后端优化则负责纠正这一偏差。

3. 直接法优缺点

优点：直接法不需要进行 ORB 等特征点的提取、描述子的计算和特征点的匹配，直接处理图像像素，可以节约大量时间，其运算效率高。直接法根据图像像素梯度进行相机的位姿估计，所以在特征缺失或纹理重复的场景下，依然具有很好的鲁棒性。相比于特征点法，直接法能使用图像的大部分像素信息，能够构建稠密的场景地图。理论上，直接法能计算图像的所有像素，但是因为所需要的计算量太大，所以基本上都是建立半稠密地图。

缺点：直接法依靠图像像素梯度来优化光度误差函数，图像像素的非凸性容易使优化算法陷入局部极小值，在相机运动过快的时候，容易导致跟踪失败。直接法基于的假设条件太过理想，所以对场景的光照等条件比较敏感，鲁棒性不是很强。在很多复杂多变的实际场景中容易使跟踪算法失效，所以一般适用于室内环境下小尺度的帧间运动，而且，直接法不提取特征点，没有特征点的复用，难以像特征点法一样进行场景的回环检测和重定位，需要考虑其他方法。

7.3 后端优化

后端优化主要指处理 SLAM 过程中噪声的问题。后端优化要考虑的问题就是如何从这些带有噪声的数据中，估计整个系统的状态，以及这个状态估计的不确定性有多大——这称为最大后验概率估计。这里的状态既包括移动机器人自身的轨迹，也包括地图。相对地，视觉里程计部分，有时被称为前端。在 SLAM 框架中，前端给后端提供待优化的数据，以及这些数据的初始值；而后端负责整体的优化过程，它往往面对的只有数据，不必关心这些数据到底来自什么传感器。在视觉 SLAM 中，前端和计算机视觉的研究领域更为相关，如图像的特征提取与匹配等，后端则主要为滤波与非线性优化算法。

7.3.1 基本概念

早期的 SLAM 问题是一个状态估计问题——正是后端优化要解决的问题，在最早提出 SLAM 问题的一系列论文中，被称为空间状态不确定性的估计。虽然比较晦涩，但也确实反映出了 SLAM 问题的本质：对运动主体自身和周围环境空间不确定性的估计。为了解决 SLAM 问题，需要利用状态估计理论，把定位和建图的不确定性表达出来，然后采用滤波器或非线性优化，估计状态的不确定性。

7.3.2 状态估计问题

经典 SLAM 模型由一个状态方程和一个运动方程构成：

$$\begin{cases} \boldsymbol{x}_k = f\left(\boldsymbol{x}_{k-1}, \boldsymbol{u}_k\right) + \boldsymbol{w}_k \\ \boldsymbol{z}_{k,j} = h\left(\boldsymbol{y}_i, \boldsymbol{x}_k\right) + \boldsymbol{v}_{k,j} \end{cases} \tag{7-61}$$

式中，$\boldsymbol{x}_k$ 为相机的位姿，可以使用变换矩阵或李代数表示它。由于运动方程在视觉 SLAM 中没有特殊性，因此主要讨论观测方程。假设在 $\boldsymbol{x}_k$ 处对路标 $\boldsymbol{y}_j$ 进行了一次观测，对应到图像上的像素位置 $\boldsymbol{z}_{k,j}$，那么，观测方程可以表示成

$$s\boldsymbol{z}_{k,j} = \boldsymbol{K}\exp\left(\boldsymbol{\xi}^\wedge\right)\boldsymbol{y}_j \tag{7-62}$$

式中，$\boldsymbol{K}$ 为相机内参；s 为像素点间的距离。同时这里的 $z_{k,j}$ 和 $\boldsymbol{y}_j$ 都必须以齐次坐标来描述，且中间有一次齐次到非齐次的转换。

现在，考虑数据受噪声的影响后，会发生什么改变。在运动和观测方程中，我们通常假设两个噪声项 $\boldsymbol{w}_k$ 、$\boldsymbol{v}_{k,j}$ 满足零均值的高斯分布：

$$\boldsymbol{w}_k \sim N\left(0, \boldsymbol{R}_k\right) \qquad \boldsymbol{v}_k \sim N\left(0, \boldsymbol{Q}_{k,j}\right) \tag{7-63}$$

在这些噪声的影响下，我们希望通过带噪声的数据 $\boldsymbol{z}$ 和 $\boldsymbol{u}$，推断位姿 $\boldsymbol{x}$ 和地图 $\boldsymbol{y}$（以及它们的概率分布），这构成了一个状态估计问题。

由于在 SLAM 过程中，这些数据是随着时间逐渐到来的，所以在历史上很长一段时间内，研究者们使用滤波算法，尤其是扩展卡尔曼滤波算法求解它。扩展卡尔曼滤波算法关心当前时刻的状态估计 $\boldsymbol{x}_k$，而对之前的状态则不多考虑；相对地，近年来普遍使用的非线性优化方法，使用所有时刻采集到的数据进行状态估计，并被认为优于传统的滤波算法，成为当前视觉 SLAM 的主流方法。因此，我们重点介绍以非线性优化为主的优化方法。

7.3.3　非线性最小二乘

首先考虑一个简单的最小二乘问题：

$$\min_{\boldsymbol{x}} \frac{1}{2} \| f\left(\boldsymbol{x}\right) \|_2^2 \tag{7-64}$$

式中，自变量 $\boldsymbol{x} \in \boldsymbol{R}^n$；$f$ 为任意一个非线性函数，假设它有 m 维：$f\left(\boldsymbol{x}\right) \in \boldsymbol{R}^m$。下面讨论如何求解这样一个优化问题。

如果 f 是个数学形式上很简单的函数，那问题也许可以用解析形式来求。令目标函数的导数为零，然后求解 $\boldsymbol{x}$ 的最优值，就和一个求二元函数的极值一样：

$$\frac{\mathrm{d}f}{\mathrm{d}\boldsymbol{x}} = 0 \tag{7-65}$$

解此方程就得到了导数为零处的极值，它们可能是极大、极小或鞍点处的值，只要依次比较它们的函数值大小即可。但是，这个方程是否容易求解呢？这取决于 f 导函数的形式。在 SLAM 中，我们使用李代数来表示移动机器人的旋转和位移。

对于不方便直接求解的最小二乘问题，我们可以用迭代的方式，从一个初始值出发，不断地更新当前的优化变量，使目标函数下降，具体步骤可列写如下：

（1）给定某个初始值 $\boldsymbol{x}_0$；

（2）对于第 k 次迭代，寻找一个增量 $\Delta\boldsymbol{x}_k$，使得 $\| f\left(\boldsymbol{x}_k + \Delta\boldsymbol{x}_k\right) \|_2^2$ 达到极小值；

（3）若 $\Delta\boldsymbol{x}_k$ 足够小，则停止；

（4）否则，令 $\boldsymbol{x}_{k+1} = \boldsymbol{x}_k + \Delta\boldsymbol{x}_k$，返回（2）。

这让求解导函数为零的问题，变成了一个不断寻找梯度并下降的过程。直到某个时刻增量非常小，无法再使函数下降，此时算法收敛，目标达到了极小，我们完成了寻找极小值的过程。在这个过程中，我们只要找到迭代点的梯度方向即可，无须寻找全局导函数为零的情况。

接下来的问题是，增量 $\Delta\boldsymbol{x}_k$ 如何确定？实际上，研究者们已经花费了大量精力探索增量的求解方式。我们将介绍两种方法，它们用不同的手段来寻找这个增量。目前这两种方法在视觉 SLAM 的优化问题上被广泛采用，大多数优化库都可以使用它们。

1．一阶和二阶梯度法

求解增量最直观的方式是将目标函数在 $\boldsymbol{x}$ 附近进行泰勒展开：

$$\| f(\boldsymbol{x}+\Delta\boldsymbol{x})\|_2^2 \approx \| f(\boldsymbol{x})\|_2^2 + \boldsymbol{J}(\boldsymbol{x})\Delta\boldsymbol{x} + \frac{1}{2}\Delta\boldsymbol{x}^{\mathrm{T}}\boldsymbol{H}\Delta\boldsymbol{x} \tag{7-66}$$

式中，$\boldsymbol{J}$ 是 $\| f(\boldsymbol{x})\|^2$ 关于 $\boldsymbol{x}$ 的导数（雅可比矩阵），而 $\boldsymbol{H}$ 则是二阶导数（Hessian 矩阵）。我们可以选择保留泰勒展开的一阶或二阶项，对应的求解方法则为一阶梯度或二阶梯度法。如果保留一阶梯度，那么增量的方向为

$$\Delta\boldsymbol{x}^* = -\boldsymbol{J}^{\mathrm{T}}(\boldsymbol{x}) \tag{7-67}$$

它的直观意义非常简单，只要我们沿着反向梯度方向前进即可。当然，我们还需要在该方向上取一个步长 $\boldsymbol{\lambda}$，求得最快的下降方法，这种方法被称为最速下降法。

另一方面，如果保留二阶梯度信息，那么增量方程为

$$\Delta\boldsymbol{x}^* = \arg\min \| f(\boldsymbol{x})\|_2^2 + \boldsymbol{J}(\boldsymbol{x})\Delta\boldsymbol{x} + \frac{1}{2}\Delta\boldsymbol{x}^{\mathrm{T}}\boldsymbol{H}\Delta\boldsymbol{x} \tag{7-68}$$

求右侧等式关于 $\Delta\boldsymbol{x}$ 的导数并令它为零，得到了增量的解：

$$\boldsymbol{H}\Delta\boldsymbol{x} = -\boldsymbol{J}^{\mathrm{T}} \tag{7-69}$$

该方法又称为牛顿法。我们看到，一阶和二阶梯度法都十分直观，只要将函数在迭代点附近进行泰勒展开，并针对更新量最小化即可。由于泰勒展开之后函数变成了多项式，所以求解增量时只需解线性方程即可，避免了直接求导函数为零这样的非线性方程的困难。不过，这两种方法也存在它们自身的问题。最速下降法过于“贪心”，容易走出锯齿路线，反而增加了迭代次数；而牛顿法则需要计算目标函数的 Hessian 矩阵，这在问题规模较大时非常困难，我们通常倾向于避免 $\boldsymbol{H}$ 的计算。所以，接下来我们详细地介绍两类更加实用的方法：高斯–牛顿法和 Levenberg-Marquardt 法。

2．高斯–牛顿法

高斯–牛顿法是优化算法里面最简单的方法之一，它的思想是将 $f(\boldsymbol{x})$ 进行一阶的泰勒展开：

$$f(\boldsymbol{x}+\Delta\boldsymbol{x}) \approx f(\boldsymbol{x}) + \boldsymbol{J}(\boldsymbol{x})\Delta\boldsymbol{x} \tag{7-70}$$

式中，$\boldsymbol{J}(\boldsymbol{x})$为$f(\boldsymbol{x})$关于$\boldsymbol{x}$的导数，实际上是一个$m\times n$的矩阵，也是一个雅可比矩阵。根据前面的框架，当前的目标是为了寻找下降矢量$\Delta\boldsymbol{x}$，使得$\|f(\boldsymbol{x}+\Delta\boldsymbol{x})\|^2$达到最小。为了求$\Delta\boldsymbol{x}$，我们需要解一个线性的最小二乘问题：

$$\Delta\boldsymbol{x}^* = \arg\min_{\Delta\boldsymbol{x}} \frac{1}{2}\left\|f(\boldsymbol{x})+\boldsymbol{J}(\boldsymbol{x})\Delta\boldsymbol{x}\right\|^2 \tag{7-71}$$

$\Delta\boldsymbol{x}^* = \arg\min_{\Delta\boldsymbol{x}} \frac{1}{2}\|f(\boldsymbol{x})+\boldsymbol{J}(\boldsymbol{x})\Delta\boldsymbol{x}\|^2$，根据极值条件，将上述目标函数对$\Delta\boldsymbol{x}$求导，并令导数为零。由于这里考虑的是$\Delta\boldsymbol{x}$的导数，我们最后将得到一个线性方程。为此，先展开目标函数的平方项：

$$\begin{aligned}\frac{1}{2}\|f(\boldsymbol{x})+\boldsymbol{J}(\boldsymbol{x})\Delta\boldsymbol{x}\|^2 &= \frac{1}{2}\left[f(\boldsymbol{x})+\boldsymbol{J}(\boldsymbol{x})\Delta\boldsymbol{x}\right]^{\mathrm{T}}\left[f(\boldsymbol{x})+\boldsymbol{J}(\boldsymbol{x})\Delta\boldsymbol{x}\right]\\ &= \frac{1}{2}\left[\|f(\boldsymbol{x})\|_2^2 + 2f(\boldsymbol{x})^{\mathrm{T}}\boldsymbol{J}(\boldsymbol{x})\Delta\boldsymbol{x} + \Delta\boldsymbol{x}^{\mathrm{T}}\boldsymbol{J}(\boldsymbol{x})^{\mathrm{T}}\boldsymbol{J}(\boldsymbol{x})\Delta\boldsymbol{x}\right]\end{aligned} \tag{7-72}$$

求上式关于$\Delta\boldsymbol{x}$的导数，并令其为零：

$$2f(\boldsymbol{x})^{\mathrm{T}}f(\boldsymbol{x}) + 2\boldsymbol{J}(\boldsymbol{x})^{\mathrm{T}}\boldsymbol{J}(\boldsymbol{x})\Delta\boldsymbol{x} = 0 \tag{7-73}$$

可以得到如下方程：

$$\boldsymbol{J}(\boldsymbol{x})^{\mathrm{T}}\boldsymbol{J}(\boldsymbol{x})\Delta\boldsymbol{x} = -\boldsymbol{J}(\boldsymbol{x})^{\mathrm{T}}f(\boldsymbol{x}) \tag{7-74}$$

注意，我们要求解的变量是$\Delta\boldsymbol{x}$，因此这是一个线性方程，我们称它为增量方程，也可以称为高斯-牛顿方程或正规方程。我们把左边的系数定义为$\boldsymbol{H}$，右边定义为$\boldsymbol{g}$，那么上式变为

$$\boldsymbol{H}\Delta\boldsymbol{x} = \boldsymbol{g} \tag{7-75}$$

这里把左侧记作$\boldsymbol{H}$是有意义的。对比牛顿法可知，高斯-牛顿法用$\boldsymbol{J}^{\mathrm{T}}\boldsymbol{J}$作为牛顿法中二阶 Hessian 矩阵的近似，从而省略了计算$\boldsymbol{H}$的过程。求解增量方程是整个优化问题的核心所在，如果我们能够顺利解出该方程，那么高斯-牛顿法的算法步骤如下：

（1）给定初始值$\boldsymbol{x}_0$；

（2）对于第k次迭代，求出当前的雅可比矩阵$\boldsymbol{J}(\boldsymbol{x}_k)$和误差$f(\boldsymbol{x}_k)$；

（3）求解增量方程：$\boldsymbol{H}\Delta\boldsymbol{x}_k = \boldsymbol{g}$；

（4）若$\Delta\boldsymbol{x}_k$足够小，则停止；否则，令$\boldsymbol{x}_{k+1} = \boldsymbol{x}_k + \Delta\boldsymbol{x}_k$，返回（2）。

从算法步骤中可以看到，增量方程的求解占据着主要地位。原则上，它要求我们所用的近似 Hessian 矩阵是可逆的（而且是正定的），但实际数据中计算得到的$\boldsymbol{J}^{\mathrm{T}}\boldsymbol{J}$却只有半正定性。也就是说，在使用高斯-牛顿法时，可能出现$\boldsymbol{J}^{\mathrm{T}}\boldsymbol{J}$为奇异矩阵或病态的情况，此时增量的稳定性较差，导致算法不收敛。更严重的是，就算我们假设$\boldsymbol{H}$非奇异也非病态，如果我们求出来的步长$\Delta\boldsymbol{x}$太大，也会导致我们采用的局部近似不够准确，这样一来，我们甚至都无法保证它的迭代收敛，哪怕是让目标函数变得更大都是有可能的。

尽管高斯-牛顿法有这些缺点，但是它依然值得我们学习，因为在非线性优化里，相当多的算法都可以归结为高斯-牛顿法的变种。这些算法都借助了高斯-牛顿法的思想并且通过自己的改进修正高斯-牛顿法的缺点，如一些线搜索方法（Line Search Method），这类改进就是加入了一个标量 α ，在确定了 $\Delta\boldsymbol{x}$ 后进一步找到使得 $\|f(\boldsymbol{x}+\alpha\Delta\boldsymbol{x})\|^2$ 达到最小的 α 值，而不是像高斯-牛顿法那样简单地令 $\alpha=1$ 。

Levenberg-Marquadt 法在一定程度上修正了这些问题，一般认为它比高斯-牛顿法更为鲁棒。尽管它的收敛速度可能会比高斯-牛顿法慢，被称为阻尼牛顿法（Damped Newton Method），但是在 SLAM 里面却被大量应用。

3．Levenberg-Marquadt 法

由于高斯-牛顿法中采用的近似二阶泰勒展开只能在展开点附近有较好的近似效果，所以我们很自然地想到应该给 $\Delta\boldsymbol{x}$ 添加一个信赖域，不能让它太大而使得近似不准确。非线性优化中有一系列这类方法，这类方法也被称为信赖域方法。在信赖域里边，我们认为近似是有效的；出了这个区域，近似可能会出问题。

确定信赖域比较好的方法是根据近似模型跟实际函数之间的差异来确定：若差异小，则让范围尽可能大；若差异大，则缩小近似范围。因此，考虑使用下式来判断泰勒近似是否够好：

$$\rho=\frac{f(\boldsymbol{x}+\Delta\boldsymbol{x})-f(\boldsymbol{x})}{\boldsymbol{J}(\boldsymbol{x})\Delta\boldsymbol{x}} \tag{7-76}$$

ρ 的分子是实际函数下降的值，分母是近似模型下降的值。若 ρ 接近于 1，则近似是好的。若 ρ 太小，说明实际减小的值远小于近似减小的值，则认为近似比较差，需要缩小近似范围。反之，若 ρ 比较大，则说明实际下降的值比预计的更大，我们可以放大近似范围。于是，构建一个改良版的非线性优化框架：

（1）给定初始值 $\boldsymbol{x}_0$ ，以及初始优化半径 μ ；

（2）对于第 k 次迭代，求解：

$$\min_{\Delta\boldsymbol{x}_k}\frac{1}{2}\|f(\boldsymbol{x}_k)+\boldsymbol{J}(\boldsymbol{x}_k)\Delta\boldsymbol{x}_k\|^2 \qquad \text{s.t.}\|\boldsymbol{D}\Delta\boldsymbol{x}_k\|^2\leqslant\mu \tag{7-77}$$

（3）计算 ρ ；

（4）若 $\rho>\frac{3}{4}$ ，则 $\mu=2\mu$ ；

（5）若 $\rho<\frac{1}{2}$ ，则 $\mu=0.5\mu$ ；

（6）若 ρ 大于某阈值，则认为近似可行，令 $\boldsymbol{x}_{k+1}=\boldsymbol{x}_k+\Delta\boldsymbol{x}_k$ ；

（7）判断算法是否收敛，若不收敛，则返回（2），否则结束。

μ 是信赖域的半径。这里近似范围扩大的倍数和阈值都是经验值，可以替换成别的数

值。我们把增量限定于一个半径为μ的球中，认为只在这个球内才是有效的。带上$\boldsymbol{D}$之后，这个球可以看成一个椭球。在 Levenberg 提出的优化方法中，把$\boldsymbol{D}$取成单位矩阵$\boldsymbol{I}$，相当于直接把$\Delta \boldsymbol{x}$约束在一个球中。随后，Marqaurdt 提出将$\boldsymbol{D}$取成非负数对角矩阵——实际中通常用$\boldsymbol{J}^{\mathrm{T}}\boldsymbol{J}$的对角元素平方根，使得在梯度小的维度上约束范围更大一些。

不论如何，在 Levenberg-Marquardt 优化中，我们都需要上述那样一个子问题来获得梯度。这个子问题是带不等式约束的优化问题，我们用 Lagrange 乘子将它转化为一个无约束优化问题：

$$\min_{\Delta \boldsymbol{x}_k} \frac{1}{2} \| f(\boldsymbol{x}_k) + \boldsymbol{J}(\boldsymbol{x}_k)\Delta \boldsymbol{x}_k \|^2 + \frac{\lambda}{2} \| \boldsymbol{D}\Delta \boldsymbol{x}_k \|^2 \tag{7-78}$$

式中，λ为 Lagrange 乘子。类似于高斯-牛顿法中的做法，把上式展开后，我们发现该问题的核心仍是计算增量的线性方程：

$$\left(\boldsymbol{H} + \lambda \boldsymbol{D}^{\mathrm{T}}\boldsymbol{D}\right)\Delta \boldsymbol{x} = \boldsymbol{g} \tag{7-79}$$

可以看到，增量方程相比于高斯-牛顿法，多了一项$\lambda \boldsymbol{D}^{\mathrm{T}}\boldsymbol{D}$。如果考虑它的简化形式，即$\boldsymbol{D} = \boldsymbol{I}$，那么相当于求解

$$\left(\boldsymbol{H} + \lambda \boldsymbol{I}\right)\Delta \boldsymbol{x} = \boldsymbol{g} \tag{7-80}$$

我们看到，当参数λ比较小时，$\boldsymbol{H}$占主要地位，这说明二次近似模型在该范围内是比较好的，Levenberg-Marquardt 法更接近于高斯-牛顿法。另一方面，当λ比较大时，$\lambda \boldsymbol{I}$占据主要地位，Levenberg-Marquardt 法更接近于一阶梯度下降法（最速下降法），这说明附近的二次近似不够好。Levenberg-Marquardt 法的求解方式可在一定程度上避免线性方程系数矩阵的非奇异和病态问题，提供更稳定、更准的增量$\Delta \boldsymbol{x}$。

实际中还存在许多其他的方法来求解函数的增量，如 Dog-Leg 等方法。我们在这里所介绍的，只是最常见而且最基本的方法，也是视觉 SLAM 中用得最多的方法。总而言之，非线性优化问题的框架分为线搜索和信赖域两类。线搜索先固定搜索方向，然后在该方向寻找步长，以最速下降法和高斯-牛顿法为代表；而信赖域则先固定搜索区域，再考虑寻找该区域内的最优点。此类方法以 Levenberg-Marquardt 法为代表。在实际问题中，我们通常选择高斯牛-顿法或 Levenberg-Marquardt 法作为梯度下降策略。

7.3.4 位姿图优化

位姿图优化中的节点表示相机位姿，以$\boldsymbol{\xi}_1$、$\boldsymbol{\xi}_2$、…、$\boldsymbol{\xi}_n$来表达，而边则表示两个位姿节点之间相对运动的估计，该估计可能来自特征点法或直接法，但不管如何，我们估计了，比如$\boldsymbol{\xi}_i$和$\boldsymbol{\xi}_j$之间的一个运动$\Delta \boldsymbol{\xi}_{ij}$，该运动可以有若干种表达方式，我们取比较自然的一种：

$$\Delta \boldsymbol{\xi}_{ij} = \boldsymbol{\xi}_i^{-1} \circ \boldsymbol{\xi}_j = \ln\left\{\exp\left[\left(-\boldsymbol{\xi}_i\right)^{\wedge}\right]\exp\left[\boldsymbol{\xi}_j^{\wedge}\right]\right\}^{\vee} \tag{7-81}$$

按李群的写法为

$$\Delta \boldsymbol{T}_{ij} = \boldsymbol{T}_i^{-1}\boldsymbol{T}_j \tag{7-82}$$

按照图优化的思路来看，实际当中该等式不会精确地成立，因此我们设立最小二乘误差，然后和以往一样，讨论误差关于优化变量的导数。这里，我们把上式的$\Delta \boldsymbol{T}_{ij}$移至等式右侧，构建误差$\boldsymbol{e}_{ij}$：

$$\boldsymbol{e}_{ij} = \ln\left(\Delta \boldsymbol{T}_{ij}^{-1}\boldsymbol{T}_i^{-1}\boldsymbol{T}_j\right)^{\vee} = \ln\left\{\exp\left[\left(-\boldsymbol{\xi}_{ij}\right)^{\wedge}\right]\exp\left[\left(-\boldsymbol{\xi}_i\right)^{\wedge}\right]\exp\left(\boldsymbol{\xi}_j^{\wedge}\right)\right\}^{\vee} \tag{7-83}$$

注意优化变量有两个：$\boldsymbol{\xi}_i$和$\boldsymbol{\xi}_j$，因此我们求$\boldsymbol{e}_{ij}$关于这两个变量的导数。按照李代数的求导方式，给$\boldsymbol{\xi}_i$和$\boldsymbol{\xi}_j$各一个左扰动$\delta\boldsymbol{\xi}_i$、$\delta\boldsymbol{\xi}_j$，于是误差变为

$$\hat{\boldsymbol{e}}_{ij} = \ln\left\{\Delta \boldsymbol{T}_{ij}^{-1}\boldsymbol{T}_i^{-1}\exp\left[\left(-\delta\boldsymbol{\xi}_i\right)^{\wedge}\right]\exp\left(\delta\boldsymbol{\xi}_j^{\wedge}\right)\boldsymbol{T}_j\right\}^{\vee} \tag{7-84}$$

该式中两个扰动项被夹在了中间。为了利用 BCH 近似，把扰动项移至式子左侧或右侧：

$$\exp\left\{\left[\mathrm{Ad}\left(\boldsymbol{T}\right)\boldsymbol{\xi}\right]^{\wedge}\right\} = \boldsymbol{T}\exp\left(\boldsymbol{\xi}^{\wedge}\right)\boldsymbol{T}^{-1} \tag{7-85}$$

稍加改变，有

$$\exp\left(\boldsymbol{\xi}^{\wedge}\right)\boldsymbol{T} = \boldsymbol{T}\exp\left\{\left[\mathrm{Ad}\left(\boldsymbol{T}^{-1}\right)\boldsymbol{\xi}\right]^{\wedge}\right\} \tag{7-86}$$

导出右乘形式的雅可比矩阵：

$$\hat{\boldsymbol{e}}_{ij} = \ln\left\{\boldsymbol{T}_{ij}^{-1}\boldsymbol{T}_i^{-1}\exp\left[\left(-\delta\boldsymbol{\xi}_i\right)^{\wedge}\right]\exp\left(\delta\boldsymbol{\xi}_j^{\wedge}\right)\boldsymbol{T}_j\right\}^{\vee} \approx \boldsymbol{e}_{ij} + \frac{\partial \boldsymbol{e}_{ij}}{\partial \delta\boldsymbol{\xi}_i}\delta\boldsymbol{\xi}_i + \frac{\partial \boldsymbol{e}_{ij}}{\partial \delta\boldsymbol{\xi}_j}\delta\boldsymbol{\xi}_j \tag{7-87}$$

关于T_i求导得

$$\frac{\partial \boldsymbol{e}_{ij}}{\partial \delta\boldsymbol{\xi}_i} = -\boldsymbol{J}_r^{-1}\left(\boldsymbol{e}_{ij}\right)\mathrm{Ad}\left(\boldsymbol{T}_j^{-1}\right) \tag{7-88}$$

关于T_j求导得

$$\frac{\partial \boldsymbol{e}_{ij}}{\partial \delta\boldsymbol{\xi}_j} = \boldsymbol{J}_r^{-1}\left(\boldsymbol{e}_{ij}\right)\mathrm{Ad}\left(\boldsymbol{T}_j^{-1}\right) \tag{7-89}$$

雅可比矩阵求导后，剩下的部分就和普通的图优化一样了。简而言之，所有的位姿顶点和位姿边构成了一个图优化，本质上是一个最小二乘问题，优化变量为各个顶点的位姿，边来自位姿的观测约束。记ε为所有边的集合，那么总体目标函数为

$$\min_{\boldsymbol{\xi}} \frac{1}{2}\sum_{i,j\in\varepsilon}\boldsymbol{e}_{ij}^{\mathrm{T}}\sum_{ij}^{-1}\boldsymbol{e}_{ij} \tag{7-90}$$

依然可以用高斯-牛顿、Levenberg-Marquardt等方法求解此问题，除了用李代数表示优化位姿，别的都是相似的。

7.4 回环检测

7.4.1 基本概念

回环检测，又称闭环检测，主要解决位置估计随时间漂移的问题。回环检测与定位和建图二者都有密切的关系，如我们可以通过判断图像间的相似度来完成回环检测。当我们看到两张相似图像时，容易辨认它们来自同一个地方。如果回环检测成功，可以显著地减小累积误差，所以视觉SLAM中的回环检测，实质上是一种计算图像数据相似度的算法。由于图像的信息非常丰富，正确检测回环的难度也降低了不少。在检测到回环之后，后端会根据所获得的信息，把轨迹和地图调整到符合回环检测结果的样子。因此通过正确的回环检测即可消除累积误差，得到全局一致的轨迹和地图。

回环检测方法主要包括基于里程计的回环检测方法和基于外观的回环检测方法。基于里程计的回环检测方法是依靠位姿判断移动机器人是否回到探索过的区域的，如果位姿的距离足够小就认为产生了回环，但由于累积误差的存在，往往没办法正确发现运动到了之前某个位置附近的事实，因此通常采用基于外观的回环检测方法来实现相关功能，它和前端/后端的估计都无关，仅根据两张图像的相似度确定回环检测关系，摆脱了累积误差。

自21世纪初被提出以来，基于外观的回环检测方法能够有效地在不同场景下工作，成为视觉SLAM中主流的方法，并被应用于实际的系统中。在基于外观的回环检测方法中，核心问题是如何计算图像间的相似度，这里通常使用感知偏差和感知变异来判断好坏。接下来介绍基于外观的回环检测方法的相关知识。

7.4.2 词袋模型

对两个图像的特征点进行匹配，只要匹配数量大于一定值，就认为出现了回环。进一步，根据特征点的匹配，我们还能计算出这两张图像之间的运动关系。但特征点匹配会比较费时，当光照变化时特征描述可能不稳定，因此会使用词袋模型（Bag-of-Words model，BoW）进行解决。

回环检测通过词袋模型来量化所采集的场景图像，并进行数据关联、计算相似度，相似的数据说明场景相似，这样移动机器人就能识别出自己已经经过的地方。在文本信息检索领域，文本词袋模型指的是将文本看作词的无规律组合，每个词与其他词的关系都是独立无关的，只简单保留原始文本的部分信息。将词袋模型应用到视觉图像等相关领域，把图像看成是一些特征的集合，图像的特征则对应文本中的单词，从而用一个特征向量来表示图像，具体的步骤如下：

（1）根据对应的场景的图像信息，构建词袋模型词典，要求能尽可能地包含场景的丰富特征；

（2）当面对一张图像时，能够在所建立的词袋模型词典中找到图像所包含的特征，并用一个特征向量来描述图像；

（3）图像间的相似程度可以用特征向量来描述，从而检测是否构成局部或全局的闭环。

图像可以提取许多特征，所以单词只能是特征的共性，或者某一类特征的组合，因此可以通过聚类算法来生成词典。最简单有效的聚类算法之一是 k 均值聚类算法，假设有 n 个特征，需要分成 k 个类别，具体算法步骤如下。

（1）随机选取 k 个中心点：c_1、c_2、…、c_k。

（2）对图像中的每一个特征，计算它们各自到每一个中心点的距离，取距离最小的那个中心点作为它们的类别。

（3）再根据分类好的每个类别来计算它们的中心点。

（4）如果每个中心点的变化都很小，渐渐趋于稳定，那么算法收敛；否则返回第（2）步。

图像提取的大量特征点，通过 k 均值聚类算法可以聚类成单词词典。由于每张图像都能提取到大量特征，考虑到词典的通用性，通常会使用较大规模的词典，以保证当前所在环境中的特征都曾在词典中出现，或者至少有相近的表达。这时如何根据图像中的某个特征来查找词典中相应的单词呢？

词袋模型利用视觉词典将图像转化为向量。不同组织方式的视觉词典对应于不同的搜索复杂度，最基本的思想是和每个单词进行比较，取最相似的那个，但是这种时间复杂度 $O(n)$ 的算法查找效率不高。如果词典排过序，使用二分查找显然可以提升查找效率，达到对数级的时间复杂度，但是很明显还是不太符合要求。这里我们使用 k 叉树这种简单实用的树结构来表达词典，k 叉树词典示意图如图 7.11 所示。

（1）在根节点中所有图像特征被 k 均值聚类算法聚为 k 类，得到第一层聚类结果。

（2）针对第一层的每一个节点，把属于该节点的所有样本再次通过 k 均值聚类算法聚成 k 类，得到下一层。

（3）重复以上步骤，最后将会得到叶子层，就是我们想要的单词。

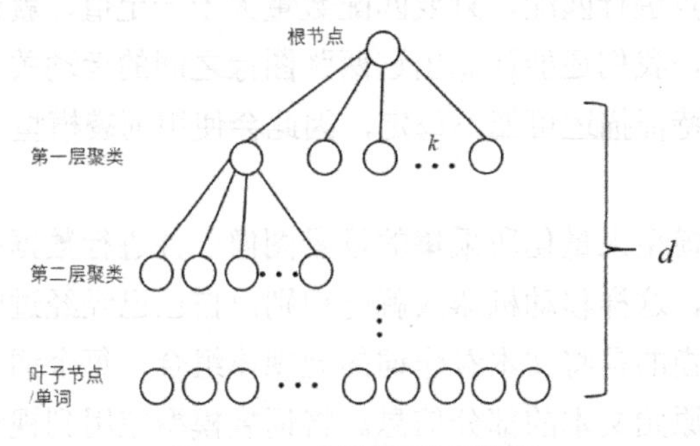

图 7.11　k 叉树词典示意图

这样就构造了一个分支为 k 、深度为 d 的树结构，可以容纳 k^d 个单词，而中间的树节点能方便我们快速查找在叶子节点中的单词，类似于在叶子节点单词层增加层次聚类的结构。查找某一特征所属的单词时，只需要将其与每个中间节点的聚类中心共比较 d 次，相对于原有的算法时间复杂度，大大提升了查找效率。

通过 k 叉树词典，可以找到任意给定特征 f_i 对应的单词 w_j 。k 叉树词典没有考虑到单词的重要性，假定所有单词都是同样重要的，但事实上不同的权值能更好地评估单词的区分度。比如文本检索的词频-逆文档频率（Term Frequency-Inverse Document Frequency，TF-IDF）方法，TF 表征某个单词在一幅图像中经常出现，则图像分类时的区分度就高的程度；IDF 表征某个单词在视觉词典中出现的频率越低，则图像分类时的区分度就越高的程度。单词的 TF 和 IDF 定义如下式所示。

$$
\begin{cases}
\mathrm{TF}_i = \dfrac{n_i}{n} \\
\mathrm{IDF}_i = \log \dfrac{m_i}{m}
\end{cases} \tag{7-91}
$$

式中，n 为该图像中所有单词出现的频次；n_i 为某一单词 w_j 出现的频次。IDF 部分指的是统计某一个叶子节点 w_j 中特征的数量 m_i 相比于所有特征的数量 m 的比例，定义单词 w_j 的权重等于 TF_i 和 IDF_i 的乘积：

$$
c_i = \mathrm{TF}_i \times \mathrm{IDF}_i \tag{7-92}
$$

结合权重因素，对于某幅图像 A ，将它的特征点对应到 N 个单词，那么图像可以用词袋模型描述为

$$
A = \{(w_1, c_1), (w_2, c_2), \cdots, (w_N, c_N)\} \tag{7-93}
$$

因此可以将一幅图像 A 通过词袋模型等效成一个向量 $\boldsymbol{v}_A$ ，那么对于给定的两幅图像 A、B ，就可以基于词袋模型来计算它们之间的差异或相似度，常用的方法是计算词袋向量的 L1 范数来评估它们之间的差异：

$$
\boldsymbol{s}(\boldsymbol{v}_A, \boldsymbol{v}_B) = 2\sum_{i=1}^{N} |\boldsymbol{v}_{Ai}| + |\boldsymbol{v}_{Bi}| - |\boldsymbol{v}_{Ai} - \boldsymbol{v}_{Bi}| \tag{7-94}
$$

虽然对于任意两幅图像，能计算它们之间的相似度，但当场景中有些地方很相似、有些地方差别很大时，考虑这种情况，假设某时刻图像与前一时刻的相似度为先验相似度 $\boldsymbol{s}(\boldsymbol{v}_t, \boldsymbol{v}_{t-\Delta t})$，则归一相似度为

$$
\boldsymbol{s}(\boldsymbol{v}_t, \boldsymbol{v}_{tj})' = \frac{\boldsymbol{s}(\boldsymbol{v}_t, \boldsymbol{v}_{tj})}{\boldsymbol{s}(\boldsymbol{v}_t, \boldsymbol{v}_{t-\Delta t})} \tag{7-95}
$$

7.4.3 评价指标——准确率和召回率

移动机器人判别两张图像的相似情况后，可能出现表 7.1 所示回环检测的结果分类中的四种回环情况。

表 7.1 回环检测的结果分类

算法	事实	
	是回环	不是回环
是回环	真阳性（True Positive，TP）	假阳性（False Positive，FP）
不是回环	假阴性（False Negative，FN）	真阴性（Tre Negative，TN）

这里阴性/阳性的说法是借用了医学上的说法。FP 又称为感知偏差，而 FN 又称为感知变异。

由于我们希望算法和人类的判断一致，所以希望 TP 和 TN 尽量高，而 FP 和 FN 尽量低。所以，对于某种特定算法，我们可以统计它在某个数据集上的 TP、TN、FP、FN 的出现次数，并计算两个统计量：准确率和召回率。

$$\text{准确率}=\frac{\mathrm{TP}}{\mathrm{TP}+\mathrm{FP}} \quad \text{召回率}=\frac{\mathrm{TP}}{\mathrm{TP}+\mathrm{FN}} \tag{7-96}$$

在 SLAM 中，我们对准确率要求更高，而对召回率则相对宽容一些。由于 FP（检测结果是而实际不是）的回环将在后端的位姿图中添加错误的边，有时会导致优化算法给出完全错误的结果。相比之下，若召回率低一些，则最多有部分回环没有被检测到，地图可能受一些累积误差的影响，但是仅需一两次回环就可以完全消除它们。所以在选择回环检测算法时，我们更倾向于把参数设置得更严格一些，或者在检测之后再加上回环验证的步骤。

7.5 案例分析：ORB-SLAM2 算法

7.5.1 ORB-SLAM 概述

1．ORB-SLAM 优势

ORB-SLAM 是现代 SLAM 系统中做得非常完善、非常易用的系统之一。ORB-SLAM 代表着主流特征点 SLAM 的一个高峰，相比于之前的工作，具有以下优势。

（1）支持单目、双目、RGB-D 三种模式。这使得无论我们拿到了哪一种常见的传感器，都可以先放到 ORB-SLAM 上测试一下，它具有良好的泛用性。

（2）整个系统围绕 ORB 特征进行计算，包括视觉里程计与回环检测的 ORB 词典，它体现出 ORB 特征是现阶段计算平台的一种优秀的效率与精度之间的折中方式。ORB 不像

SIFT 或 SURF 那样费时，在 CPU 上即可实时计算，相比于 Harris 角点等简单角点特征，ORB 具有良好的旋转和缩放不变性。并且，ORB 提供描述子，使我们在大范围运动时能够进行回环检测和重定位。

（3）ORB 的回环检测是它的亮点。优秀的回环检测算法保证了 ORB-SLAM 有效地防止累积误差，并且在丢失之后还能迅速找回，这在许多现有的 SLAM 系统中都不够完善。为此，ORB-SLAM 在运行之前必须加载一个很大的 ORB 词典文件。

（4）ORB-SLAM 创新式地使用了三个线程完成 SLAM：实时跟踪特征点的跟踪线程、局部 BA 优化的优化线程，以及全局位姿图的回环检测与优化线程。第一个线程，即跟踪线程负责对每张新来的图像提取 ORB 特征点，并与最近的关键帧进行比较，计算特征点的位置并粗略估计相机位姿。第二个线程，即小图线程，求解一个 BA 优化问题，它包括局部空间内的特征点与相机位姿。这个线程负责求解更精细的相机位姿与特征点的空间位置。不过，仅有前两个线程，只完成了一个比较好的视觉里程计。第三个线程，即大图线程，对全局的地图与关键帧进行回环检测，消除累积误差。由于全局地图中的地图点太多，所以这个线程的优化不包括地图点，而只有相机位姿组成的位姿图。

继 PTAM 的双线程结构之后，ORB-SLAM 的三线程结构取得了非常好的跟踪和建图效果，能够保证轨迹与地图的全局一致性。这种三线程结构亦将被后续的研究者认同和采用。

（5）ORB-SLAM 围绕特征点进行了不少的优化。例如，在 OpenCV 的特征提取基础上保证了特征点的均匀分布，在优化位姿时使用了一种循环优化 4 遍以得到更多正确匹配的方法，比 PTAM 更为宽松的关键帧选取策略等。这些细小的改进使得 ORB-SLAM 具有远超其他方案的鲁棒性：即使对于较差的场景、较差的标定内参，ORB-SLAM 都能顺利地工作。

上述这些优势使得 ORB-SLAM 在特征点 SLAM 中成为顶峰，许多研究工作都以 ORB-SLAM 为标准，或者在它的基础上进行后续的开发。它的代码以清晰易读著称，有着完善的注释，可供后来的研究者们进一步理解。之后研究者在单目 ORB-SLAM 的基础上提出了 ORB-SLAM2。

2. ORB-SLAM2 算法框架

经典 ORB-SLAM2 算法整体框架（见图 7.12）主要可分为三大线程：跟踪线程、局部建图线程和回环检测线程。

首先在跟踪线程中将采集的图像帧输入系统，根据相邻帧提取的特征点，利用离线的词袋模型词典正向查询加速特征点匹配，根据最小化重投影误差完成位姿估计，实现跟踪。然后在局部建图线程中，筛选关键帧输入系统，根据当前地图点与关键帧之间的对应关系，获取其与共视图像间的公共地图点来丰富地图，同时对重复的关键帧和共视点较少的地图点进行滤除。利用新插入的关键帧和与其较为相似的候选关键帧在回环检测线程中进行相似度判定，确定回环发生与否，选择高相似度关键帧，在产生回环时进行回环融合。最后依据不断选取输送的关键帧，进行全局优化，最终获得所构建的全局一致的地图。

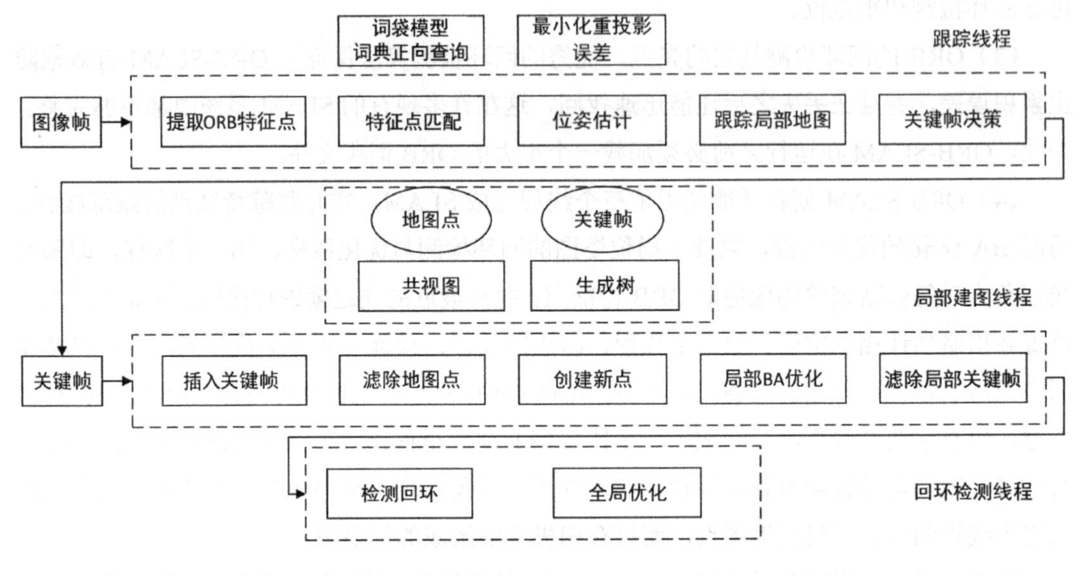

图 7.12　经典 ORB-SLAM2 算法整体框架

7.5.2　ORB-SLAM2 基本原理

ORB-SLAM2 是基于单目、双目和 RGB-D 相机的一套完整的 SLAM 方案，它能够实现地图重用、回环检测和重新定位的功能。无论是室内的小型手持设备，还是工厂环境中的无人机和城市里驾驶的汽车，ORB-SLAM2 都能在标准的 CPU 上进行实时工作。ORB-SLAM2 在后端上采用的是基于单目和双目的 BA 优化方法，这个方法允许米制比例尺的轨迹精确度评估。此外，ORB-SLAM2 包含一个轻量级的定位模式，该模式能够在允许零点漂移的条件下，利用视觉里程计来追踪未建图的区域并且匹配特征点。

ORB-SLAM2 有以下贡献。

（1）这是首个基于单目、双目和 RGB-D 相机的开源 SLAM 方案。

（2）结果说明，BA 优化比 ICP 或光度和深度误差最小的方法更加精确。

（3）通过匹配远处和近处双目匹配的点和单目观测，本算法的结果比直接使用双目系统更加精确。

（4）针对无法建图的情况，ORB-SLAM2 提出了一个轻量级的定位模式，能够更加有效地重用地图。

ORB-SLAM2 系统主要有 3 个并行的线程，其流程图如图 7.13 所示。

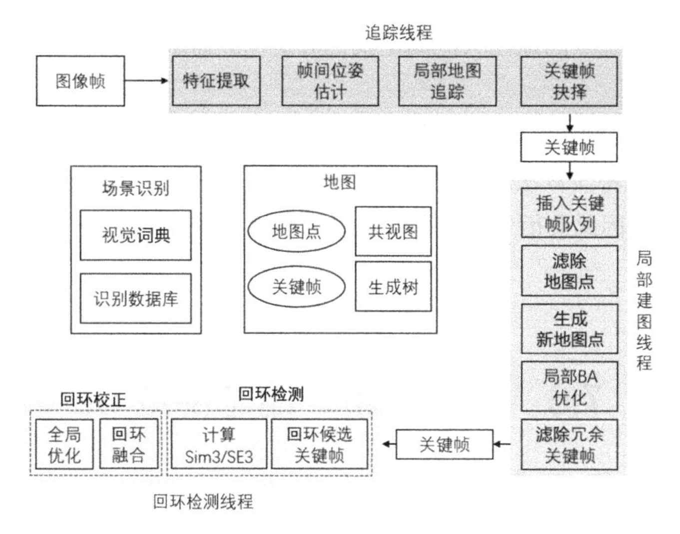

图 7.13 ORB-SLAM2 的流程图

（1）通过寻找局部地图的特征，并且进行匹配，以及只运用 BA 优化算法来最小化重投影误差，进行跟踪和定位每帧的相机。

（2）运用局部的 BA 优化算法设置局部地图并且优化。

（3）回环检测能够通过执行位姿图的优化来更正累计漂移误差。在位姿优化之后，会启动第 4 个线程来执行全局 BA 优化算法，计算整个系统最优的结构和运动的结果。

该系统用一个基于 DBoW2 的嵌入式位置识别模型来达到重定位、防止跟踪失败（如遮挡），或者已知地图的场景重新初始化和回环检测的目的。这个系统产生关联可见的图，连接两个关键帧的共同点，连接所有关键帧的最小生成树。这些关键帧的图结构能够得到一个关键帧的局部窗口，便于跟踪和局部建图，并且在大型环境中的回环检测部分可以作为一种图优化的结构。

该系统使用相同的 ORB 特征进行跟踪、建图和位置识别的任务。这些特征在旋转不变性和尺度不变性上有良好的鲁棒性，同时对相机的自动增益、曝光和光线的变化表现出良好的稳定性，并且能够迅速地提取特征和进行匹配，能够满足实时操作的需求，能够在基于词袋的位置识别过程中，显示出良好的精度。

ORB-SLAM2 算法在运行过程中会对输入帧进行特征点的提取及跟踪，并利用这些特征点实现移动机器人的位姿估计，同时利用获取的点及相应帧间位姿关系实现点云地图的构建。

首先，由于整个 SLAM 系统都采用特征点进行计算，所以必须对每张图像都计算一遍 ORB 特征，这是非常耗时的。ORB-SLAM2 的三线程结构也给 CPU 带来了较重的负担，使得 ORB-SLAM2 只有在当前 PC 架构的 CPU 上才能实时运算，移植到嵌入式端则有一定困难。

其次，ORB-SLAM2 的建图为稀疏特征点，目前还没有开放存储和读取地图后重新定位的功能，且稀疏特征点的地图只能满足我们对定位的需求，而无法提供导航、避障、交互等诸多功能。

最后，ORB-SLAM2 算法无法应用于动态场景，估计轨迹会存在巨大偏差，且所构建的地图会出现重影。将该算法应用于动态场景时，动态对象上的特征点同样会被提取并跟踪，造成上述问题。因此会衍生出诸多动态视觉 SLAM 进行解决，下面将介绍一种动态视觉 SLAM。

7.6 案例分析：动态视觉 SLAM

所谓的动态环境是指在自然环境中，存在一定的相对于背景静态环境移动的物体，如室内环境中相对来说能够产生移动的对象主要是人、椅子、书籍等，它们移动时，则可称之为动态对象，而此时的环境则可称之为动态环境。

当环境中出现动态对象时，该对象上的动态点会干扰移动机器人的判断，移动机器人会认为环境中动态对象的移动是由移动机器人自身携带的相机的运动引起的，从而使得路标点的选取出现偏差，移动机器人会认为该路标点是静态环境下的，那么根据该路标点计算出来的移动机器人位姿就会与真实静态环境下的真实位姿存在偏差，该偏差长期累积之后，移动机器人的运动位姿估计会越来越不准确，造成 SLAM 系统中位姿估计的混乱，移动机器人在动态环境下的运行示意图如图 7.14 所示，因此动态环境下的 SLAM 算法研究成了目前的研究热点。

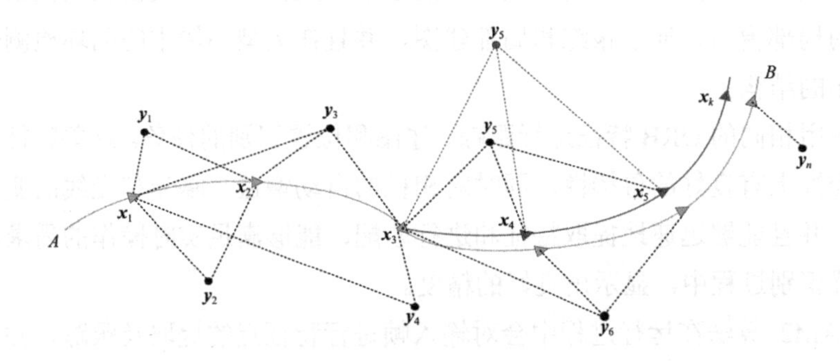

图 7.14　移动机器人在动态环境下的运行示意图

7.6.1 动态点的识别

1. 环境中的动态信息

所谓的动态环境是指在自然环境中，存在一定的相对于背景静态环境移动的物体。本案例研究的主要是室内动态环境，相对来说其中能够产生移动的对象主要是人、动物等。

它们移动时，则可称之为动态对象。

环境中的物体通常可分为三类。

静态对象：长期处于静止状态、稳定不变的对象，如室内环境中的桌、柜等处于固定状态的物体。

半静态对象：大部分时间是静止的，但会在某段时间运动。

动态对象：长期处于移动状态的对象。同时动态对象还需分为高动态对象和低动态对象，其中高动态对象指的是该物体整体处于移动状态；而低动态对象指的是该物体的局部位置移动，而非整体都处于移动状态。通常室内环境中的人会处于这种低动态状态，即人的手臂等某一部位运动。

本节主要研究动态环境中动态对象的滤除问题，首先将环境内除去动态信息后的剩余环境统一称为静态环境。在动态环境中获取信息时，利用相机获取彩色图及深度图，在提取图像特征点时作用于整张图像上，特征点的提取并不会区分静态特征点和动态特征点，对动态环境中的静态背景和动态对象均进行特征点的提取，此时获取到的动态对象上的特征点则可视为动态信息，动态信息通常对传统的 SLAM 算法在位姿估计及建图中都会产生影响。

2. 动态点对位姿估计的影响

位姿估计是移动机器人定位的关键，其展示了某段时间内的位姿变换。首先我们假设在时间序列 $t=1、2、\cdots、k$ 内，移动机器人携带着相机传感器，在实验环境中从 A 点运动到 B 点，在该段路程中移动机器人在每个时刻都会获取一个对应的位姿信息，记为 $\boldsymbol{x}_k$。在获取位姿信息后，其自身携带的相机也会在运行时对环境中的一些特征信息（路标点）$\boldsymbol{y}_n$ 有所观测。

其静态环境下的运动示意图如图 7.15 所示。

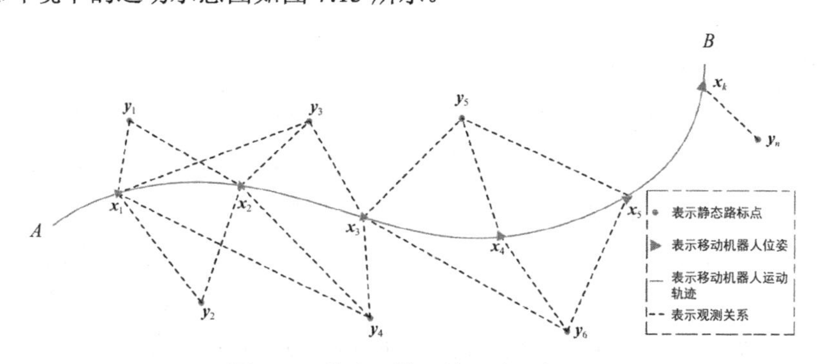

图 7.15　静态环境下的运动示意图

由于移动机器人在获取位姿信息时，会对路标点进行多余位姿点的观测，因此通常 $n>k$。移动机器人经过一段时间的运行，由观测到的位姿及路标点信息可以获得用数学描述的过程模型。其中运动学方程可以更抽象地表示为

$$x_k = f\left(x_{k-1}, u_k, w_k\right) \tag{7-97}$$

同样也可以用抽象函数描述观测方程，可以表示为

$$z_{k,j} = h\left(y_j, x_k, v_{k,j}\right) \tag{7-98}$$

式中，$z_{k,j}$ 表征的是移动机器人在 x_k 位姿上观测 y_j 得到的观测数据。

当移动机器人在复杂的动态环境下工作时，其运动过程中有动态对象介入，高动态对象会使得相邻帧间产生巨大的不一致性，极大地影响系统跟踪并进行位姿估计的过程，会出现如图 7.16 所示动态环境下的运动示意图。

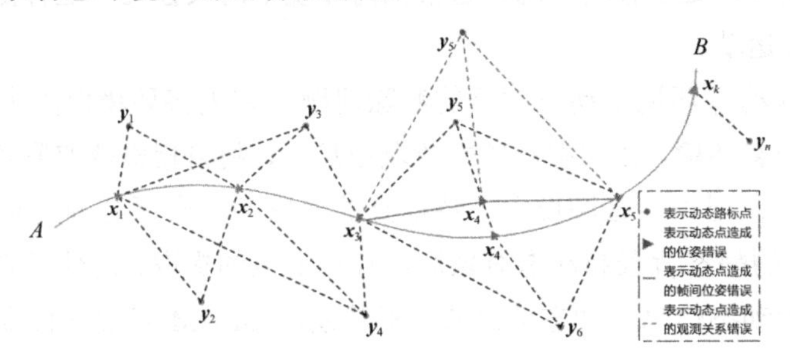

图 7.16　动态环境下的运动示意图

以 x_4 时刻为例，环境中出现的动态信息会干扰移动机器人的判断。在获取到的图像信息中提取特征时，移动机器人会对所有信息进行特征提取，认为环境中动态对象的移动是由移动机器人自身携带相机的运动引起的，从而导致路标点选取出现偏差，认为该路标点是静态环境内的观测信息。

那么根据该路标点计算出的移动机器人位姿就会导致位姿估计错误，与静态环境下的真实位姿存在一定偏差。该偏差长期累积之后，移动机器人的运动位姿估计会越来越不准确，造成 SLAM 系统中位姿估计的混乱，因此滤除动态信息至关重要。

3．环境中动态点的识别

在处理动态点时既要对高动态对象进行处理，又要针对低动态对象的动态部位进行处理，这就要求不能单纯地将可能运动的对象直接识别屏蔽，这样可能会导致在某时间段内缺乏相关信息，因此要对预设动态对象进行再识别处理。

这同时也引发了处理动态环境的一个关键问题，即在跟踪算法进行的过程中，如何避免算法对动态对象内特征点的识别跟踪，归根结底就是如何在跟踪和建图两个方面避免动态点的应用以获得正确的特征点匹配信息，从而实现算法功能。那么解决这一问题最首要的就是对动态点的准确识别与滤除。

传统 SLAM 算法对动态点的滤除主要有光流法检测运动一致性，以及多视图几何约束方法通过设置误差阈值进行检测。光流法对运动检测存在一定的误差，影响系统数据关联的鲁棒性，因此多数光流法都与其他方法结合使用。同时光流法根据目标与背景的相对

信息差完成动态信息的识别，对背景相较于相机处于同步移动时的效果较好，同时由于光流法是依据图像的亮度变化实现的，因此其对光照的要求较为严苛。在实际环境中，复杂的环境光会使得光流法出现较为严重的误差，其运行效果并不稳定；而多视图几何约束方法则相对来说较为稳定，可以有效地避免对光照条件的要求。

4．多视图几何约束

采用多视图几何约束方法进行动态点的初检，利用静态特征点的三维空间相对位置不变的特性及变换关系之间的差异分离静态特征点和动态特征点，多视图几何约束如图 7.17 所示。

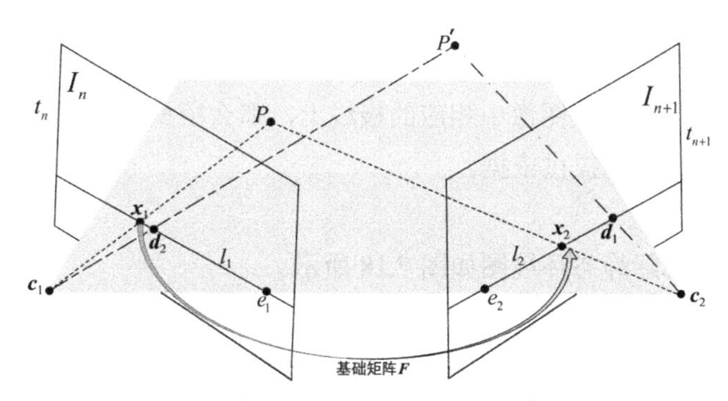

图 7.17　多视图几何约束

设 I_n、I_{n+1} 表示在 t_n、t_{n+1} 时刻获得的两帧连续的图像；$\boldsymbol{x}_1$、$\boldsymbol{x}_2$ 表示同一特征点在相邻帧图像中的位置，$\boldsymbol{x}_1=[u_1,v_1,1]$，$\boldsymbol{x}_2=[u_2,v_2,1]$，其中 u、v 为像素坐标；$\boldsymbol{d}_1$、$\boldsymbol{d}_2$ 分别表示 $\boldsymbol{x}_1$ 为动态点时在 I_{n+1} 帧图像中的位置及将其映射回 I_n 时所处的位置；$\boldsymbol{c}_1$、$\boldsymbol{c}_2$ 表示相机在两相邻时刻的位置；e_1、e_2 表示两帧图像中的对极点；l_1、l_2 表示两帧图像中的对极线。由极线几何可得如下关系：

$$\boldsymbol{x}_k=f\left(\boldsymbol{x}_{k-1},\boldsymbol{u}_k,\boldsymbol{w}_k\right) \tag{7-99}$$

展开后可得

$$\left[u_1u_2,u_1v_2,u_1,v_1u_2,u_1v_2,v_1,u_2,v_2,1\right]\boldsymbol{F}=0 \tag{7-100}$$

计算可得基本矩阵 $\boldsymbol{F}$：

$$\boldsymbol{F}=\begin{bmatrix} f_1 & f_2 & f_3 \\ f_4 & f_5 & f_6 \\ f_7 & f_8 & f_9 \end{bmatrix} \tag{7-101}$$

那么极线约束可以表示为

$$\begin{gathered} \boldsymbol{l}_2=\boldsymbol{F}\boldsymbol{x}_1 \\ \boldsymbol{x}_2^{\mathrm{T}}\boldsymbol{F}\boldsymbol{x}_1=0 \end{gathered} \tag{7-102}$$

同样，可得到单应矩阵 $\boldsymbol{H}$ 为

$$\begin{bmatrix} u_2 \\ v_2 \\ 1 \end{bmatrix} = \begin{bmatrix} h_1 & h_2 & h_3 \\ h_4 & h_5 & h_6 \\ h_7 & h_8 & h_9 \end{bmatrix} \begin{bmatrix} u_1 \\ v_1 \\ 1 \end{bmatrix} \tag{7-103}$$

则一对匹配点整理可得

$$\begin{aligned} h_1u_1 + h_2v_1 + h_3 - h_7v_1u_2 - h_8v_1u_2 = u_2 \\ h_4u_1 + h_5v_1 + h_6 - h_7u_1v_2 - h_8v_1v_2 = v_2 \end{aligned} \tag{7-104}$$

利用 4 对匹配点即可计算得出单应矩阵，基本矩阵和单应矩阵均可获得旋转矩阵 $\boldsymbol{R}$ 和变换矩阵 $\boldsymbol{T}$ 的值。

本节利用单应矩阵表明相邻两帧图像间的特征点相对变换关系。对极约束要求前帧图像中的静态特征点位于当前帧图像中相应的极线上，那么根据变换矩阵将前帧特征点映射到当前帧，则可为后续判别提供依据。

（1）静态环境。

取相邻两帧室内实际静态环境图如图 7.18 所示。

图 7.18　相邻两帧室内实际静态环境图

极线约束是通过变换矩阵来完成判别的，因此其估计的准确性是关键。首先提取 ORB 特征点，获得单应矩阵 $\boldsymbol{H}$ 后，用 $\boldsymbol{H}$ 去计算两个连续帧图像中的对极线。

通过极线几何相关计算，可以找到对应的极点及极线的位置，静态环境结果图如图 7.19 所示。

图 7.19　静态环境结果图

由上图我们可以看出，相邻两帧的室内环境图内部没有动态对象干扰，其获取的对极

点及对极线都是处于同一位置的，即左侧图中获取的特征点，经过单应矩阵换算之后，该点的预估位置与右图获得的真实特征点位置重合，处于右图的对极线上。

（2）动态环境。

在动态环境对极几何约束中，动态点和原始的单应矩阵之间不再满足极线几何约束的关系，像素点与其极线之间会存在运动差值。那么根据这个运动差值，设定阈值，如果特征点不在对极线上并且误差超过阈值，则判定特征点处于运动状态。

动态环境结果图如图 7.20 所示，当环境中存在动态对象干扰时，图像在下一帧中得到的极点与对极线的位置存在偏差。

图 7.20　动态环境结果图

因此对于室内环境存在动态对象时，本书通过光流跟踪及特征点匹配优化之后，利用环境中的静态点，使用具有最多内点的 RANSAC 获得一个预估准确的单应矩阵后，即可进行动态点的判定。

特征点 d_2 与对应极线之间的距离 Dis 可通过下式计算获得。

$$\mathrm{Dis}=\sqrt{\left(u_1-u_2\right)^2+\left(v_1-v_2\right)^2} \tag{7-105}$$

设定阈值为 δ：

$$\delta=\frac{\sum_{i=0}^{N}\mathrm{e}^{-\mathrm{Dis}_i}}{N} \tag{7-106}$$

式中，N 为提取的特征点数。

当 Dis＞δ 时，将该特征点设置为预动态点，等待后续结合语义信息对运动状态最终确认。

动态环境的视觉 SLAM 不能光依靠多视图几何约束，因为在进行动态环境分割时，如果单纯利用几何法进行，虽然会提高运行速度，但是有一个致命的缺点是它的滤除精度不够，同时还存在动态对象缺乏整体性的问题，会出现非动态对象内的特征点被认定为动态点进行滤除的情况。

随着近年来深度学习的发展，将深度学习与传统方法结合的动态环境处理方法是目前处理效果比较好的方法。

7.6.2 动态视觉 SLAM 的整体框架

为了滤除动态信息的影响，本节将动态点滤除模块添加至系统，并在其后进行回环检测及优化，针对冗余信息的问题改进了关键帧筛选策略，以保证算法在室内动态环境下应用的高精度和稳定性，动态视觉 SLAM 的整体框架如图 7.21 所示。

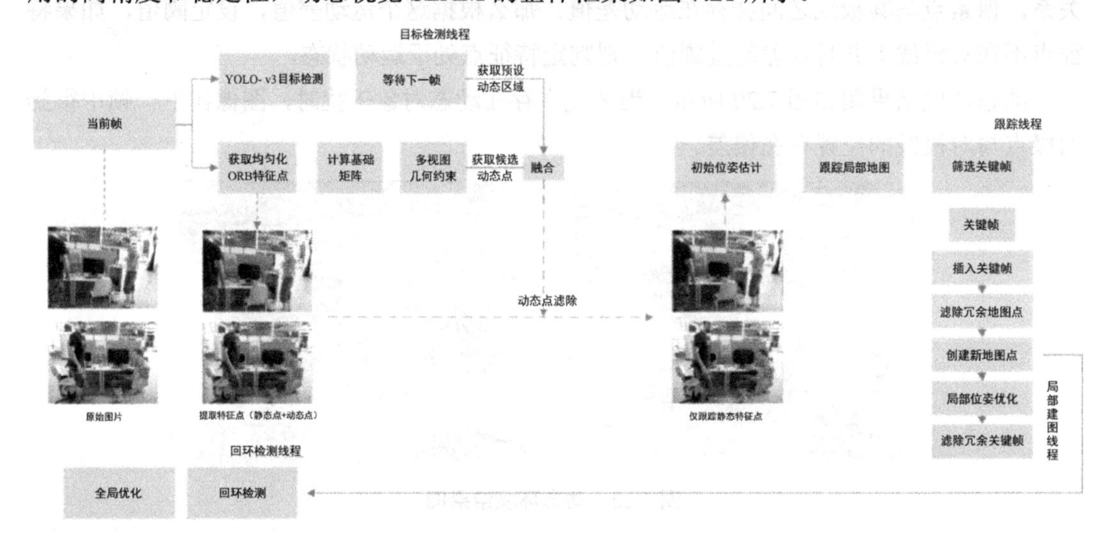

图 7.21　动态视觉 SLAM 的整体框架

为使 SLAM 框架清晰明了，上图将部分实验结果图结合到了系统框架内，从而辅助展示，点云提取展示的实验图使用的分别是 TUM 中的 rgbd_dataset_freiburg3_walking_static 和 rgbd_dataset_freiburg3_walking_xyz 数据集，具体的实现步骤将在后续章节进行详细阐述。

改进系统在 ORB-SLAM2 算法基础上增添了动态点滤除模块，为了保证系统的实时性，采用精度与速度完美权衡的 YOLO-v3 目标检测算法，将其提前进行离线训练获得权重文件，在 SLAM 运行时在线加载进行目标检测，获取候选动态对象。采用多视图几何约束方法，通过两帧间的极线约束来获取候选动态点，同时采用再判别的融合方式，对候选动态点进行判定。若候选动态点处于检测的候选动态对象内则被视为真实动态点并被滤除，从而获得无运动信息的环境，再执行跟踪线程进行后续操作，得到稳定的静态匹配关系及接近真实值的位姿估计。

这样既不会使低动态对象内部的特征点全部滤除，增加了整体提取的特征点数，降低了跟踪失败的风险，又能使高动态对象实现整体化，并滤除其内部存在的动态特征点，同时在精准滤除动态点的情况下，保证系统的运行效率。对其他使用语义分割或实例分割来进行分割动态对象的做法来说，使用 YOLO-v3 目标检测算法不需要较高的计算机性能，使用 CPU 即可实现系统的安装加载，落实到移动机器人上非常友好。

在动态环境下，除累积误差外，还有动态对象导致的相机位姿估计误差。在进行动态点滤除后，由于检测不完全等原因，会存在极少量的残留动态信息，其长时间的影响会使得估计误差逐渐增大，而回环检测线程则可以较大程度上滤除残留动态干扰造成的影响。接下来将添加回环检测来较少累积误差，利用 G2O 框架进行全局优化，对系统的关键帧进行选择，从而平衡各模块之间的时间效率，以达到更稳定的运行效果。

1. 基于外观的回环检测

滤除了动态环境下动态对象对位姿估计的影响后，依据环境中的静态点进行跟踪及位姿估计，但是位姿估计是帧到帧的。

每一帧相对真实位姿的误差都会在运行过程中将其传输到下一帧，圆形虚线代表估计误差，从图 7.22 所示累积误差示意图中可以看出随着时间的推移，系统的估计误差随着帧间的计算而逐渐增大，从而形成累积误差。

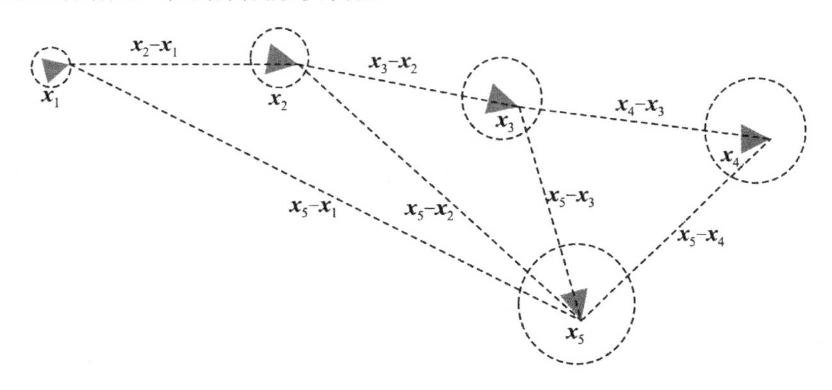

图 7.22　累积误差示意图

移动机器人在运动中不断累积估计误差，最终会导致位姿估计的严重偏差，无法保证位姿估计的准确性，如图 7.23（a）回环检测失败示意图所示的情况。很显然，如果在图 7.22 中可以直接从 $\boldsymbol{x}_3$ 计算到 $\boldsymbol{x}_5$ 的话，则会大大降低累积误差。但将所有的前帧与当前帧进行匹配是不现实的，同时也大幅增加了计算量，因此我们可以根据图像的相似度，将所有前帧抽象成集合再进行比对，利用回环检测来提供较长时间间隔内的非线性约束来优化位姿估计。

回环检测成功时则可达到图 7.23（b）回环检测成功示意图所示的效果，获得正确估计的移动机器人位姿轨迹。移动机器人移动到之前来过的位置时，可以准确地识别并确定位置重叠，以保证位姿估计的准确性。

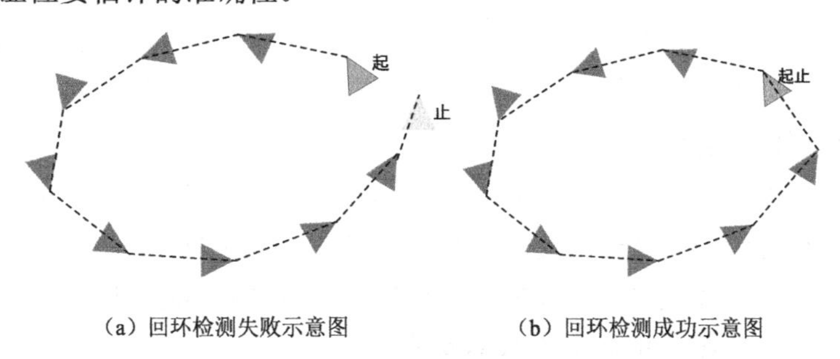

（a）回环检测失败示意图　　（b）回环检测成功示意图

图 7.23　回环检测示意图

2．基于冗余检测的改进关键帧筛选策略

移动机器人运行时，自身携带的相机以每秒数帧的速度从环境中获取图片，如果对每帧图片均进行处理，会消耗大量非必要时间及内存资源，导致系统实时性严重下降。高质量关键帧的筛选策略保证了在较高帧间相关性及较低冗余程度的情况下，系统运行的稳健性及高精度。因此要对提取的数据帧进行筛选，在保证系统运行的前提下尽量减少冗余，以关键帧这类局部信息精准地替代所有图像帧这一全局信息。

首先以图像帧内点数先进行预选关键帧的选择，而后对关键帧再次判定，若当前预选关键帧和前 n 帧关键帧跟踪特征点信息的相似度较高，则将其认定为冗余关键帧，并将其滤除，最后再进行局部及全局回环检测。下面是具体实现步骤。

（1）若当前帧内点数超过最小阈值 $\delta = 30\% P_{\text{pre}}$ 则进行接下来的判断，其中 P_{pre} 为已有关键帧内点数。

（2）若当前帧与上一关键帧之间至少过去 MIN 帧，且局部建图线程中关键帧队列内帧数 $n \leqslant 3$，则将其视为预选关键帧，取 $\text{MIN} = 15$。

（3）若当前帧与上一关键帧之间已经间隔 MAX 帧，则将其视为预选关键帧，取 $\text{MAX} = 30$。

（4）当该预选关键帧中特征点与前 K 关键帧内的共视点的比例超过设定阈值 ε 时，将其视为冗余关键帧进行滤除，取 $K = 3$，$\varepsilon = 0.8$。

（5）若未超过阈值 ε，则将其视为真实关键帧。

（6）重复上述步骤。

在选择关键帧的基础上，考虑关键帧的冗余情况，根据与前 K 关键帧内共视点的比较，成功权衡了效率与精度的问题，同时也确保了有足够的运行关键帧，避免出现断帧情况。在减轻系统数据处理负担的情况下，确保系统鲁棒性及跟踪稳定性。

3．构建回环检测模型

每帧图像可以看作是内部特征的集合，将集合内的特征使用一个单词元素来替换，从而可将图像转化成特征向量。通过词袋模型来量化所采集的场景图像，进行数据关联计算相似度，则可成功判定是否构成回环。

具体的步骤如下。

（1）对场景图像提取特征信息，利用 k 均值聚类将所有特征样本聚类成 k 类，形成 k 叉树。对每层节点进行再聚类，最终到达叶子层，利用词表示叶子节点 w_i，从而构建出以词代表丰富特征信息的词袋模型。

（2）对于给定的图像 F，可在词袋模型内找到给定图像特征 f_i 对应的特征替换词 w_i，在选取特征替换词时考虑到准确性及该词的区分程度，采用 TF-IDF 方法进行判定。其中，IDF 表征某个单词在视觉词典中出现的频率越低，则图像分类时的区分度就越高的程度，可在词典训练过程中计算，w_i 的 IDF 可表示为

$$\mathrm{IDF}_i = \log \frac{m_i}{m} \tag{7-107}$$

式中，m_i 为训练时 w_i 中的特征数；m 为特征总数。

TF 指某个特征在一幅图像中出现的频率，若经常出现，则区分度高。TF 需要针对图像特征计算，则 w_i 的 TF 可表示为

$$\mathrm{TF}_i = \frac{n_i}{n} \tag{7-108}$$

式中，n_i 为单词 w_i 出现的次数；n 为单词总数。

利用 $\mathrm{TF} \times \mathrm{IDF}$ 的乘积作为单词权重 μ_i 来决定最终的替换词：

$$\mu_i = \mathrm{TF}_i \times \mathrm{IDF}_i = \frac{n_i}{n} \times \log \frac{m_i}{m} \tag{7-109}$$

结合权重，可将图像 F 利用词袋模型表示，而后等效成一个向量 $\boldsymbol{\alpha}_F$：

$$F = \left\{ (w_1, \mu_1), (w_2, \mu_2), \cdots, (w_n, \mu_n) \right\} = \boldsymbol{\alpha}_F \tag{7-110}$$

（3）通过 L1 范式计算两张图像 A、B 间特征向量的相似程度，判定是否构成局部或全局的回环。

$$\boldsymbol{s}(\boldsymbol{\alpha}_A, \boldsymbol{\alpha}_B) = 2\sum_{i=1}^{N} |\boldsymbol{\alpha}_{Ai}| + |\boldsymbol{\alpha}_{Bi}| - |\boldsymbol{\alpha}_{Ai} - \boldsymbol{\alpha}_{Bi}| \tag{7-111}$$

虽然任意两帧图像均可获得其 $\boldsymbol{s}(\boldsymbol{\alpha}_A, \boldsymbol{\alpha}_B)$ 值，但实际场景中可能会存在许多出现率比较高的物体，有些地方很相似，有些地方又差别很大，因此需要进行先验相似度考虑。假设某时刻图像与前一时刻图像的相似度为 $\boldsymbol{s}(\boldsymbol{\alpha}_t, \boldsymbol{\alpha}_{t-\Delta t})$，则可将某场景中图像相似度进行归一化处理，以获得更好的效果。

$$\eta(\boldsymbol{\alpha}_t, \boldsymbol{\alpha}_{tj}) = \frac{\boldsymbol{s}(\boldsymbol{\alpha}_t, \boldsymbol{\alpha}_{tj})}{\boldsymbol{s}(\boldsymbol{\alpha}_t, \boldsymbol{\alpha}_{t-\Delta t})} \tag{7-112}$$

7.6.3 后端优化

要想在长时间的运行时间内获得一个最优的轨迹和地图，除回环检测外，还要考虑到运行轨迹不是回环的情况，此时就需要对整体算法进行优化，后端优化模块就是为解决这一问题存在的，因此本节将在模型内添加回环边并进行后端优化。

1. BA 优化与图优化

利用 PnP 求解位姿之后，需要用 BA 优化算法完成非线性优化。BA 优化算法属于批量式优化算法，根据诸多观测数据求解最优估计。由于每个观测仅关系到两个变量，一个是相机位姿，一个是路标位置，考虑在位姿 i 处对路标点 j 的一次观测 z_{ij}，则此时的误差可

以表示为

$$e_{ij}=z_{ij}-h\left(x_i,y_j\right) \tag{7-113}$$

那么将位姿x_i使用数学上的李代数ξ_i表示，用p_j表示路标点y_j，考虑其他时刻，并进行批量式优化，获得整体估计误差：

$$\frac{1}{2}\sum_{i=1}^{k}\sum_{j=1}^{n}\|e_{ij}\|^2=\frac{1}{2}\sum_{i=1}^{k}\sum_{j=1}^{n}\|z_{ij}-h\left(\xi_i,p_i\right)\|^2 \tag{7-114}$$

式中，ξ_i为第i时刻相机的位姿；p_i为第i个特征点的世界坐标位置；z_{ij}为第i时刻、第j个特征点的实际像素位置；$\frac{1}{2}\sum_{i=1}^{k}\sum_{j=1}^{n}\|e_{ij}\|^2$为第$i$个相机、第$j$个特征点的重投影之和。

将相机及路标点的优化量分别进行整体化处理，x_ξ表示相机优化总量，x_p表示路标优化总量，x表示总体优化。

$$x_\xi=\left(\xi_1,\xi_2,\cdots,\xi_k\right)^{\mathrm{T}}\in R^{6k} \tag{7-115}$$

$$x_p=\left(p_1,p_2,\cdots,p_k\right)^{\mathrm{T}}\in R^{3n} \tag{7-116}$$

$$x=x_\xi+x_p=\left(\xi_1,\xi_2,\cdots,\xi_k,p_1,p_2,\cdots,p_n\right)^{\mathrm{T}} \tag{7-117}$$

则其增量式可表示为

$$\frac{1}{2}\|f\left(x+\Delta x\right)\|^2=\frac{1}{2}\|e+F\Delta x_\xi+E\Delta x_p\|^2 \tag{7-118}$$

而后使用最速下降法、牛顿法等进行最小化误差的位姿估计。BA优化中路标点和位姿都是不确定的，两者都是优化变量；而位姿图优化中假设路标点是确定的，优化变量只有位姿，路标点则是式中的约束量。本节的全局后端优化实际上是一个整体的优化实现，考虑到整体运行之后路标点的固定性，全局后端优化采用位姿图优化来实现。

2．后端全局位姿图优化

将上面的回环检测应用到后端全局位姿图优化中，则BA优化使用添加回环约束的图模型表示，如图7.24所示。

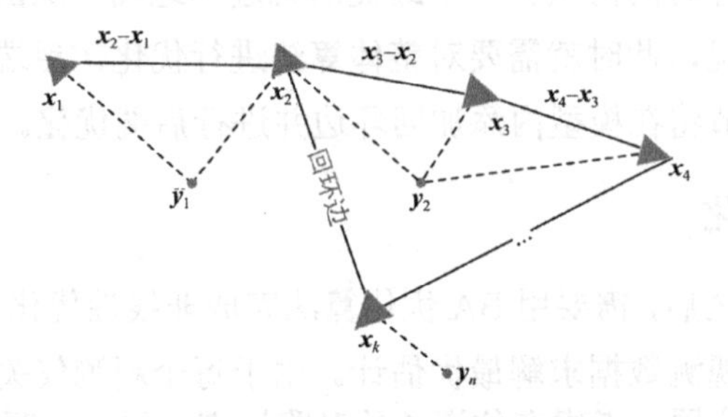

图7.24　BA优化使用添加回环约束的图模型表示

对位姿进行估计，同样用李代数 $\boldsymbol{\xi}_i$ 表示位姿节点 $\boldsymbol{x}_i$，其属于优化变量。边表示约束，实线表示运动约束，虚线表示观测约束。除边约束外还有路标约束量，那么 $\boldsymbol{\xi}_i$ 和 $\boldsymbol{\xi}_j$ 之间的相对运动 $\Delta\boldsymbol{\xi}_{ij}$ 可以表示为

$$\Delta\boldsymbol{\xi}_{ij}=\boldsymbol{\xi}_i^{-1}\circ\boldsymbol{\xi}_j=\ln\left\{\exp\left[\left(-\boldsymbol{\xi}_i\right)^\wedge\right]\exp\left(\boldsymbol{\xi}_j^\wedge\right)\right\}^\wedge \tag{7-119}$$

考虑到微小误差的存在，并使位姿误差表达式满足误差最小为零这一条件，将其表示为如下形式。

$$\boldsymbol{e}_{ij}=\ln\left(\boldsymbol{T}_{ij}^{-1}\boldsymbol{T}_i^{-1}\boldsymbol{T}_j\right)=\ln\left[\exp\left(-\boldsymbol{\xi}_{ij}\right)\exp\left(-\boldsymbol{\xi}_i\right)\exp\left(-\boldsymbol{\xi}_j\right)\right] \tag{7-120}$$

求得误差对变量 ξ_i 和 ξ_j 的导数，可得

$$\hat{\boldsymbol{e}}_{ij}=\ln\left\{\boldsymbol{T}_{ij}^{-1}\boldsymbol{T}_i^{-1}\exp\left[\left(-\delta\boldsymbol{\xi}_i\right)^\wedge\right]\exp\left(\delta\boldsymbol{\xi}_i\right)^\wedge\boldsymbol{T}_j\right\}^\wedge \tag{7-121}$$

李代数上的伴随性质：

$$\begin{aligned}&\boldsymbol{T}\exp\left(\boldsymbol{\xi}^\wedge\right)\boldsymbol{T}^{-1}=\exp\left\{\left[\mathrm{Ad}\left(\boldsymbol{T}\right)\boldsymbol{\xi}\right]^\wedge\right\}\\&\exp\left(\boldsymbol{\xi}^\wedge\right)\boldsymbol{T}=\boldsymbol{T}\exp\left\{\left[\mathrm{Ad}\left(\boldsymbol{T}^{-1}\right)\boldsymbol{\xi}\right]^\wedge\right\}\end{aligned} \tag{7-122}$$

其中，

$$\mathrm{Ad}\left(\boldsymbol{T}\right)=\begin{bmatrix}\boldsymbol{R} & \boldsymbol{t}^\wedge\boldsymbol{R}\\0 & \boldsymbol{R}\end{bmatrix} \tag{7-123}$$

误差的导数可以变换为

$$\begin{aligned}\hat{\boldsymbol{e}}_{ij}&=\ln\left\{\boldsymbol{T}_{ij}^{-1}\boldsymbol{T}_i^{-1}\exp\left[\left(-\delta\boldsymbol{\xi}_i\right)^\wedge\right]\exp\left(\delta\boldsymbol{\xi}_i\right)^\wedge\boldsymbol{T}_j\right\}^\wedge\\&=\ln\left(\boldsymbol{T}_{ij}^{-1}\boldsymbol{T}_i^{-1}\boldsymbol{T}_j\exp\left\{\left[\mathrm{Ad}\left(\boldsymbol{T}_j^{-1}\right)\delta\boldsymbol{\xi}_j\right]^\wedge\right\}\exp\left\{\left[\mathrm{Ad}\left(\boldsymbol{T}_j^{-1}\right)\delta\boldsymbol{\xi}_j\right]^\wedge\right\}\right)\\&\approx\ln\left(\boldsymbol{T}_{ij}^{-1}\boldsymbol{T}_i^{-1}\boldsymbol{T}_j\left\{\boldsymbol{I}-\left[\mathrm{Ad}\left(\boldsymbol{T}_j^{-1}\right)\delta\boldsymbol{\xi}_j\right]^\wedge+\left[\mathrm{Ad}\left(\boldsymbol{T}_j^{-1}\right)\delta\boldsymbol{\xi}_j\right]^\wedge\right\}\right)^\wedge\\&\approx\boldsymbol{e}_{ij}+\frac{\partial\boldsymbol{e}_{ij}}{\partial\delta\boldsymbol{\xi}_i}\delta\boldsymbol{\xi}_i+\frac{\partial\boldsymbol{e}_{ij}}{\partial\delta\boldsymbol{\xi}_j}\delta\boldsymbol{\xi}_j\end{aligned} \tag{7-124}$$

其中两个位姿的雅可比矩阵可表示为

$$\frac{\partial\boldsymbol{e}_{ij}}{\partial\delta\boldsymbol{\xi}_i}=-\boldsymbol{J}_r^{-1}\left(\boldsymbol{e}_{ij}\right)\mathrm{Ad}\left(\boldsymbol{T}_j^{-1}\right) \tag{7-125}$$

将误差近似为零可得

$$\boldsymbol{J}_r^{-1}\left(\boldsymbol{e}_{ij}\right)\approx\boldsymbol{I}+\frac{1}{2}\begin{bmatrix}\boldsymbol{\phi}_e^\wedge & \boldsymbol{\rho}_e^\wedge\\0 & \boldsymbol{\phi}_e^\wedge\end{bmatrix} \tag{7-126}$$

根据图模型，将获取的全部位姿构成优化图，则总体目标函数为

$$\min_{\xi}\frac{1}{2}\sum_{i,j\in\varepsilon}\boldsymbol{e}_{ij}^{\mathrm{T}}\sum_{ij}^{-1}\boldsymbol{e}_{ij} \tag{7-127}$$

式中，ε 为边的集合。

在编写程序时，应用 G2O 库来进行非线性优化的操作。G2O 库本身集成了位姿图模型与非线性优化求解方法，因此不需要自己进行编码实现，通过特定的配置工作即可使用。根据图模型，在定义完位姿图的顶点和边的类型后，利用定义的误差函数求取雅可比矩阵，使用高斯-牛顿法进行迭代，用 CSparse 线性求解器求解满足目标函数的最小误差位姿，即可实现优化过程。

3．实验分析

首先通过数据集进行验证，而后在真实环境下进行测试，直观地展示回环检测的优势。本节采用 TUM 中的 fr1_room 与 fr3_long_office_household 序列，分别在有无回环检测约束的情况下进行实验。对于 fr3_long_office_household 数据集，由于其本身运行时的轨迹误差相对较小，因此回环检测对轨迹误差较小的效果并不明显，但是在轨迹的右上部回环处存在偏差的缩减，表明在加入回环检测后，能够进一步降低相机的轨迹误差。该实验结果表明回环检测的有效性。

而后将添加了回环检测的优化算法在实验室真实环境中运行，来验证回环检测的性能，有无回环检测约束的实验结果如图 7.25 所示。

图 7.25（a）所示为移动机器人运动到起始位姿之前，移动机器人估计的位姿。可以很明显地看出来，如果移动机器人继续按照当前形势估计运行位姿，最终的位姿与实际的起始位姿会存在很大偏差。

图 7.25（b）所示为移动机器人运动到起始位姿时的状态，系统检测到词袋中存在相似的词信息，判定来过该场景，将当前位姿估计与之前信息进行配准完成回环，最终形成实际运行的轨迹图，真实场景中的回环轨迹图如图 7.26 所示。

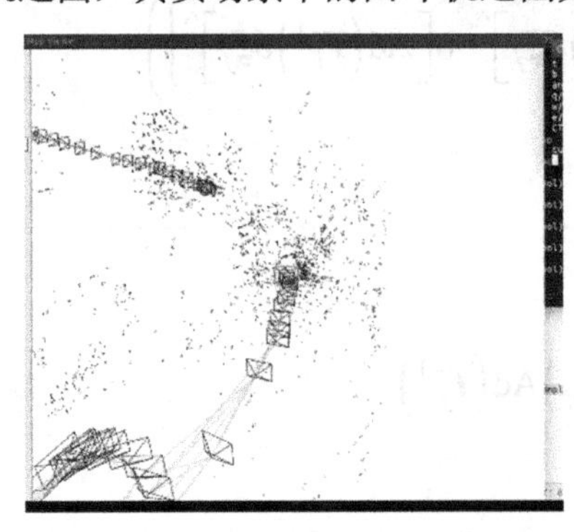

（a）检测到回环前结果图

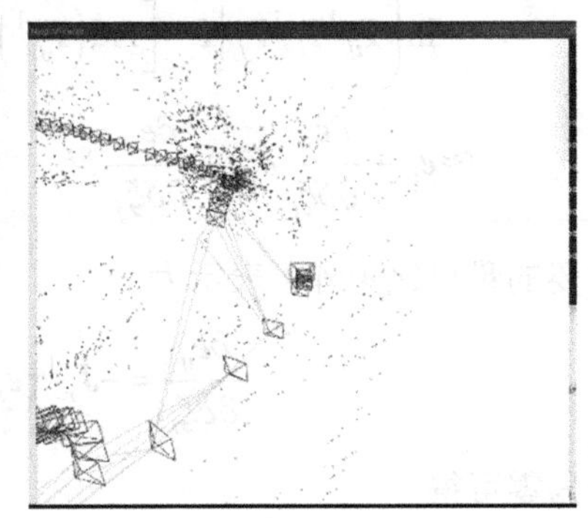

（b）检测到回环时结果图

图 7.25　有无回环检测约束的实验结果

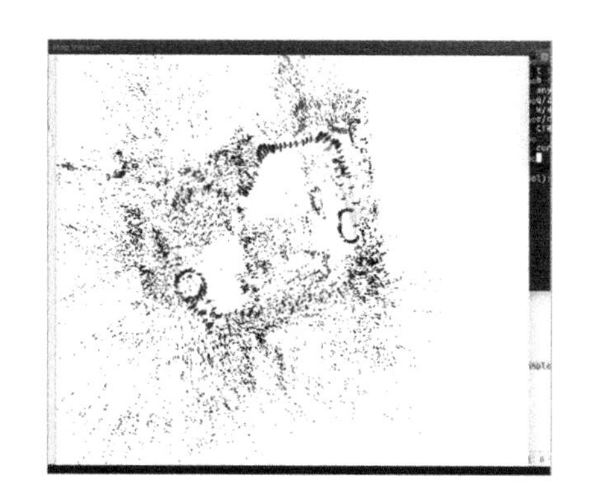

图 7.26　真实场景中的回环轨迹图

图 7.26 所示为移动机器人运行一圈后的估计轨迹，由于回环检测的成功，位姿估计的累积误差得以消除，实现了位姿的精准估计。

7.6.4　动态环境下的三维地图构建

通常地图构建需提取关键帧上的特征点，根据匹配关系生成点云，将每帧的点云信息进行融合，利用回环检测来消除累积误差，最终完成环境中点云地图的构建。在建图时会用到相机所获取的环境中所有对象的点云信息。建图是基于所有可用像素颜色和深度误差联合优化的图像匹配与拼接，如果环境中存在动态对象，会使得构建的点云地图中存在动态对象的运动轨迹，出现重影等问题，导致遮挡部分真实的静态环境。

这种地图对后续研究是完全没有意义的，无法实现地图的复用性，不能为后续的工作提供有效信息，因此在建图线程中处理动态信息是非常必要的。对于动态环境下的建图，静态视觉 SLAM 算法的适应性较差，构建地图会出现重影等问题，所以需要从地图构建角度更直观地展示算法的性能及实现效果。

1．三维稠密点云地图构建

（1）点云生成及动态点处理。

通过 RGB-D 相机可以同时获取彩色和深度信息。其中，深度信息无须通过其他方式计算得到，可直接利用相机内部传感器测量获取。同时，由于深度相机的应用原理，其测量得到的深度信息是不依赖于环境纹理的。根据计算得到的相机位置与姿态信息，可将关键帧图像信息转化为点云，而后将点云利用空间位置信息进行拼接，获得环境点云地图。

点云地图是一种三维的表示方式，属于度量地图，能够捕捉到比体素网格更高的分辨率，能够将环境中的信息及物体位置清晰地表征出来。构造的点云地图能够较为完整地展现移动机器人所处环境。点云地图虽然能完成环境表征，但是通过离散点存在与否来表示是否被占据，无法完整地实现空间占据性表述。

点云中的离散点除了基本的坐标信息(x,y,z)，还包含(r,g,b)三通道的彩色信息，即单个点云在世界坐标系下可表示为

$$\boldsymbol{p}_i=[r,g,b,x,y,z]^{\mathrm{T}} \tag{7-128}$$

其彩色信息可表示为

$$\begin{bmatrix}\boldsymbol{p}_{i,b}\\ \boldsymbol{p}_{i,g}\\ \boldsymbol{p}_{i,r}\end{bmatrix}=\begin{bmatrix}I(m,3n)\\ I(m,3n+1)\\ I(m,3n+2)\end{bmatrix} \tag{7-129}$$

将其进行坐标系转化可得

$$\begin{bmatrix}\boldsymbol{p}_{i,z}\\ \boldsymbol{p}_{i,x}\\ \boldsymbol{p}_{i,y}\end{bmatrix}=\begin{bmatrix}\boldsymbol{d}\\ \dfrac{(n-c_x)\boldsymbol{p}_{i,z}}{f_x}\\ \dfrac{(m-c_y)\boldsymbol{p}_{i,z}}{f_y}\end{bmatrix}=\boldsymbol{R}\begin{bmatrix}\boldsymbol{p}_{i,z,w}\\ \boldsymbol{p}_{i,x,w}\\ \boldsymbol{p}_{i,y,w}\end{bmatrix}+\boldsymbol{t} \tag{7-130}$$

式中，$\boldsymbol{d}$为第$\boldsymbol{m}$行$\boldsymbol{n}$列像素点的深度值。

由此可得到转换后的坐标，即地图点。通过上述过程会生成大量的点云，再进行点云拼接。

$$\mathrm{PC}=\sum_{i=0}^{k}\boldsymbol{T}_i\boldsymbol{C}_i \tag{7-131}$$

式中，PC为局部点云；$\boldsymbol{T}_i$为该帧相机位姿；$\boldsymbol{C}_i$为单帧点云。

通过上述单帧点云的生成与点云的拼接，最终可获得环境的三维稠密点云地图。

（2）点云地图构建。

对获取到的单帧点云，根据相机位姿进行拼接融合，可获得最终的点云地图。纯静态环境生成的点云地图如图7.27所示。

（a）fr1_desk

（b）fr1_floor

图7.27　纯静态环境生成的点云地图

对纯静态环境中的fr1_desk和fr1_floor数据集进行点云拼接，可以看出构建的三维稠

密点云地图可以清晰地恢复出图像场景，但是其中会存在部分点云缺失，可能是由于数据采集不清晰导致的。此时点云地图生成时无须考虑该对象上特征点是否被需要的问题，但此算法需应用到动态环境中，因此与静态环境点云地图构建不同的是，此算法需对动态信息进行滤除。三维稠密点云地图的构建过程如图 7.28 所示。

如果将数据集内的关键帧图像全部生成点云并融合，生成的大量点云信息会导致计算速率下降，形成的点云地图占据内存较大，同时存在诸多冗余信息。因此在全局地图构建时，对关键帧进行进一步筛选，利用筛选后的关键帧数据生成地图。在完整包含外部环境信息之后，应尽量减少关键帧的插入，这样不仅能够避免过多的冗余信息，同时还较大程度上降低了所建地图错位的概率。

首先将该关键帧与已保存的全部关键帧进行比较，利用共视点进行判断，获得两者重叠度。将新生成的关键帧内地图点与已经存入全局地图点集 P_m 内的地图点进行配比，若当前关键帧内的大部分点已存在于该点集 P_m 内，则将其视为冗余关键帧，不对其进行插入处理。

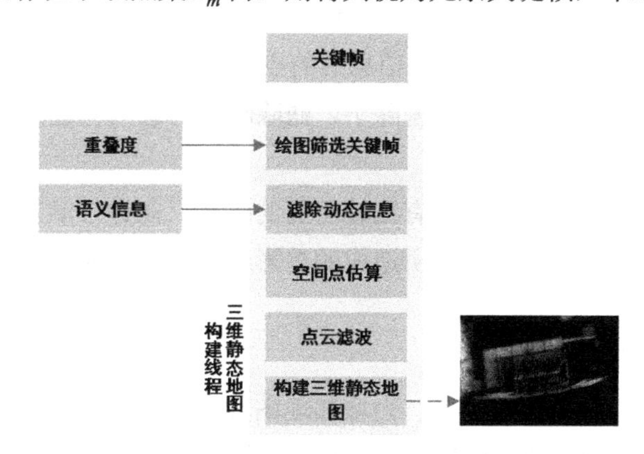

图 7.28　三维稠密点云地图的构建过程

其次利用深度信息进行筛选，深度信息如果出现错误，会导致深度信息不可读，该区域内的像素点将无法准确地估计出空间坐标。因此对其本身错误率进行判断，若新插入关键帧内获取的地图点的深度信息存在较多错误，则同样不对其进行关键帧插入处理。

环境中的动态信息的滤除将主要依据语义信息进行，对动态对象上的像素点进行滤除，将静态环境中的像素点进行三维映射，获取该点的点云信息进行后续处理。点云滤波包含孤点滤除和降采样。首先利用统计滤波器，对每个点与其周围 N 个点进行距离均值的计算，将距离均值过大的点视为孤点并进行滤除，实现降噪，而后使用体素滤波器进行降采样。这样做的好处是在一定程度上降低了存储所需的内存空间。

2. 动态数据集地图构建

（1）点云地图构建。

本节实验目的主要是对环境中的动态对象进行滤除，从而获得静态环境地图，采用上述算法，对室内动态环境进行实验，验证算法的有效性。选取 TUM 数据集 fr3_walking_xyz，该数据集内有两名移动者在环境中走动，三维点云地图如图 7.29 所示。

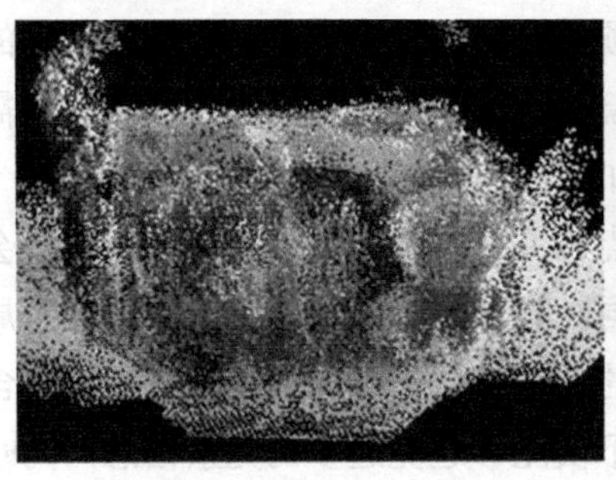

（a）未滤除动态信息的点云地图

（b）滤除动态信息后的点云地图

图 7.29　三维点云地图

由图 7.29（a）未滤除动态信息的点云地图可以清晰地看出对于高动态数据集 fr3_walking_xyz，环境中动态对象的移动导致了地图中重影的存在，而后增加动态信息处理功能进行试验，最终获得的滤除动态信息后的点云地图如图 7.29（b）所示。从所构建的地图中可以看出，动态信息被很好地滤除了，滤除动态信息后构建的地图，视觉效果显著增加。

实验结果表明算法对动态数据集有比较明显的改进，在进行动态信息滤除之后，动态数据集所获得的点云地图中动态对象所造成的重影现象消失，使得地图的可读性及复用性都有明显的提升。

（2）八叉树地图构建。

通过上述算法获得点云地图之后，为增加地图复用性，使地图能够应用于环境导航及避障功能开发，对上述点云地图进行转化，构建三维八叉树地图，如图 7.30 所示。

从下图 7.30（b）滤除动态信息后的八叉树地图可以看出，转化后的八叉树地图能够较为清晰地观测到环境中存在的静态物体，在滤除动态信息后，较好地还原了原始静态背景环境，有效地印证了算法的效果及鲁棒性。

（a）未滤除动态信息的八叉树地图

（b）滤除动态信息后的八叉树地图

图 7.30　三维八叉树地图

7.7　本章小结

本章从视觉 SLAM 的基本结构入手，主要介绍每一部分的基础知识及应用方法，包括以下几个方面的内容：①视觉 SLAM 算法各部分的基本概念及常用方法，包括视觉前端——视觉里程计中的特征点法、直接法，后端优化中的非线性优化、位姿图优化，回环检测中的词袋法，地图构建中的点云地图、八叉树地图等。②同时介绍了在动态环境中运行 SLAM 算法的常用方法，多视图几何约束法。这种方法通常都与深度学习相结合，最终确定动态对象，并在后续操作中屏蔽该区域内的特征，实现正确的位姿估计及环境地图的构建。③选取经典的视觉 SLAM 算法 ORB-SLAM2 算法及动态视觉 SLAM 算法进行简要的案例分析与阐述。

习题 7

一、选择题

1. 基于特征点法的前端有以下哪些特点？（　　）

A. 运行稳定　　B. 对光照不敏感　　C. 提取图像全部信息　　D. 效率高

2. 人工设计的特征点拥有的性质有（　　）。

A. 可重复性　　B. 可区别性　　C. 高效率　　D. 本地性

3. 地图的常见用途有（　　）。

A. 定位　　B. 导航　　C. 避障　　D. 交互

4. 运动估计的方法有（　　）。

A. P2P　　B. PnP　　C. ICP　　D. BA 优化

5. 在基于外观的回环检测算法中，通常使用（　　）来判断好坏。

A. 感知偏差　　B. 感知变异　　C. 准确率　　D. 召回率

6. ORB-SLAM2 算法的贡献有（　　）。

A. 首个基于单目、双目和 RGB-D 相机的开源 SLAM 方案

B. 证明了 BA 优化比 ICP 或光度和深度误差最小的方法更加精确

C. 包括回环检测、后端优化和地图构建

D. 针对无法建图的情况，提出了一个轻量级的定位模式

二、填空题

1. _____是线性空间中的一个元素，可以把它想象成从原点指向某处的一个箭头。

2. 后端优化主要指处理 SLAM 过程中_____的问题。

3. 假阳性（FP）又称为_____，而假阴性（FN）又称为_____。

4. _____描述了两帧图像之间的内在射影关系。

5. 光流是对连续的视频序列中所有物体相对于相机在图像平面上的运动信息的估计，单位是_____。

6. _____是指将图像块灰度值作为权重的中心。

7. 识别物体运动状态的方法有_____和_____等。

8. 基本矩阵与本质矩阵之间的变换关系式为___________。

9. 地图的用处有_____。

10. 词袋模型利用_____将图像转化为向量。

第 8 章　机器人操作系统

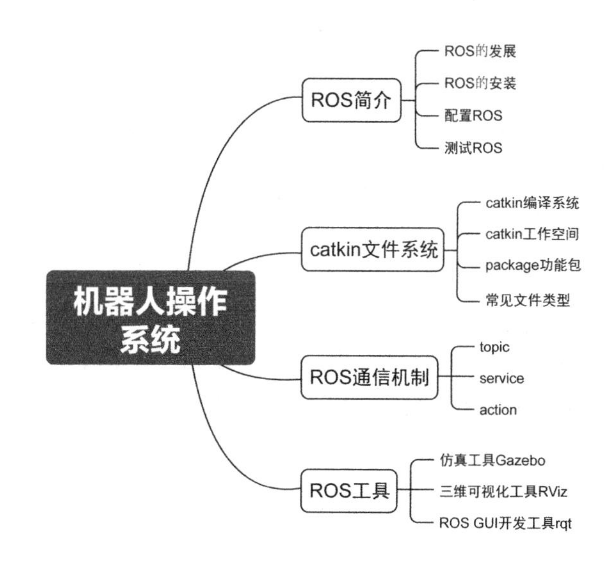

本章导读

机器人操作系统（ROS）的知识是初学者了解机器人研发领域的现状及相应操作方法等基本内容的入门知识。本章主要介绍 ROS 的基本概念、发展情况，以及安装与使用等内容。读者应在理解相关概念的基础上重点掌握 ROS 的基本操作。

本章要点

- ROS 的相关概念及发展情况
- ROS 的安装、配置
- ROS 的使用

8.1 ROS 简介

8.1.1 ROS 的发展

ROS 是一个适用于机器人编程的框架，这个框架把原本松散的零部件耦合在了一起，为它们提供了通信架构。ROS 虽然叫作机器人操作系统，但并非 Windows、Mac 那种通常意义上的操作系统，它只是连接了操作系统和开发的 ROS 应用程序，所以它算是一个中间件，基于 ROS 的应用程序建立起了沟通的桥梁，它也运行在 Linux 上的运行环境中，在这个环境中，机器人的感知、决策、控制算法可以更好地组织和运行。

21 世纪开始，关于人工智能的研究进入了大发展阶段，包括全方位的、具体的人工智能，如斯坦福大学人工智能实验室的斯坦福人工智能机器人（Stanford Artificial Intelligence Robot）项目。该项目组创建了灵活的、动态的软件系统的原型，用于机器人技术。在 2007 年，机器人公司 Willow Garage 和该项目组合作，十分具有前瞻性地提供了大量资源进一步扩展了这些概念，经过具体的研究测试实现之后，无数的研究人员将他们的专业性研究贡献到 ROS 的核心概念和其基础软件包中，这期间积累了众多的科学研究成果。ROS 软件的开发自始至终采用开放的 BSD 协议，在机器人技术研究领域逐渐成为一个被广泛使用的平台。

Willow Garage 公司和斯坦福大学人工智能实验室合作以后，在 2009 年初推出了 ROS 0.4，这是一个测试版的 ROS，现在所用的系统框架在这个版本中已经具有了初步的雏形，之后的版本才正式开启了 ROS 的发展成熟之路。

ROS 1.0 版本发布于 2010 年，它基于 PR2 机器人开发了一系列与机器人相关的基础软件包。随后 ROS 的版本迭代频繁，目前使用人数最多的是 Kinetic 和 Indigo 这两个长期支持的版本。

ROS 的发展逐渐地趋于成熟，近年来也逐步随着 Ubuntu 的更新而更新，这说明 ROS 已经初步进入一种稳定的发展状态，每年进行一次更新同时还保留着长期支持的版本，这使得 ROS 在稳步地前进发展的同时，也有开拓创新的方向。目前越来越多的机器人、无人机甚至无人车都开始采用 ROS 作为开发平台，尽管目前 ROS 在实用方面还存在一些限制，但前途非常光明。

8.1.2 ROS 的安装

ROS 目前只支持在 Linux 系统上安装部署，它的首选开发平台是 Ubuntu。时至今日，ROS 已经相继更新推出了多种版本，供不同版本的 Ubuntu 开发者使用。为了提供最稳定的开发环境，ROS 的每个版本都有一个推荐运行的 Ubuntu 版本。本书使用的平台是 Ubuntu 16.04，ROS 版本是 Kinetic。

1．配置软件库

打开 Ubuntu 的设置窗口，单击其中的“Software & Updates”按钮，在打开的“Software & Updates”窗口中单击“Ubuntu Software”选项卡，这时将进入其子页面，从中勾选“(universe)”“(restricted)”“(multiverse)”复选框。软件配置如图 8.1 所示。

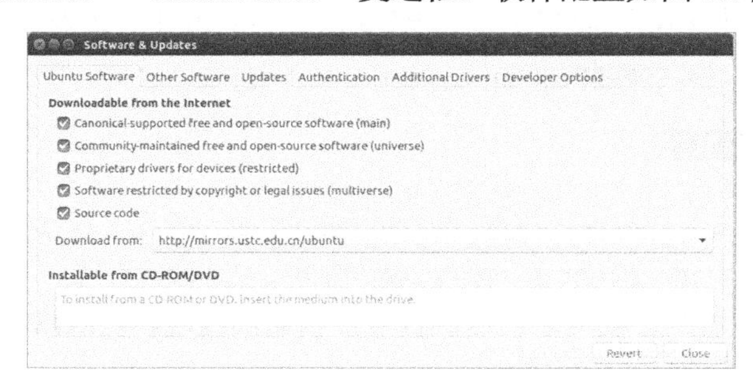

图 8.1　软件配置

2．设置软件源

（1）首先添加 sources.list。

```
$ sudo sh -c '. /etc/lsb-release && echo "deb http: //mirrors.tunA. tsinghuA. edu.cn/ros
/ubuntu /`lsb_release -cs` main" > /etc/apt/sources.list.d/ros-latest.list'
```

这一步配置将镜像添加到 Ubuntu 系统源列表中，建议使用国内镜像源，这样能够保证下载速度。本例使用的是清华大学的源。

（2）然后添加 keys。

```
$ sudo apt-key adv --keyserver 'hkp: //keyserver.ubuntu.com: 80' --recv-key
C1CF6E31E6BADE8868B172B4F42ED6FBAB17C654
```

若无法连接到密钥服务器，可以尝试替换上面命令中的 hkp://keyserver.ubuntu.com:80 为 hkp://pgp.mit.edu:80，也可以使用 curl 命令替换 apt-key 命令，这在使用代理服务器的情况下比较有用。

```
Curl -sSL 'http: //keyserver.ubuntu.com/pks/lookup?op=get&search=0xC1CF6E31E6BADE
8868B172B4F42ED6FBAB17C654' | sudo apt-key add -
```

公钥是 Ubuntu 系统的一种安全机制，也是 ROS 安装中不可或缺的一部分。

（3）最后进行系统更新。

```
$ sudo apt-get update && sudo apt-get upgrade
```

更新系统，确保自己的 Debian 软件包和索引是最新的。

3．安装 ROS

ROS 中有很多函数库和工具，官网提供了 4 种默认的安装方式，当然也可以单独安装某个特定的软件包。这 4 种安装方式包括桌面完整版安装、桌面版安装、基础版安装、单独软件包安装。推荐桌面完整版，其安装如下：

```
$ sudo apt-get install ros-kinetic-desktop-full # Ubuntu 16.04
```

8.1.3　配置 ROS

1．初始化 rosdep

在开始使用 ROS 之前还需要初始化 rosdep。rosdep 可以在用户需要编译某些源码的时候为其安装一些系统依赖，同时也是某些 ROS 核心功能组件所必须用到的工具。

```
$ sudo rosdep init && rosdep update
```

2．ROS 的环境配置

输入命令行：

```
$ echo "source /opt/ros/kinetic/setup.bash" >> ~/.bashrc
```

注意：ROS 的环境配置使得用户每次打开一个新的终端时，ROS 的环境变量都能够自动配置好，也就是添加到 bash 会话中。

3．安装 rosinstall

rosinstall 是 ROS 中一个独立分开的常用命令行工具，它可以方便用户通过一条命令给某个 ROS 软件包下载很多源码树。在 Ubuntu 上安装这个工具，请运行

```
$ sudo apt-get install python-rosinstall
```

至此，ROS 的安装就结束了，下面测试 ROS 能否正常运行。

8.1.4　测试 ROS

首先启动 ROS，输入代码运行 roscore。

```
$ roscore
```

同时通过 rosnode 可以获取节点信息，如图 8.2 所示。

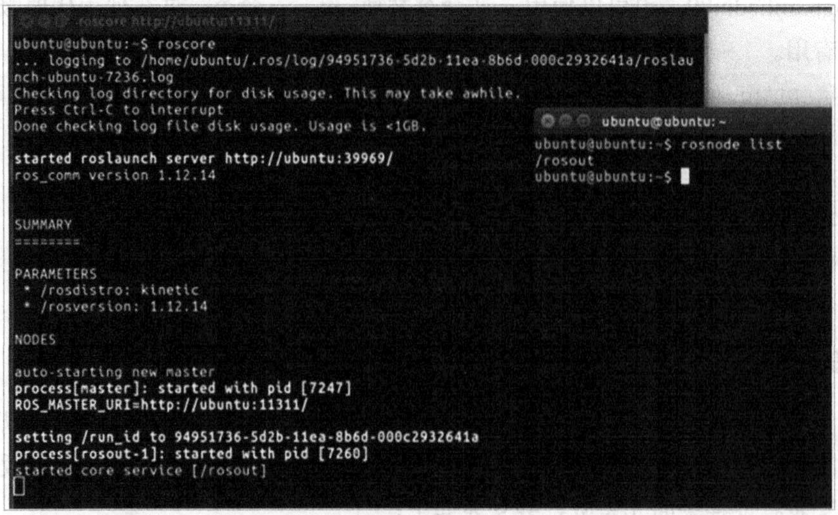

图 8.2　节点信息

启动 roscore 后，重新打开一个终端窗口，输入

```
$ rosrun turtlesim turtlesim_node
```

一只小海龟将出现在屏幕上，并可以通过重新打开一个新的终端，输入下述命令来控制小海龟运动。

```
$ rosrun turtlesim turtle_teleop_key
```

将鼠标聚焦在第三个终端窗口上，然后通过键盘上的方向键操作小海龟，小海龟可以正常移动，并且在屏幕上留下自己的移动轨迹，其运行示意图如图 8.3 所示。至此，ROS 已经成功地安装、配置并且运行。

图 8.3　运行示意图

8.2　catkin 文件系统

8.2.1　catkin 编译系统

对于源代码包，我们只有编译才能在系统上运行。Linux 下的编译器有 gcc、g++，随着源文件的增加，直接用 gcc/g++命令的方式显得效率低下，人们开始用 Makefile 来进行编译。然而随着工程体量的增大，Makefile 也不能满足需求，于是便出现了 CMake 工具。CMake 是 make 工具的生成器，是更高层的工具，它简化了编译构建过程，能够管理大型项目，具有良好的扩展性。ROS 这样大体量的平台采用的就是 CMake，并且 ROS 对 CMake 进行了扩展，于是便有了 catkin 编译系统。

早期的 ROS 编译系统是 rosbuild，但随着 ROS 的不断发展，rosbuild 逐渐暴露出许多缺点，不能很好地满足系统需要。在 Groovy 版本面世后，catkin 作为 rosbuild 的替代品被正式投入使用。catkin 的操作更加简化且工作效率更高，可移植性更好，而且支持交叉编译和更加合理的功能包分配。目前的 ROS 同时支持着 rosbuild 和 catkin 两种编译系统，但 ROS 的核心软件包已经全部转换为 catkin，rosbuild 已经被逐步淘汰，所以建议初学者直接上手 catkin。

1. catkin的特点

catkin是基于CMake的编译构建系统，一个catkin的软件包必须包括package.xml和CMakeLists.txt这两个文件，且具有以下特点。

（1）沿用了包管理的传统像find_package( )的基础结构pkg-config。

（2）扩展了CMake，如软件包编译后无须安装就可使用，可自动生成find_package( )代码、pkg-config文件，解决了多个软件包的构建顺序问题。

2. catkin的工作原理

catkin编译的工作流程如下。

（1）首先在工作空间catkin_ws/src/下递归地查找其中每一个ROS的package。

（2）package中会有package.xml和CMakeLists.txt文件，catkin（CMake）编译系统依据CMakeLists.txt文件生成makefiles文件（放在catkin_ws/build/下）。

（3）make刚刚生成的makefiles等文件编译链接生成可执行文件（放在catkin_ws/devel下）。

也就是说，catkin就是将CMake与make指令做了一个封装，从而完成整个编译过程的工具。

catkin有比较突出的优点，主要有如下几点。

（1）操作更加简单。

（2）一次配置，多次使用。

（3）跨依赖项目编译。

3. 使用catkin_make进行编译

要用catkin编译一个工程或软件包，只需要用catkin_make指令即可。一般写完代码时，执行一次catkin_make进行编译，调用系统自动完成编译和链接过程，构建生成目标文件。编译的一般流程如下。

```
$ cd ~/catkin_ws #回到工作空间，catkin_make必须在工作空间下执行
$ catkin_make  #开始编译
$ source ~/catkin_ws/devel/setup.bash #刷新环境
```

注意：catkin编译之前需要回到工作空间目录，catkin_make在其他路径下编译不会成功。编译完成后，如果有新的目标文件产生（原来没有），那么一般紧跟着要source刷新环境，使系统能够找到刚才编译生成的ROS可执行文件。这个细节被遗漏会致使后面出现可执行文件无法打开等错误。

8.2.2 catkin工作空间

catkin工作空间是创建、修改、编译catkin软件包的目录。catkin的工作空间，直观地

形容为一个仓库，里面装载着 ROS 的各种项目工程，便于系统组织、管理、调用，在可视化图形界面里是一个文件夹。用户自己写的 ROS 代码通常就放在 catkin 工作空间中，本节就来介绍 catkin 工作空间的结构。

1．初始化 catkin 工作空间

介绍完 catkin 编译系统，我们来建立一个 catkin 工作空间。首先要在计算机上创建一个初始的 catkin_ws/路径，这也是 catkin 工作空间结构的最高层级。输入下列指令，完成初始创建。

```
$ mkdir -p ~/catkin_ws/src
$ cd ~/catkin_ws/
$ catkin_make #初始化工作空间
```

第一行代码直接创建了第二层级的文件夹 src，这也是用户放 ROS 软件包的地方。第二行代码使得进程进入工作空间，然后再是 catkin_make。

注意：① catkin_make 命令必须在工作空间这个路径上执行；② 原先的初始化命令 catkin_init_workspace 仍然保留。

2．结构介绍

catkin 的结构十分清晰，在工作空间下用 tree 命令可显示文件结构。

```
$ cd ~/catkin_ws
$ sudo apt install tree
$ tree
```

catkin 工作空间结构包括 src（ROS 的 catkin 软件包，即源代码包），build [catkin（CMake）的缓存信息和中间文件]，devel [生成的目标文件（包括头文件、动态链接库、静态链接库、可执行文件等）、环境变量] 三个路径，在有些编译选项下也可能包括其他内容，但这三个文件夹是 catkin 编译系统默认的。

通常后两个路径由 catkin 系统自动生成、管理，用户日常的开发一般不会涉及，而主要用到的是 src 文件夹，用户写的 ROS 程序、网上下载的 ROS 源代码包都存放在这里。在编译时，catkin 编译系统会递归地查找和编译 src/下的每一个源代码包，因此也可将几个源代码包放到同一个文件夹下。

8.2.3　package 功能包

ROS 中 package 的定义更加具体，它不仅是 Linux 上的软件包，更是 catkin 编译的基本单元，用户调用的 catkin_make 编译的对象就是一个个 ROS 的 package，也就是说，任何 ROS 程序只有组织成 package 才能编译。所以 package 也是 ROS 源代码存放的地方，任何 ROS 的代码无论是 C++还是 Python 都要放到 package 中，这样才能正常地编译和运行。

一个 package 可以编译出多个目标文件（ROS 可执行程序、动态静态库、头文件等）。

1. package 的结构

一个 package 下常见的文件、路径如下。

```
├── CMakeLists.txt      #package 的编译规则（必须）
├── package.xml         #package 的描述信息（必须）
├── src/                #源代码文件
├── include/            #C++头文件
├── scripts/            #可执行脚本
├── msg/                #自定义消息
├── srv/                #自定义服务
├── models/             #3D 模型文件
├── urdf/               #urdf 文件
├── launch/             #launch 文件
```

其中定义 package 的是 CMakeLists.txt 和 package.xml 两个文件，这两个文件是 package 中必不可少的。catkin 编译系统在编译前，首先要解析这两个文件，这两个文件就定义了一个 package。通常 ROS 的文件组织都会按照以上的形式，这是约定俗成的命名习惯，建议遵守以上路径。只有 CMakeLists.txt 和 package.xml 是必需的，其余路径根据软件包是否需要来决定。

2. package 的创建

创建一个 package 需要在 catkin_ws/src 下用到 catkin_create_pkg 命令，用法是 catkin_create_pkg package depends。

其中 package 是包名，depends 是依赖的包名，可以依赖多个软件包。

这样就会在当前路径下新建 test_pkg 软件包，包括：

```
├── CMakeLists.txt
├── include
│   └── test_pkg
├── package.xml
└── src
```

catkin_create_pkg 帮忙完成了软件包的初始化，填充好了 CMakeLists.txt 和 package.xml 两个文件，并且将依赖项填进了这两个文件中。

3. package 的相关命令

rostopic 常用命令包括 rospack（是对 package 管理的工具）、roscd（类似于 Linux 系统的 cd，改进之处在于 roscd 可以直接 cd 到 ROS 的软件包）、rosls（可视为 Linux 指令 ls 的改进版，可以直接列出 ROS 软件包的内容）、rosdep（用于管理 ROS package 依赖项的命令行工具）。rostopic 常用命令及作用如表 8.1 所示。

表 8.1　rostopic 常用命令及作用

rostopic 命令	作　用
rospack help	显示 rospack 的用法
rospack list	列出本机所有 package
rospack depends [package]	显示 package 的依赖包
rospack find [package]	定位某个 package
rospack profile	刷新所有 package 的位置记录
roscd [package]	cd 到 ROS package 所在路径
rosls [package]	列出 package 下的文件
rosdep check [package]	检查 package 的依赖是否满足
rosdep install [package]	安装 package 的依赖
rosdep db	生成和显示依赖数据库
rosdep init	初始化/etc/ros/rosdep 中的源
rosdep keys	检查 package 的依赖是否满足
rosdep update	更新本地的 rosdep 数据库

8.2.4　常见文件类型

1．CMakeLists.txt

CMakeLists.txt 原本是CMake编译系统的规则文件，而catkin编译系统基本沿用CMake的编译风格，只是针对 ROS 工程添加了一些宏定义，所以在写法上，catkin 的 CMakeLists.txt 与 CMake 基本一致。

这个文件直接规定了这个 package 要依赖哪些 package、要编译生成哪些目标、如何编译等流程，所以 CMakeLists.txt 非常重要，它指定了由源码到目标文件的规则。catkin 编译系统在工作时首先会找到每个 package 下的 CMakeLists.txt 文件，然后按照规则来编译构建。CMakeLists.txt 的基本语法按照的是 CMake 的语法，而 catkin 在其中加入了少量的宏。可阅读相关书籍进行学习，掌握 CMake 语法对理解 ROS 工程很有帮助。

2．package.xml

package.xml 也是一个 catkin 的 package 必备文件，它是这个软件包的描述文件，在较早的 ROS 版本（rosbuild 编译系统）中，这个文件叫作 manifest.xml，用于描述 package 的基本信息。如果用户在网上看到一些 ROS 项目里包含 manifest.xml 文件，那么它多半是 Hydro 版本之前的项目了。package.xml 包含了 package 的包名、版本号、内容描述、维护者、软件许可证、编译构建工具、编译依赖项、运行依赖项等信息。

实际上 rospack find、rosdep 等命令之所以能快速定位和分析出 package 的依赖项信息，就是因为直接读取了每一个 package 中的 package.xml 文件。它为用户提供了快速了解一个 package 的渠道。

package.xml 遵循 xml 标签文本的写法，由于版本更迭原因，现在有两种格式并存，不过区别不大。老版本和新版本 package.xml 包含的标签分别如表 8.2 和表 8.3 所示。

表 8.2 老版本 package.xml 包含的标签

标 签	含 义
<package>	根标记文件
<name>	包名
<version>	版本号
<description>	内容描述
<maintainer>	维护者
<license>	软件许可证
<buildtool_depend>	编译构建工具，通常为 catkin
<build_depend>	编译依赖项
<run_depend>	运行依赖项

表 8.3 新版本 package.xml 包含的标签

标 签	含 义
<package>	根标记文件
<name>	包名
<version>	版本号
<description>	内容描述
<maintainer>	维护者
<license>	软件许可证
<buildtool_depend>	编译构建工具，通常为 catkin
< depend>	指定依赖项为编译、导出、运行需要的依赖，最常用
<build_depend>	编译依赖项
< build_export_depend>	导出依赖项
<exec_depend>	运行依赖项
<test_depend>	测试用例依赖项
<doc_depend>	文档依赖项

目前 Indigo、Kinetic、Lunar 等版本的 ROS 都同时支持两种版本的 package.xml，所以无论选哪种格式都可以。

3．其他常见文件类型

在 ROS 的 package 中，还有许多其他常见的文件类型。

（1）launch 文件。

launch 文件一般以.launch 或.xml 结尾，它对 ROS 需要的运行程序进行了打包，通过一句命令来启动。一般 launch 文件中会指定要启动哪些 package 下的哪些可执行程序，指定以什么参数启动，以及一些管理控制的命令。launch 文件通常放在软件包的 launch/路径中。

（2）msg/srv/action 文件。

ROS 程序中可能有一些自定义的 msg/srv/action 文件，为程序的开发者所设计的数据结构，这类文件以.msg，.srv，.action 结尾，通常放在 package 的 msg/，srv/，action/路径下。

（3）urdf/xacro 文件。

urdf/xacro 文件是机器人模型的描述文件，以.urdf 或.xacro 结尾。它定义了机器人的连杆和关节信息，以及它们之间的位置、角度等信息，通过 urdf 文件可以将机器人的物理连接信息表示出来，并在可视化调试和仿真中显示。

（4）yaml 文件。

yaml 文件一般存储 ROS 需要加载的参数信息、一些属性的配置。通常在 launch 文件或程序中读取 yaml 文件，把参数加载到参数服务器上。通常我们会把 yaml 文件存放在 param/路径下。

（5）dae/stl 文件。

dae/stl 文件是 3D 模型文件，机器人的 urdf 文件或仿真环境通常会引用这类文件，它们描述了机器人的三维模型。相比于 urdf 文件简单定义的性状，dae/stl 文件可以定义复杂的模型，可以直接从 SolidWorks 或其他建模软件中导出机器人装配模型，从而显示出更加精确的外形。

（6）rviz 文件。

rviz 文件本质上是固定格式的文本文件，其中存储了 RViz 窗口的配置。通常 rviz 文件不需要我们去手动修改，而是直接在 RViz 工具里保存，下次运行时直接读取。

8.3 ROS 通信机制

8.3.1 topic

ROS 的通信方式是 ROS 最为核心的概念，ROS 的精髓就在于它提供的通信架构。ROS 的通信方式有 4 种：话题（Topic）、服务（Service）、参数服务器和动作库（Actionlib）。

在 ROS 的通信方式中，topic 是常用的一种。对于实时性、周期性的消息，使用 topic 来传输是最佳的选择。topic 是一种点对点的单向通信方式，这里的“点”指的是 node，也就是说 node 之间可以通过 topic 方式来传递信息。topic 要经历下面几步初始化过程：首先，publisher 节点和 subscriber 节点都要到节点管理器进行注册，然后 publisher 会发布 topic，subscriber 在 master 的指挥下会订阅该 topic，从而建立起 sub-pub 之间的通信。注意整个过程是单向的。

subscriber 接收消息会进行处理，一般这个过程叫作回调（Callback）。所谓回调就是提前定义好一个处理函数（写在代码中），当有消息来时就会触发这个处理函数，函数会对消息进行处理。

图 8.4 所示为 ROS 的 topic 通信方式的流程示意图。topic 通信属于一种异步的通信方式。下面我们通过一个示例来了解如何使用 topic 通信。

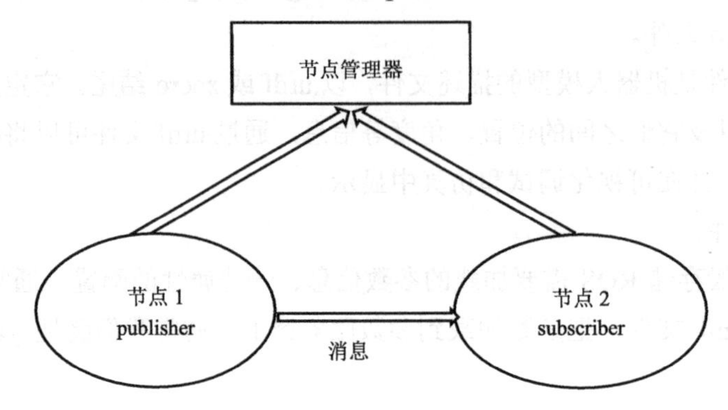

图 8.4 ROS 的 topic 通信方式的流程示意图

在实际应用中，我们应该熟悉 topic 的几种使用命令，表 8.4 所示为 topic 命令及作用。

表 8.4 topic 命令及作用

topic 命令	作　用
rostopic list	列出当前所有的 topic
rostopic info topic_name	显示某个 topic 的属性信息
rostopic echo topic_name	显示某个 topic 的内容
rostopic pub topic_name ...	向某个 topic 发布内容
rostopic bw topic_name	查看某个 topic 的带宽
rostopic hz topic_name	查看某个 topic 的频率
rostopic find topic_type	查找某个类型的 topic
rostopic type topic_name	查看某个 topic 的类型（msg）

8.3.2 service

我们知道 topic 是 ROS 中的一种单向的异步通信方式，然而有些时候单向的通信方式满足不了通信要求，如当一些节点只是临时而非周期性地需要某些数据时，如果用 topic 通信方式就会消耗大量不必要的系统资源，造成系统的低效率、高功耗。

在这种情况下，就需要有另外一种请求-应答的通信模型。这节我们来介绍 ROS 通信中的另一种通信方式——service。

为了解决以上问题，service 方式在通信模型上与 topic 方式有些区别。service 通信是双向的，它不仅可以发送消息，而且还会收到反馈。因此 service 包括两部分：一部分是请求方（Client），另一部分是应答方/服务提供方（Server）。这时请求方就会发送一个请求，要等待应答方处理，反馈一个回复，这样通过类似“请求-应答”的机制完成整个服务通信。

service 通信方式的示意图如图 8.5 所示。

图 8.5 service 通信方式的示意图

节点 *B* 是应答方，提供了一个服务的接口，叫作/service，我们一般都会用 string 类型来指定 service 的名称，类似于 topic。节点 *A* 向节点 *B* 发布了请求，经过处理后得到了回复。

service 是同步通信方式，所谓同步就是说，此时节点 *A* 发布请求后会在原地等待回复，直到节点 *B* 处理完了请求并且完成了回复，节点 *A* 才会继续执行。节点 *A* 在等待过程中是处于阻塞状态的通信，这样的通信模型没有频繁的消息传递，没有冲突与高系统资源的占用，只有接受请求才执行服务，简单而且高效。

在实际应用中，service 通信方式的命令是 rosservice，rosservice 命令及作用如表 8.5 所示。

表 8.5 rosservice 命令及作用

rosservice 命令	作 用
rosservice list	显示服务列表
rosservice info	打印服务信息
rosservice type	打印服务类型
rosservice uri	打印服务 ROSRPC URI
rosservice find	按服务类型查找服务
rosservice call	使用所提供的 args 调用服务
rosservice args	打印服务参数

8.3.3 action

actionlib 是 ROS 中一个很重要的库，类似 service 通信机制，actionlib 也是一种请求-应答机制的通信方式，actionlib 主要弥补了 service 通信的一个不足，就是当机器人执行一个长时间的任务时，假如利用 service 通信，那么 publisher 会很长时间接收不到反馈的回复，致使通信受阻。当 service 通信不能很好地完成任务时，actionlib 比较适合实现长时间的通信过程，actionlib 通信过程可以随时被查看过程进度，也可以终止请求，这样的一个特性使得它在一些特别的机制中拥有很高的效率。

action 的工作原理是请求-应答模式，也是一个双向的通信模式。通信双方在 ROS Action Protocol 下通过消息进行数据的交流通信。请求方和应答方为用户提供一个简单的 API 来请求目标（在客户端）或通过函数调用和回调来执行目标（在服务器端）。

8.4 ROS工具

8.4.1 仿真工具Gazebo

Gazebo是一个机器人仿真工具、模拟器，也是一个独立的开源机器人仿真平台。当今市面上还有其他的仿真工具，如V-REP、Webots等，但是Gazebo不仅开源，也是兼容ROS最好的仿真工具。

Gazebo的功能很强大，最大的优点是对ROS的支持很好，因为Gazebo和ROS都由OSRF（Open Source Robotics Foundation，开源机器人基金会）来维护，Gazebo支持很多开源的物理引擎，如最典型的ODE可以进行机器人的运动学、动力学仿真，能够模拟机器人常用的传感器（如激光雷达、摄像头、惯性测量单元等），也可以加载自定义的环境和场景。

8.4.2 三维可视化工具RViz

RViz为机器人可视化工具，可视化的作用是直观的，它极大地方便了监控和调试等操作。

虽然从界面上来看，RViz和Gazebo非常相似，但实际上两者有着很大的不同。Gazebo实现的是仿真，提供一个虚拟的世界，RViz实现的是可视化，呈现接收到的信息。其左侧的插件相当于是一个个的subscriber，RViz接收信息，并且显示，所以RViz和Gazebo有本质的差异。

8.4.3 ROS GUI开发工具rqt

rqt是一个基于qt开发的可视化工具，拥有扩展性好、灵活易用、跨平台等特点，其主要作用和RViz一致，都是可视化的，但是和RViz相比，rqt要高一个层次。

（1）rqt_graph：显示通信架构。

rqt_graph是用来显示通信架构的，也就是我们上一节所讲的node、topic等，当前有哪些node和topic在运行，消息的流向是怎样的，都能通过这个语句显示出来。此命令由于能显示系统的全貌，所以十分常用。

（2）rqt_plot：绘制曲线。

rqt_plot将一些参数，尤其是动态参数以曲线的形式绘制出来。当用户在开发时查看机器人的原始数据时，用户可以利用rqt_plot将这些原始数据用曲线绘制出来，非常直观、利于我们分析数据。

（3）rqt_console：查看日志。

rqt_console里存在一些过滤器，用户可以利用它方便地查到需要的日志。

8.5　本章小结

本章介绍了如何在 Ubuntu 上安装、配置 ROS，在系统上安装必要的软件便可以使 ROS 开始工作。本章还介绍了 ROS 的架构及其工作方式的基本信息，包括一些基本概念，节点，topic、service、action 等通信机制。一开始，这些概念可能看起来有些复杂且不太实用，但在逐渐深入理解后，用户将会明白它们的作用。本章最后介绍了一些 ROS 下的常用工具，包括 Gazebo，一个能够加载机器人的 3D 模型并对其运动及环境进行仿真的工具，以及 RViz 机器人可视化工具和 rqt，一个基于 qt 开发的可视化工具。读者可以在 ROS 上练习并使用这些工具。

习题 8

一、选择题

1．机器人操作系统的全称是（　　）。

A．React Operating System

B．Robot Operating System

C．Request of Service

D．Robot

2．ROS Kinetic 最佳适配的 Linux 版本是（　　）。

A．CentOS 7　　B．Ubuntu 14.04　　C．Ubuntu 16.04　　D．Ubuntu 18.04

3．下列哪个不是 ROS 的特点？（　　）

A．开源　　B．分布式架构　　C．强实时性　　D．模块化

4．ROS 官方二进制包可以通过以下哪个命令安装？（　　）

A．sudo apt-get install ROS_kinetic_packagename

B．sudo apt-get install ROS-Kineticpackagename

C．sudo apt-get install ros_kinetic_packagename

D．sudo apt-get install roskinetic-packagename

5．ROS 最早诞生于哪所学校的实验室？（　　）

A．麻省理工学院（MIT）

B．斯坦福大学（Stanford）

C．加州大学伯克利分校（UC. Berkeley）

D．卡内基梅隆大学（CMU）

6．下列哪些是 ROS 的发行版本？（　　）

A．Indigo　　B．Jade　　C．Xenial　　D．Kinetic

二、填空题

1．Linux 下的编译器有________、________。

2．要用 catkin 编译一个工程或软件包，只需要用________指令。

3．________是创建、修改、编译 catkin 软件包的目录。

4．catkin 工作空间结构包括________、________、________。

5．subscriber 接收消息会进行处理，一般这个过程叫作________。

6．ROS 中的三维可视化工具是________。

第 9 章　移动机器人仿真开发

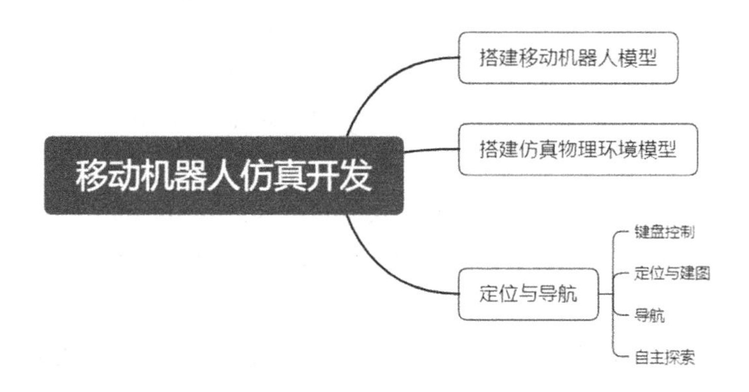

本章导读

根据前面一章，我们对 ROS 有了一定的了解，已经可以创建功能包、节点，还了解了 Gazebo 仿真工具。在本章中，我们将进行实践部分，在 ROS 下，搭建移动机器人仿真模型，完成对导航功能包的配置，并利用相关功能包实现移动机器人的定位与建图、键盘控制移动等功能，这样读者就能学会在自己的机器上使用它们。

本章要点

- 移动机器人的仿真设计
- 3D 环境的仿真设计
- 仿真移动机器人的运动控制及建图

9.1 搭建移动机器人模型

移动机器人 3D 模型或部分结构模型主要用于仿真移动机器人或帮助开发者简化他们的常规工作，它们在 ROS 中通过 URDF 文件、XACRO 文件实现。

统一机器人描述格式（Unified Robot Description Format，URDF）是一种用于描述移动机器人及其部分结构、关节、自由度等的 XML 格式文件。每次在 ROS 中看到 3D 移动机器人都会有 URDF 文件与之对应，如 PR2（Willow Garage）或 Robonaut（NASA）。

XACRO（XML Macros 的简写）可帮助我们压缩 URDF 文件的大小，并且增加文件的可读性和可维护性。它还允许我们创建模型并复用这些模型以创建相同的结构，如更多的手臂和腿。

URDF 是最初也是比较简单的移动机器人描述文件，它的结构简单明了、容易理解。但是这也导致当移动机器人模型变得复杂时，URDF 的结构描述就变得冗长，无法简洁有效地描述移动机器人部件。

XACRO 的出现在一定程度上有效地解决了这种问题。本质上，XACRO 与 URDF 是等价的，但 XACRO 提供了一些更高级的方式来组织和编辑移动机器人描述。

完整的仿真移动机器人模型如图 9.1 所示，仿真移动机器人主要分为两个部分：link（连接）和 joint（关节）。link 指具体器件，joint 指器件之间的连接。

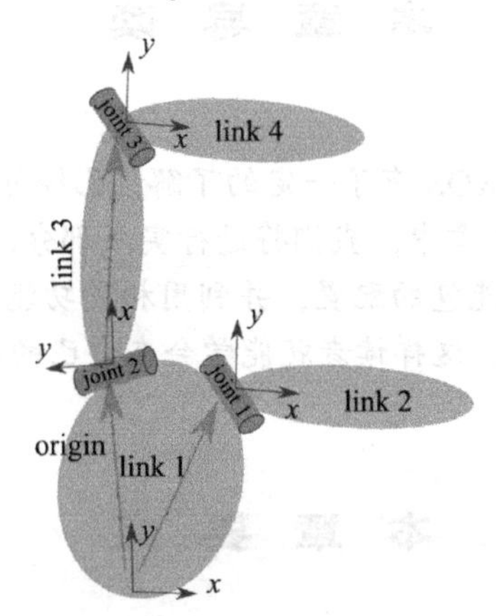

图 9.1　完整的仿真移动机器人模型

1．link

<link>描述移动机器人某个刚体部分的外观和物理属性，包括尺寸、颜色、形状、惯性矩阵、碰撞参数等。URDF 中 link 的参数设置形式如图 9.2 所示，其中，<visual>描述的是 link 部分的外观参数；<inertial>描述 link 的惯性矩阵参数；<collision>描述 link 的碰撞参数。

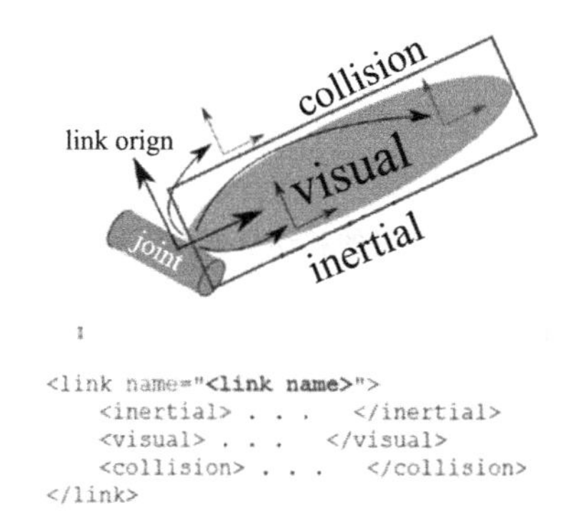


```
<link name="<link name>">
    <inertial> . . .   </inertial>
    <visual> . . .   </visual>
    <collision> . . .   </collision>
</link>
```

图 9.2　URDF 中 link 的参数设置形式

2．joint

<joint>描述移动机器人关节的运动学和动力学属性，包括关节运动的位置和速度限制。根据关节运动形式，可以将其分为 6 种类型，如表 9.1 所示，其参数设置形式如图 9.3 所示。<parent link="parent_link"/>和<child link="child_link"/>必须存在，因为 joint 就是来连接这两个 link 的。<calibration.../>表示的是关节的参考位置，用来校准关节的绝对位置；<dynamics damping.../>描述关节的物理属性，如阻尼值、物理静摩擦力等，经常在动力学仿真中用到；<limit effort.../>描述运动的一些极限值，包括关节运动的上下限位置、速度限制、力矩限制等。

表 9.1　关节的 6 种类型

关节类型	描　述
continues	旋转关节，可以围绕单轴无限旋转
revolute	旋转关节，类似于 continues，但有旋转的角度极限
prismatic	滑动关节，沿某一轴线移动的关节，带有位置极限
planar	平面关节，允许在平面正交方向上平移或旋转
floating	浮动关节，允许进行平移、旋转运动
fixed	固定关节，不允许运动的特殊关节

```
<joint name="<name of the joint>" type = "<joint type>">
    <parent link="parent_link"/>
    <child link="child_link"/>
    <calibration ...  />
    <dynamics damping ... />
    <limit effort ...  />
    ...
</joint>
```

图 9.3　URDF 中关节的参数设置形式

一个完整的移动机器人模型用<robot></robot>进行标识，<robot>是完整移动机器人模型的最顶层标签，<link>和<joint>标签都必须包含在<robot>标签内。完整的移动机器人设置形式如图 9.4 所示。

```
<robot name="<name of the robot>">
    <link> ...      </link>
    <link> ...      </link>

    <joint> ...      </joint>
    <joint> ...      </joint>
</robot>
```

图 9.4 完整的移动机器人设置形式

3．实际创建移动机器人本体

在 catkin_ws/src/下打开终端，输入

```
$ catkin_create_pkg mbot_description urdf xacro
```

创建移动机器人的功能包 mbot_description（在终端中，“$”不用输入，这里指代终端中的$符，后续命令均为该格式）。

在 mbot_description 文件夹下创建 urdf 文件夹。在该文件夹下放置移动机器人的具体模型文件或 xacro 模型文件。

在 mbot_description 文件夹下创建 meshes 文件夹，在该文件夹下放置移动机器人的外观纹理的描述文件。

在 mbot_description 文件夹下创建 config 文件夹，在该文件夹下放置功能包的配置文件或 rviz 的相关配置文件。

最后，在功能包下创建 launch 文件夹，放置 launch 文件。mbot_description 文件夹如图 9.5 所示。

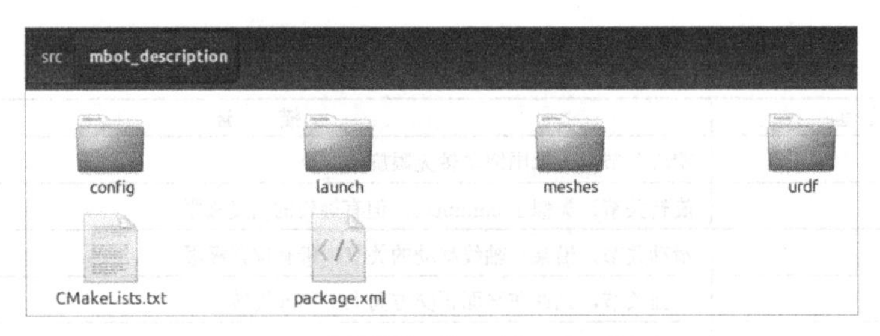

图 9.5 mbot_description 文件夹

在 launch 文件夹下创建 display_mbot_base_urdf.launch 文件，并添加图 9.6 所示的 launch 文件内容，目的为显示移动机器人模型。

```
<launch>
        <param name="robot_description" textfile="$(find mbot_description)/urdf/mbot_base.urdf" />

        <!-- 设置GUI参数，显示关节控制插件 -->
        <param name="use_gui" value="true"/>

        <!-- 运行joint_state_publisher节点，发布移动机器人的关节状态  -->
        <node name="joint_state_publisher" pkg="joint_state_publisher" type="joint_state_publisher" />

        <!-- 运行robot_state_publisher节点，发布tf  -->
        <node name="robot_state_publisher" pkg="robot_state_publisher" type="state_publisher" />

        <!-- 运行rviz可视化界面 -->
        <node name="rviz" pkg="rviz" type="rviz" args="-d $(find mbot_description)/config/mbot_urdf.rviz" required="true" />
</launch>
```

图 9.6 launch 文件内容

在 urdf 文件夹下创建 mbot_base.urdf 文件，mbot_base.urdf 文件内容及启动 launch 文件后的结果图如图 9.7 所示。

```
<?xml version="1.0" ?>
<robot name="mbot">

    <link name="base_link">
        <visual>
            <origin xyz="0 0 0" rpy="0 0 0"/>
            <geometry>
                <cylinder length="0.16" radius="0.20"/>
            </geometry>
            <material name="yellow">
                <color rgba="1 0.4 0 1"/>
            </material>
        </visual>
    </link>


</robot>
```

图 9.7　mbot_base.urdf 文件内容及启动 launch 文件后的结果图

代码解释：

<origin xyz="0 0 0" rpy="0 0 0"/>

x、y、z 描述的是移动机器人模型相对于世界坐标系原点的偏移量；r、p、y 分别对应 x、y、z 轴上的旋转分量（单位：rad）。

<material name="yellow">

<color rgba="1 0.4 0 1"/>

</material>

r、g、b 描述的是颜色分量；a 描述的是透明度。<material name="yellow">对其命名，但 yellow 并不自动指代颜色，需要自己设置分量。

很显然，目前只是创建了一个光秃秃的车体，无轮子也无传感器，故下一步就是往移动机器人车体上添加轮子。这里以添加左轮为例，mbot_base.urdf 文件内容及启动 launch 文件后的结果图如图 9.8 所示。

```
<?xml version="1.0" ?>
<robot name="mbot">

    <link name="base_link">
        <visual>
            <origin xyz="0 0 0" rpy="0 0 0"/>
            <geometry>
                <cylinder length="0.16" radius="0.20"/>
            </geometry>
            <material name="yellow">
                <color rgba="1 0.4 0 1"/>
            </material>
        </visual>
    </link>

    <joint name="left_wheel_joint" type="continuous">
        <origin xyz="0 0.19 -0.05" rpy="0 0 0"/>
        <parent link="base_link"/>
        <child link="left_wheel_link"/>
        <axis xyz="0 1 0"/>
    </joint>

    <link name="left_wheel_link">
        <visual>
            <origin xyz="0 0 0" rpy="1.5707 0 0" />
            <geometry>
                <cylinder radius="0.06" length = "0.025"/>
            </geometry>a
            <material name="white">
                <color rgba="1 1 1 0.9"/>
            </material>
        </visual>
    </link>
</robot>
```

（a）mobot_base.urdf 文件内容

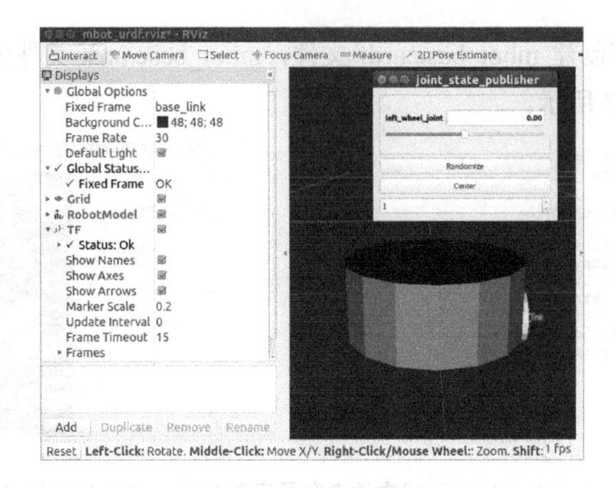

（b）启动 launch 文件后的结果图

图 9.8　mbot_base.urdf 文件内容及启动 launch 文件后结果图

joint 起连接作用，连接上下两个 link。type="continuous"表示无限旋转的关节类型。必须有<parent link="base_link"/>和<child link="left_wheel_link"/>，表示两个 link 相连。

<axis xyz="0 1 0"/>让 joint 围绕某个轴进行旋转，此处围绕 y 轴旋转。

<origin xyz="0 0.19 -0.05" rpy="0 0 0"/>指定 joint 的具体坐标位置：在 parent 的基础上，y 方向偏移 0.19，z 方向偏移-0.05，不进行旋转。

上述代码添加至 mbot_base.urdf 文件后，使用

```
$ roslaunch mbot_description display_mbot_base_urdf.launch
```

运行程序，得到图 9.8 中的结果图，可以看到基座上多出了一个左轮，并且有个小窗（滑条）可以控制小轮旋转（-180°～180°，模拟旋转）。

后续，我们继续对 mbot_base.urdf 文件内容进行修改，添加新的内容，使之有两个主动轮（左右两个轮子）、两个支撑轮（前后两个轮子）。最终的移动机器人底座如图 9.9 所示。

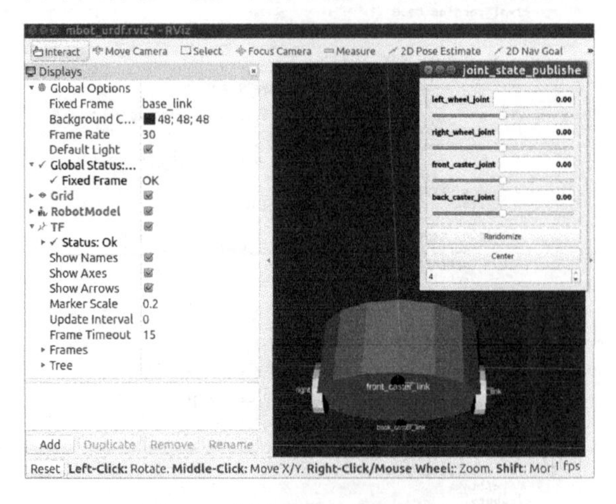

图 9.9　最终的移动机器人底座

4．创建传感器

至此，我们完成了移动机器人底座的创建，但是还没有传感器，因此，需要继续往 mbot_base.urdf 文件中添加内容，构建移动机器人上的传感器。

（1）创建相机。

在 mbot_base.urdf 文件中添加图 9.10 左图内容，即可添加单目相机，启动 launch 文件后的结果图如图 9.10 右图所示。

代码解释：

```
<geometry>
    <box size="0.03 0.04 0.04" />
</geometry>
```

指定摄像机的模型为一个长方体 box，其宽、长、高分别为 0.03、0.04、0.04。

```
<link name="camera_link">
    <visual>
        <origin xyz=" 0 0 0 " rpy="0 0 0" />
        <geometry>
            <box size="0.03 0.04 0.04" />
        </geometry>
        <material name="black">
            <color rgba="0 0 0 0.95"/>
        </material>
    </visual>
</link>

<joint name="camera_joint" type="fixed">
    <origin xyz="0.17 0 0.10" rpy="0 0 0"/>
    <parent link="base_link"/>
    <child link="camera_link"/>
</joint>
```

图 9.10　添加单目相机及启动 launch 文件后的结果图

（2）创建激光雷达，如图 9.11 所示。

```
<link name="laser_link">
    <visual>
            <origin xyz=" 0 0 0 " rpy="0 0 0" />
            <geometry>
                    <cylinder length="0.05" radius="0.05"/>
            </geometry>
            <material name="black"/>
    </visual>
</link>

<joint name="laser_joint" type="fixed">
    <origin xyz="0 0 0.105" rpy="0 0 0"/>
    <parent link="base_link"/>
    <child link="laser_link"/>
</joint>
```

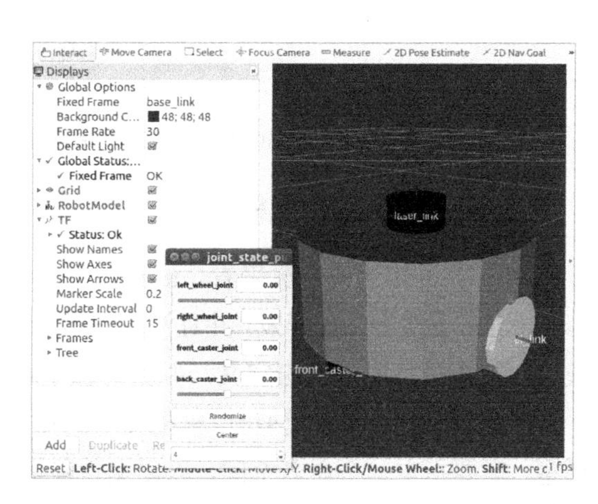

图 9.11　创建激光雷达（替换图 9.10 中的单目相机）

（3）创建深度相机 Kinect v1，如图 9.12 所示。

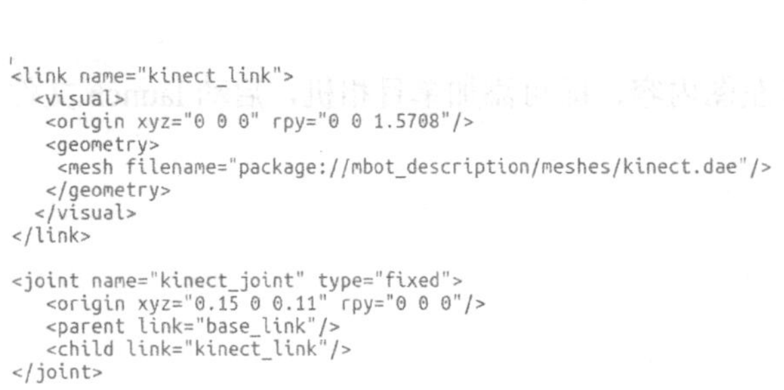

```
<link name="kinect_link">
  <visual>
    <origin xyz="0 0 0" rpy="0 0 1.5708"/>
    <geometry>
      <mesh filename="package://mbot_description/meshes/kinect.dae"/>
    </geometry>
  </visual>
</link>

<joint name="kinect_joint" type="fixed">
    <origin xyz="0.15 0 0.11" rpy="0 0 0"/>
    <parent link="base_link"/>
    <child link="kinect_link"/>
</joint>
```

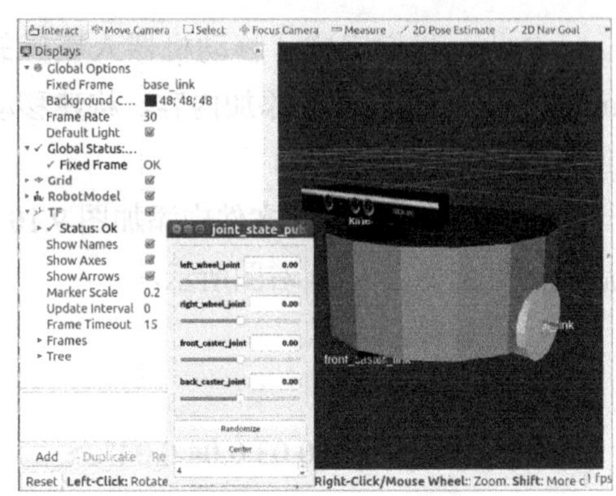

图 9.12　创建深度相机 Kinect v1

在 meshes 文件夹下放置 Kinect 的纹理信息，纹理信息可以从其官网下载。

<geometry>

<mesh filename="package://mbot_description/meshes/kinect.dae" />

</geometry>

通过上述命令，添加纹理描述。

创建完成上述模型后，还可以利用命令

```
$ urdf_to_graphiz mbot_base.urdf
```

检查 urdf 模型文件的整体结构，如图 9.13 所示。

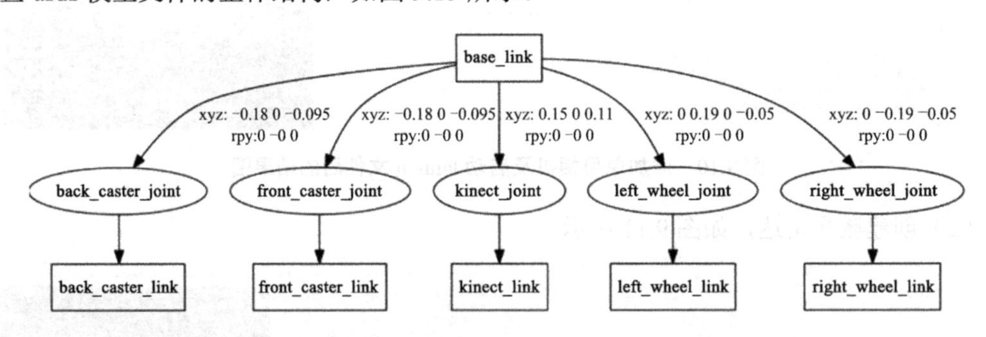

图 9.13　urdf 模型文件的整体结构（带 Kinect v1，不带其他传感器）

5．xacro 移动机器人模型

从上述 urdf 建模情况来看，urdf 模型具有以下缺点：模型冗长、重复内容较多；参数修改麻烦；不便于二次开发，并且没有参数计算功能，故找到了另外一种建模方法——xacro 模型。该模型可以创建宏定义，并且提供了可编程接口，较 urdf 模型使用起来更加灵活。

当我们使用 xacro 模型时，模型文件的后缀不再是.urdf，而是.xacro。为了开始使用 xacro 模型，需要指定一个命名空间，以便文件能够正确地解析。例如，图 9.14 所示为有效 xacro 文件的前两行。

```
<?xml version="1.0"?>
<robot name="arm" xmlns:xacro="http://www.ros.org/wiki/xacro">
</robot>
```

图 9.14　有效 xacro 文件的前两行

使用 xacro 声明常量，能够避免在很多行重复使用同一个数值。不使用 xacro，如果需要改变一个值，就要修改若干个地方，从而很难进行文件的维护。为了使用这些常量，现在只需要使用${name_of_variable}将旧值更新为下列新值，xacro 文件中常量的定义（第 1 行）与使用（第 2 行）如图 9.15 所示。

```
<xacro:property name="M_PI" value="3.1415926"/>

<origin xyz="0 0 0" rpy="${M_PI/2} 0 0" />
```

图 9.15　xacro 文件中常量的定义（第 1 行）与使用（第 2 行）

由图 9.15 可知，xacro 文件不仅支持常量的定义，而且还支持常量的数学运算，这方便了我们对模型的扩展与开发。

宏是 xacro 功能包中最有用的组件。为了更进一步缩小文件，将使用以下宏来做轮子的初始化，xacro 中轮子的宏定义与宏调用如图 9.16 所示。

```
<xacro:macro name="wheel" params="prefix reflect">
    <joint name="${prefix}_wheel_joint" type="continuous">
        <origin xyz="0 ${reflect*wheel_joint_y} ${-wheel_joint_z}" rpy="0 0 0"/>
        <parent link="base_link"/>
        <child link="${prefix}_wheel_link"/>
        <axis xyz="0 1 0"/>
    </joint>

    <link name="${prefix}_wheel_link">
        <visual>
            <origin xyz="0 0 0" rpy="${M_PI/2} 0 0" />
            <geometry>
                <cylinder radius="${wheel_radius}" length = "${wheel_length}"/>
            </geometry>
            <material name="gray" />
        </visual>
    </link>
</xacro:macro>
```

（a）宏定义

```
<wheel prefix="left" reflect="-1"/>
<wheel prefix="right" reflect="1"/>
```

（b）宏调用

图 9.16　xacro 中轮子的宏定义与宏调用

由图 9.16 可知，宏定义与宏调用的基本格式如下。

宏定义如下。

```
<xacro:macro name="NAME" params="a b c">
⋮
</xacro:macro>
```

宏调用如下。

```
<NAME a="a_value" b=" b_value" c=" c_value" >
```

对文件的包含引用如下。

```
<xacro:include filename="FILE_PATH/FILE_NAME.xacro " />
```

xacro 模型不同于 urdf 模型可以直接在 launch 文件中调用并进行显示，xacro 模型显示时，需要通过以下两种方法实现。

（1）在功能包的 urdf 文件夹下打开一个终端，输入

```
$ rosrun xacro xacro.py mbot.xacro>mbot.urdf
```

即可生成一个 mbot.urdf 文件，内容与前面所述的 urdf 文件一致。

（2）直接调动 xacro 文件解析器，在 launch 文件中加入以下两行代码即可。

```
<arg name="model"default="$(find xacro)/xacro—inorder '$(find mbot_description)
/urdf/xacro/mbot.xacro'"/>
<param name="robot_description" command="$(arg model)"/>
```

这个方法一般比较常用。其中，$(find mbot_description)/urdf/xacro/mbot.xacro 为自定义的 xacro 文件所在路径，可根据实际情况进行更改。

6．在 Gazebo 中加载移动机器人模型

根据图 9.6 所示的 launch 文件内容，我们可以通过 RViz 来查看移动机器人模型。如果我们想在 Gazebo 或其他仿真软件中进行移动机器人仿真，就需要添加物理属性和碰撞属性。这意味着我们需要设定几何尺寸来计算可能的碰撞，例如，需要设定质量我们才能够计算惯性等，故需要保证模型文件中的所有连接都有这些参数，否则就无法对这些移动机器人进行仿真。

对网格模型文件来说，ROS 中建模的简单几何形状比引入的网格模型更容易进行碰撞计算。相比计算简单几何形状来说，两个网格模型之间进行碰撞计算要使用更加复杂的计算方法，也会耗费更多的计算资源。

具体做法如下。

第一步：每个 link 添加 collision 和 inertial 属性，如图 9.17 所示，这里以 base_link 为例。

```
<xacro:macro name="cylinder_inertial_matrix" params="m r h">
    <inertial>
        <mass value="${m}" />
        <inertia ixx="${m*(3*r*r+h*h)/12}" ixy = "0" ixz = "0"
            iyy="${m*(3*r*r+h*h)/12}" iyz = "0"
            izz="${m*r*r/2}" />
    </inertial>
</xacro:macro>

<link name="base_link">
    <visual>
        <origin xyz=" 0 0 0" rpy="0 0 0" />
        <geometry>
            <cylinder length="${base_length}" radius="${base_radius}"/>
        </geometry>
        <material name="yellow" />
    </visual>
    <collision>
        <origin xyz=" 0 0 0" rpy="0 0 0" />
        <geometry>
            <cylinder length="${base_length}" radius="${base_radius}"/>
        </geometry>
    </collision>
    <cylinder_inertial_matrix  m="${base_mass}" r="${base_radius}" h="${base_length}" />
</link>
```

图 9.17　base_link 添加 collision 和 inertial 属性

第二步：为 link 添加</gazebo>的标签，在 link 外面、xacro 里面添加该标签。<material>

为设置颜色的标签，<turnGravityOff>false</turnGravityOff>设置的是物体的重力属性（此处代码设置其为关闭状态，默认开启）。为 link 添加 gazebo 的标签如图 9.18 所示。

```
<gazebo reference="base_link">
    <material>Gazebo/Blue</material>
</gazebo>
```

```
<gazebo reference="${prefix}_wheel_link">
    <material>Gazebo/Gray</material>
</gazebo>
```

```
<gazebo reference="base_footprint">
    <turnGravityOff>false</turnGravityOff>
</gazebo>
```

```
<gazebo reference="${prefix}_caster_link">
    <material>Gazebo/Black</material>
</gazebo>
```

图 9.18　为 link 添加 gazebo 的标签

第三步：添加传动装置，相当于为实际移动机器人加入电机等传动装置，具体位置为 joint 外面、xacro 里面。其中，<mechanicalReduction>1</mechanicalReduction>设置减速比为 1，<hardwareInterface>定义的是使用位置控制接口 VelocityJointInterface。添加传动装置如图 9.19 所示。

```
<transmission name="${prefix}_wheel_joint_trans">
    <type>transmission_interface/SimpleTransmission</type>
    <joint name="${prefix}_wheel_joint" >
        <hardwareInterface>hardware_interface/VelocityJointInterface</hardwareInterface>
    </joint>
    <actuator name="${prefix}_wheel_joint_motor">
        <hardwareInterface>hardware_interface/VelocityJointInterface</hardwareInterface>
        <mechanicalReduction>1</mechanicalReduction>
    </actuator>
</transmission>
```

图 9.19　添加传动装置

第四步：添加控制器（见图 9.20），相当于实物驱动板，以实现对驱动物件的控制。位置与 link 并列，用标签<gazebo>与</gazebo>标注。

<robotNamespace>/</robotNamespace>表明移动机器人的命名空间，用/表示无命名空间，但该语句必须有。

<commandTopic>cmd_vel</commandTopic>表示控制器订阅的速度控制指令为 cmd_vel。

<robotBaseFrame>base_footprint</robotBaseFrame>指定控制器控制的是 base_footprint 这个坐标系。

<robotNamespace>：移动机器人的命名空间。

<leftJoint>和<rightJoint>：左右轮转动的关节。

<wheelSeparation>和<wheelDiameter>：移动机器人模型的相关尺寸，在计算差速参数时需要用到。

<commandTopic>：控制器订阅的速度控制指令，生成全局命名时需要结合<robotNamespace>中设置的命名空间。

<odometryFrame>：里程计数据的参考坐标系，ROS中一般都命名为odom。

```
<!-- controller -->
<gazebo>
    <plugin name="differential_drive_controller"
          filename="libgazebo_ros_diff_drive.so">
        <rosDebugLevel>Debug</rosDebugLevel>
        <publishWheelTF>true</publishWheelTF>
        <robotNamespace>/</robotNamespace>
        <publishTf>1</publishTf>
        <publishWheelJointState>true</publishWheelJointState>
        <alwaysOn>true</alwaysOn>
        <updateRate>100.0</updateRate>
        <legacyMode>true</legacyMode>
        <leftJoint>left_wheel_joint</leftJoint>
        <rightJoint>right_wheel_joint</rightJoint>
        <wheelSeparation>${wheel_joint_y*2}</wheelSeparation>
        <wheelDiameter>${2*wheel_radius}</wheelDiameter>
        <broadcastTF>1</broadcastTF>
        <wheelTorque>30</wheelTorque>
        <wheelAcceleration>1.8</wheelAcceleration>
        <commandTopic>cmd_vel</commandTopic>
        <odometryFrame>odom</odometryFrame>
        <odometryTopic>odom</odometryTopic>
        <robotBaseFrame>base_footprint</robotBaseFrame>
    </plugin>
</gazebo>
```

图 9.20　添加控制器

在完成对 xacro 文件内容的修改后，如果需要在 Gazebo 中看到这个移动机器人，那么需要将移动机器人模型加载到 Gazebo 中，其 launch 文件内容如图 9.21 所示，效果图如图 9.22 所示。其实现的移动机器人已经可以在 Gazebo 环境中实际运动了，因为在上面的内容中，添加了与运动相关的参数。但由于还没有控制其运动的相关功能包，故暂时无法用键盘进行运动控制。

```
<launch>
    <!-- 设置launch文件的参数 -->
    <arg name="paused" default="false"/>
    <arg name="use_sim_time" default="true"/>
    <arg name="gui" default="true"/>
    <arg name="headless" default="false"/>
    <arg name="debug" default="false"/>

    <!-- 运行Gazebo仿真环境 -->
    <include file="$(find gazebo_ros)/launch/empty_world.launch">
        <arg name="debug" value="$(arg debug)" />
        <arg name="gui" value="$(arg gui)" />
        <arg name="paused" value="$(arg paused)"/>
        <arg name="use_sim_time" value="$(arg use_sim_time)"/>
        <arg name="headless" value="$(arg headless)"/>
    </include>

    <!-- 加载移动机器人模型描述参数 -->
    <param name="robot_description" command="$(find xacro)/xacro --inorder '$(find mbot_description)/urdf/xacro/gazebo/
mbot_gazebo.xacro'" />

    <!-- 运行joint_state_publisher节点，发布移动机器人的关节状态  -->
    <node name="joint_state_publisher" pkg="joint_state_publisher" type="joint_state_publisher" ></node>

    <!-- 运行robot_state_publisher节点，发布tf  -->
    <node name="robot_state_publisher" pkg="robot_state_publisher" type="robot_state_publisher"  output="screen" >
        <param name="publish_frequency" type="double" value="50.0" />
    </node>

    <!-- 在Gazebo中加载移动机器人模型-->
    <node name="urdf_spawner" pkg="gazebo_ros" type="spawn_model" respawn="false" output="screen"
          args="-urdf -model mrobot -param robot_description"/>
</launch>
```

图 9.21　将移动机器人模型加载到 Gazebo 中的 launch 文件内容

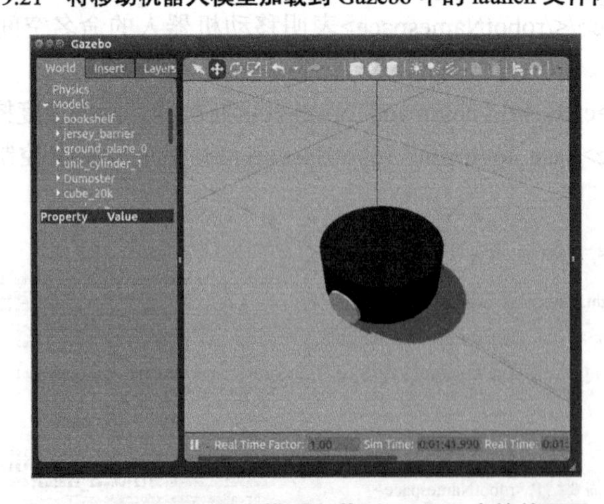

图 9.22　将移动机器人模型加载到 Gazebo 中的效果图

同理，在对移动机器进行仿真功能设置之后，还需要对相关的传感器进行仿真功能设置。前面所述的仿真设计只是对传感器的外形进行设计，并没有对其功能进行设计，故现在需要对传感器的功能进行设计。

这里以相机传感器的功能设置为例，其他传感器请查看相关代码。图 9.23 所示为相机描述文件中新增的内容。<sensor>标签描述传感器信息，<camera>标签描述相机的参数（分辨率、编码格式、图像范围、噪声等），<plugin>标签表示需要加载 Gazebo 提供的 ros_camera 插件，该插件可以实现摄像头的相关功能。

```
<gazebo reference="${prefix}_link">
    <sensor type="camera" name="camera_node">
        <update_rate>30.0</update_rate>
        <camera name="head">
            <horizontal_fov>1.3962634</horizontal_fov>
            <image>
                <width>1280</width>
                <height>720</height>
                <format>R8G8B8</format>
            </image>
            <clip>
                <near>0.02</near>
                <far>300</far>
            </clip>
            <noise>
                <type>gaussian</type>
                <mean>0.0</mean>
                <stddev>0.007</stddev>
            </noise>
        </camera>
        <plugin name="gazebo_camera" filename="libgazebo_ros_camera.so">
            <alwaysOn>true</alwaysOn>
            <updateRate>0.0</updateRate>
            <cameraName>/camera</cameraName>
            <imageTopicName>image_raw</imageTopicName>
            <cameraInfoTopicName>camera_info</cameraInfoTopicName>
            <frameName>camera_link</frameName>
            <hackBaseline>0.07</hackBaseline>
            <distortionK1>0.0</distortionK1>
            <distortionK2>0.0</distortionK2>
            <distortionK3>0.0</distortionK3>
            <distortionT1>0.0</distortionT1>
            <distortionT2>0.0</distortionT2>
        </plugin>
    </sensor>
</gazebo>
```

图 9.23　相机描述文件中新增的内容

9.2　搭建仿真物理环境模型

相比于搭建移动机器人模型，搭建仿真物理环境模型就显得简单很多，只需要在 Gazebo 中创建完成后，将相关文件保存到目标路径即可，基本不需要人为编辑。

具体步骤如下。

1. 终端输入命令

终端输入命令：

```
$ gazebo
```

打开 Gazebo 仿真环境。

2. 创建仿真环境

这里主要有两种方法：一种是利用 Gazebo 自带的环境模型构建自己的仿真环境；另一种是使用 Gazebo 提供的 Building Editor 进行设计，也可以两种方法混合使用构建需要的仿真环境。

方法一：直接添加环境模型。

打开 Gazebo 仿真环境后，在左上方“insert”栏中会有很多自带的模型，选中后放入仿真环境中即可。展开“File”下拉菜单，单击“Save World As”选项，将该仿真环境保存为后缀为.world 的文件，即可完成仿真环境的构建。保存仿真环境模型如图 9.24 所示。

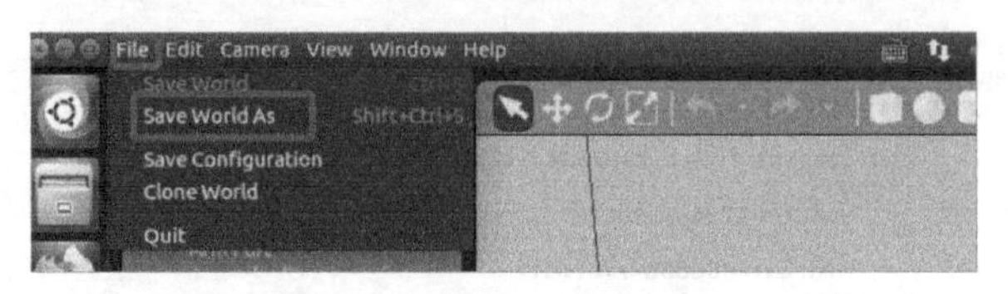

图 9.24　保存仿真环境模型

方法二：使用 Gazebo 提供的 Building Editor 进行设计。

利用 Building Editor 设计仿真环境如图 9.25 所示。首先单击“Building Editor”选项进入编辑界面，然后根据需要选中左侧栏中的物体，再在右上方白色网格区域内拖出需要的长度。绘制完成后，展开“File”下拉菜单，单击“Save”选项进行保存。保存完成后，单击“Exit Building Editor”选项，就可以退出编辑界面了。退出后，会在 Gazebo 中看到刚刚绘制的仿真环境，再将该仿真环境保存为后缀为.world 的文件即可。

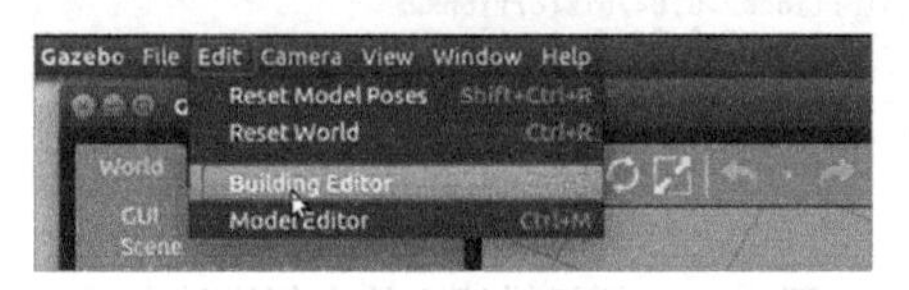

（1）进入编辑界面

（2）编辑完成后，保存绘制的模型

（3）退出编辑界面

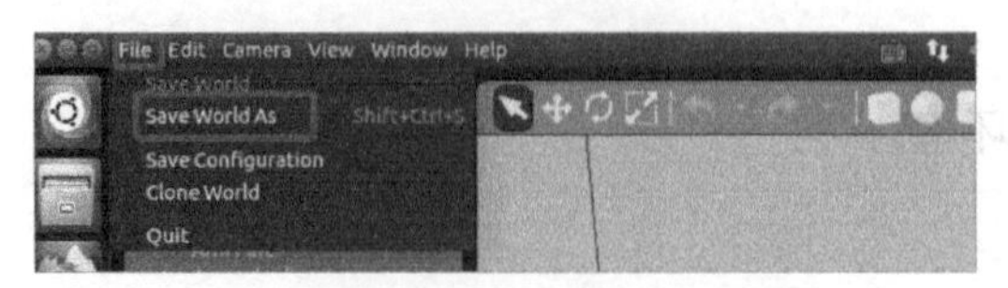

（4）保存仿真环境为后缀为.world 的文件

图 9.25　利用 Building Editor 设计仿真环境

现在，有了移动机器人的仿真模型和环境的仿真模型，下一步就是将两者结合起来，即将移动机器人放入这个仿真环境中，方便后续实验。移动机器人放入仿真环境中的 launch 文件如图 9.26 所示。这里的仿真环境名为 playground.world，移动机器人模型为 mbot_gazebo.xacro。移动机器人放入仿真环境中的效果图如图 9.27 所示。

```
<launch>
    <!-- 设置launch文件的参数 -->
    <arg name="world_name" value="$(find mbot_gazebo)/worlds/playground.world"/>
    <arg name="paused" default="false"/>
    <arg name="use_sim_time" default="true"/>
    <arg name="gui" default="true"/>
    <arg name="headless" default="false"/>
    <arg name="debug" default="false"/>

    <!-- 运行Gazebo仿真环境 -->
    <include file="$(find gazebo_ros)/launch/empty_world.launch">
        <arg name="world_name" value="$(arg world_name)" />
        <arg name="debug" value="$(arg debug)" />
        <arg name="gui" value="$(arg gui)" />
        <arg name="paused" value="$(arg paused)"/>
        <arg name="use_sim_time" value="$(arg use_sim_time)"/>
        <arg name="headless" value="$(arg headless)"/>
    </include>

    <!-- 加载移动机器人模型描述参数 -->
    <param name="robot_description" command="$(find xacro)/xacro --inorder '$(find mbot_description)/urdf/xacro/gazebo/
mbot_gazebo.xacro'" />

    <!-- 运行joint_state_publisher节点，发布移动机器人的关节状态  -->
    <node name="joint_state_publisher" pkg="joint_state_publisher" type="joint_state_publisher" ></node>

    <!-- 运行robot_state_publisher节点，发布tf  -->
    <node name="robot_state_publisher" pkg="robot_state_publisher" type="robot_state_publisher"  output="screen" >
        <param name="publish_frequency" type="double" value="50.0" />
    </node>

    <!-- 在Gazebo中加载移动机器人模型-->
    <node name="urdf_spawner" pkg="gazebo_ros" type="spawn_model" respawn="false" output="screen"
          args="-urdf -model mrobot -param robot_description"/>
</launch>
```

图 9.26　移动机器人放入仿真环境中的 launch 文件

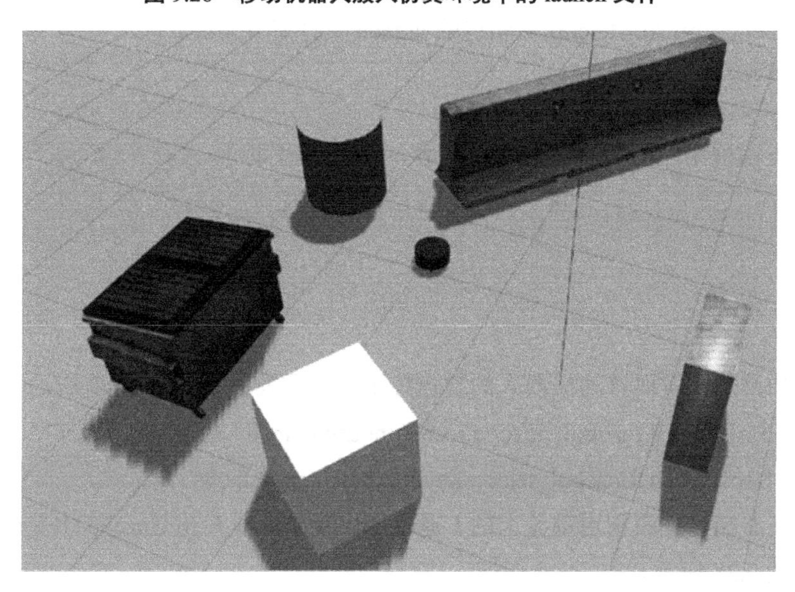

图 9.27　移动机器人放入仿真环境中的效果图

9.3 定位与导航

通过上述内容，实现了移动机器人和仿真环境的开发，现在，需要让移动机器人动起来，并且利用它来实现一些功能。

这里，直接使用提供的功能包来实现需要的功能。

首先，需要将提供的 robot_mrobot 整个文件夹复制到工作空间中，然后利用以下命令安装本节需要的相关依赖（注意，这里使用的是 ROS Kinetic 版本）。

```
$ sudo apt-get install ros-kinetic-serial ros-kinetic-turtlebot-rviz-launchers
python-serial ros-kinetic-gmapping ros-kinetic-navigation ros-kinetic-turtlebot
-teleop
```

最后在工作空间中利用 catkin_make 编译即可。

9.3.1 键盘控制

在前面安装的依赖中，ros-kinetic-turtlebot-teleop 功能包就是移动机器人键盘控制所需要的功能包。但这个功能包不能直接使用，需要对 launch 文件进行修改，才能使移动机器人接收到正确的 topic，对移动机器人进行控制。

一般而言，移动机器人的运动控制命令都来自/cmd_vel topic，而 ros-kinetic-turtlebot-teleop 功能包中发布的 topic 是/cmd_vel_mux/input/teleop，故不对 launch 文件进行修改时，移动机器人无法接收到正确的 topic，也就无法利用键盘进行控制。

对 ros-kinetic-turtlebot-teleop 功能包的 launch 文件进行修改：

```
$ roscd turtlebot_teleop/launch
$ sudo gedit keyboard_teleop.launch
```

将 launch 文件中的内容修改为以下内容，保存退出即可。

```
<launch>
  <!-- turtlebot_teleop_key already has its own built in velocity smoother -->
  <node pkg="turtlebot_teleop" type="turtlebot_teleop_key" name="turtlebot_teleop_keyboard"  output="screen">
    <param name="scale_linear" value="0.5" type="double"/>
    <param name="scale_angular" value="1.5" type="double"/>
    <remap from="turtlebot_teleop_keyboard/cmd_vel" to="cmd_vel"/>
  </node>
</launch>
```

这时，如果想要实现移动机器人的键盘控制，只需要以下命令即可实现。

终端 1：$ roslaunch mrobot_gazebo mrbot_house.launch

终端 2：$ roslaunch turtlebot_teleop keyboard_teleop.launch

最后，在终端 2 里面利用键盘上的 I 键即可让移动机器人在 Gazebo 中前进一段距离，键盘控制如图 9.28 所示。

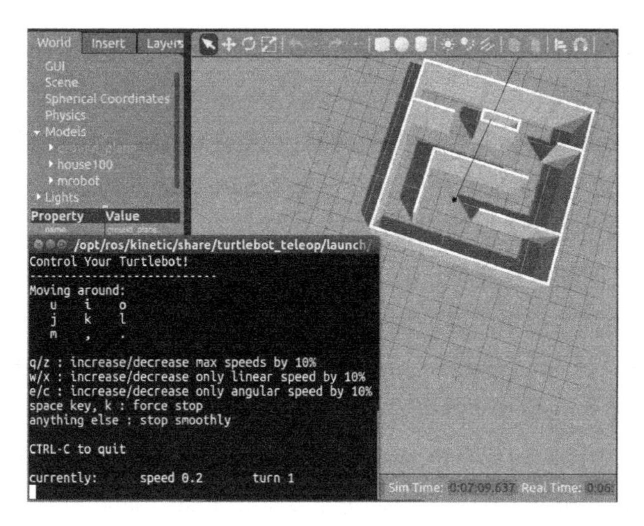

图 9.28　键盘控制

9.3.2　定位与建图

Gmapping 算法是目前基于激光雷达和里程计方案里面比较可靠和成熟的一个算法，它基于粒子滤波，采用 RBPF 算法，效果稳定。许多基于 ROS 的移动机器人使用的都是 slam_gmapping。在前面安装的依赖中，ros-kinetic-gmapping 即我们所需要的功能包。

Gmapping 算法在 ROS 上运行的方法很简单，使用命令

```
$ rosrun gmapping slam_gmapping
```

即可。但由于 Gmapping 算法中需要设置的参数很多，这种启动单个节点的方式效率很低，所以往往把 Gmapping 算法的启动写到 launch 文件中，同时把 Gmapping 算法需要的一些参数也提前设置好，写进 launch 文件或 yaml 文件。

Gmapping 算法的作用是根据激光雷达和里程计的信息，对环境地图进行构建，并且对自身状态进行估计。因此它的输入应当包括激光雷达和里程计的数据，而输出应当有自身位置和地图。下面我们从图 9.29 所示的 Gmapping 算法计算图（消息的流向）的角度来看 Gmapping 算法在实际运行中的结构。

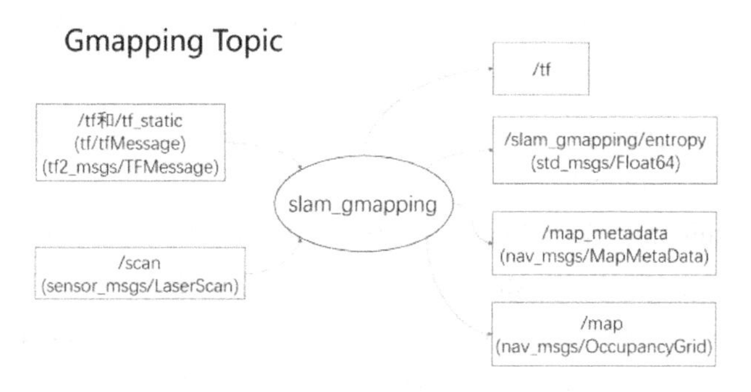

图 9.29　Gmapping 算法计算图

位于中心的是我们运行的 slam_gmapping 节点，这个节点负责整个 Gmapping SLAM 的工作，它的输入需要有两个。

（1）/tf 和/tf_static：坐标变换，类型为第一代的 tf/tfMessage 或第二代的 tf2_msgs/TFMessage。其中一定得提供的有两个 tf：一个是 base_frame 与 laser_frame 之间的 tf，即移动机器人底盘和激光雷达之间的变换；另一个是 base_frame 与 odom_frame 之间的 tf，即底盘和里程计原点之间的坐标变换。odom_frame 可以理解为里程计原点所在的坐标系。

（2）/scan：激光雷达数据，类型为 sensor_msgs/LaserScan。

/scan 很好理解，是 Gmapping SLAM 所必需的激光雷达数据，而/tf 是一个比较容易忽视的细节。尽管/tf 这个 topic 听起来很简单，但它维护了整个 ROS 三维世界里的转换关系。slam_gmapping 要从中读取的数据是 base_frame 与 laser_frame 之间的/tf，只有这样才能把周围障碍物变换到移动机器人坐标系下，更重要的是 base_frame 与 odom_frame 之间的 tf，这个 tf 反映了里程计（电机的光电码盘、视觉里程计、惯性测量单元）的监测数据，也就是移动机器人里程计测得的所走的距离，它会把这段变换发布到 odom_frame 和 laser_frame 之间。因此 slam_gmapping 会从/tf 中获得移动机器人里程计的数据，它的输出如下。

① /tf：主要是输出 map_frame 和 odom_frame 之间的变换。

② /slam_gmapping/entropy：std_msgs/Float64 类型，反映了移动机器人位姿估计的分散程度。

③ /map_metadata：地图的相关信息。

④ /map：slam_gmapping 建立的地图。

输出的/tf 里有一个很重要的信息，就是 map_frame 和 odom_frame 之间的变换，这其实就是对移动机器人的定位。连通 map_frame 和 odom_frame，这样 map_frame 与 base_frame 甚至与 laser_frame 都连通了，这样便实现了移动机器人在地图上的定位。同时，输出的 Gmapping Topic 里还有/map，在 SLAM 场景中，地图作为 SLAM 的结果被不断地更新和发布。

slam_gmapping 需要的参数很多，这里以 mrobot_navigation 功能包中的 gmapping.launch 的参数为例，注释了一些比较重要的参数。

<param name="base_frame" value="base_footprint"/> 移动机器人基本框架。

<param name="odom_frame" value="odom"/> 里程计坐标系。

<param name="map_update_interval" value="2.0"/> 地图更新时间间隔（秒）。

<param name="maxUrange" value="4.0"/> 使用的激光传感器的最大范围（米）。

<param name="minimumScore" value="100"/> 考虑到扫描匹配结果的最低分数。

<param name="linearUpdate" value="0.2"/> 处理所需的最小移动距离。

<param name="angularUpdate" value="0.2"/> 处理所需的最小旋转角度。

<param name="temporalUpdate" value="0.5"/> 如果从最后一次扫描时刻开始超过了此更新时间，则执行扫描。如果这个值小于 0，则不使用它。

<param name="delta" value="0.05"/> 地图分辨率：距离/像素。

<param name="lskip" value="0"/> 在每次扫描中跳过的光束数量。

<param name="particles" value="120"/> 粒子滤波器中的粒子数。

<param name="sigma" value="0.05"/> 激光辅助搜索的标准偏差。

<param name="kernelSize" value="1"/> 激光辅助搜索的窗口大小。

<param name="lstep" value="0.05"/> 初始搜索步骤（平移）。

<param name="astep" value="0.05"/> 初始搜索步骤（旋转）。

<param name="iterations" value="5"/> 扫描匹配迭代次数。

<param name="lsigma" value="0.075"/> 用于扫描匹配概率的激光标准差 default:0.075 波束的 sigma，用来计算似然估计。

<param name="ogain" value="3.0"/> 似然估计为平滑采样影响使用的 gain default 3.0 评估似然的增益，用来平滑重采样的影响。

<param name="srr" value="0.01"/> 测位误差（平移→移动）。

<param name="srt" value="0.02"/> 测位误差（平移→旋转）。

<param name="str" value="0.01"/> 测位误差（旋转→平移）。

<param name="stt" value="0.02"/> 测位误差（旋转→旋转）。

<param name="resampleThreshold" value="0.5"/> 重新采样阈值。

<param name="xmin" value＝"-9.0"/> 初始地图大小（最小 x）。

<param name="ymin" value＝"-9.0"/> 初始地图大小（最小 y）。

<param name="xmax" value="9.0"/> 初始地图大小（最大 x）。

<param name="ymax" value="9.0"/> 初始地图大小（最大 y）。

<param name="llsamplerange" value="0.01"/> 似然估计的范围（平移）。

<param name="llsamplestep" value="0.01"/> 似然估计的步幅（平移）。

<param name="lasamplerange" value="0.005"/> 似然估计的范围（旋转）。

<param name="lasamplestep" value="0.005"/> 似然估计的步幅（旋转）。

当我们配置好相关参数后，就可以利用以下命令在仿真环境中进行定位与建图。

终端 1：`$ roslaunch mrobot_gazebo mrbot_house.launch`

目的：启动 Gazebo 仿真环境，并且加载移动机器人模型。

终端 2：`$ roslaunch mrobot_navigation gmapping_demo.launch`

目的：启动 Gmapping 建图和 RViz。

此时，已经可以看到有一部分地图了，Gmapping 构建的初始地图如图 9.30 所示，为了得到环境完整的地图，用键盘控制移动机器人运动，然后使其边运动边建图。

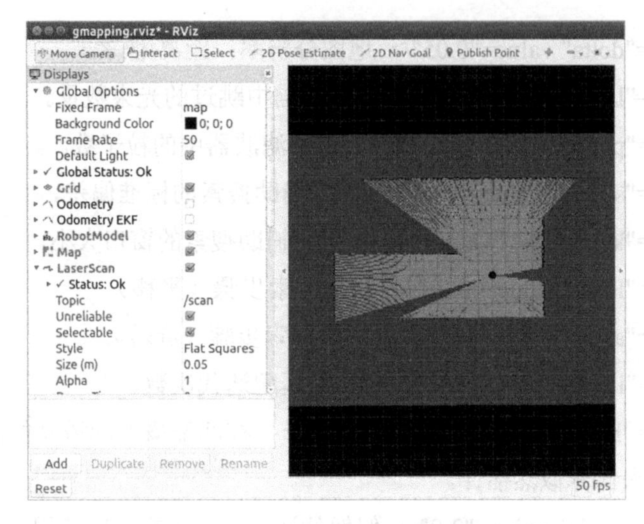

图 9.30　Gmapping 构建的初始地图

终端 3：roslaunch turtlebot_teleop keyboard_teleop.launch

目的：启动键盘控制。

最终可得到 Gmapping 构建的完整地图如图 9.31 所示。

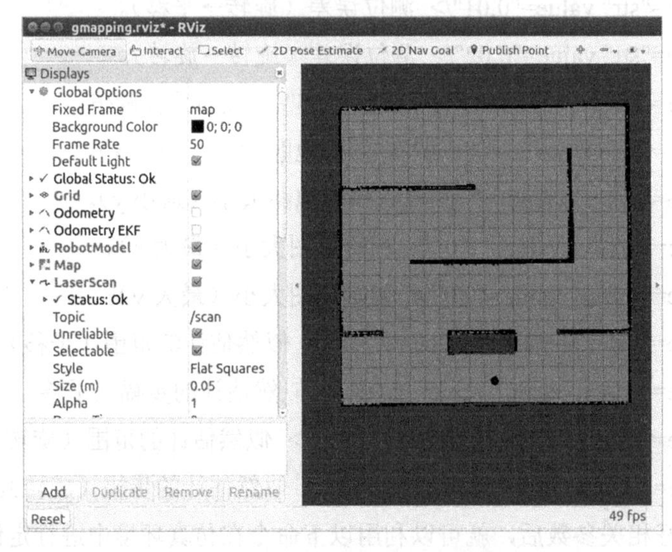

图 9.31　Gmapping 构建的完整地图

9.3.3　导航

导航是指在给定的环境中将移动机器人从当前位置移动到指定目的地。因此，需要有包含给定环境中家具、物体和墙壁几何信息的地图，正如前面的 SLAM 课程所述，移动机器人可以从自己的姿态信息和传感器获得的距离信息中获得地图。

本节中的路径规划模块借助 ROS 提供的 Navigation 导航软件包来完成路径规划。

图 9.32 所示为 Navigation 导航软件包的框架图，可以看到该框架的输入为已知地图、里程计数据、传感器数据，如激光雷达数据与 Kinect 等，输出为控制移动机器人运动的线速度、角速度的运动指令。该导航框架通过地图数据及传感器数据生成供全局路径规划与局部路径规划的代价地图。

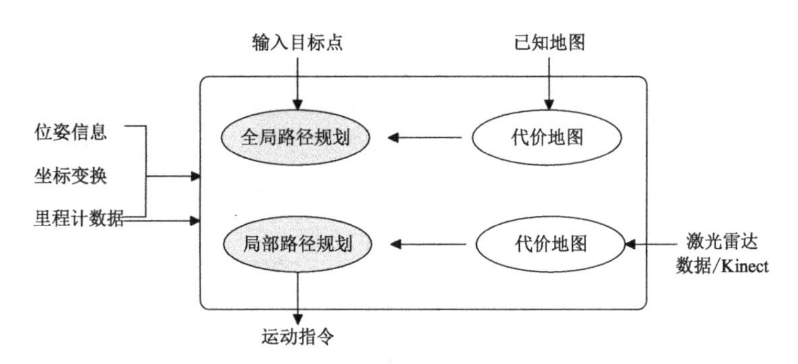

图 9.32　Navigation 导航软件包的框架图

在导航中，移动机器人利用这个地图和移动机器人的编码器、惯性传感器和距离传感器等资源，从当前位置移动到地图上的指定目的地，这个过程如下。

1. 传感

在地图上，移动机器人利用编码器和惯性传感器（惯性测量单元）更新其测位信息，并测量从距离传感器的位置到障碍物（墙壁、物体、家具等）的距离。

2. 姿态估计

基于来自编码器的车轮旋转量、来自惯性传感器的惯性信息及从距离传感器到障碍物的距离信息，估计移动机器人在已经绘制的地图上的姿态。此时用到的姿态估计方法有很多，本节将使用粒子滤波定位，以及蒙特卡罗定位的变体 AMCL（Adaptive Monte Carlo Localization，自适应蒙特卡罗定位）。

3. 运动规划

运动规划也称为路径规划，它创建一个从当前位置到地图上指定目标点的轨迹。对整个地图进行全局路径规划，以及以移动机器人为中心对部分地区进行局部路径规划。我们将使用一种基于避障算法动态窗口法的 ROS move_base 和 nav_core 等路径规划功能包。

4. 移动/躲避障碍物

如果按照在运动规划中创建的移动轨迹向移动机器人发出速度命令，那么移动机器人会根据移动轨迹移动到目的地。由于感应、位置估计和运动规划在移动时仍被执行，因此使用动态窗口法可避免突然出现的障碍物和移动物体。

这里，使用 move_base 功能包（Navigation 核心节点）实现。这部分内容在前面提到的

gmapping_demo.launch 文件中有具体实现。因此，可以直接在定位与建图的基础上，在 RViz 显示的地图中进行导航。具体操作为 RViz 上方有一个“2D Nav Goal”箭头，当单击该箭头后，再在地图中单击一下，移动机器人就会自动规划路线然后导航到指定位置。移动机器人导航界面如图 9.33 所示。

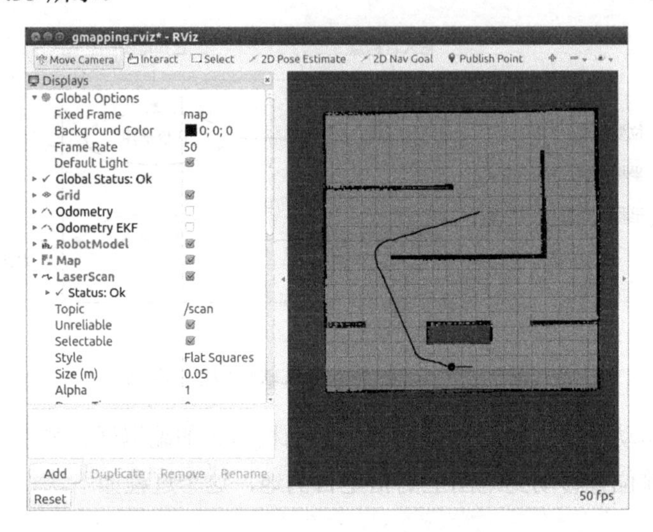

图 9.33　移动机器人导航界面（图中细线为规划出来的路径）

9.3.4　自主探索

移动机器人的导航需要使用地图，但很少有移动机器人可以自主构建导航区域的地图。通常，人们必须提前构建好地图，提供障碍物的确切位置（度量地图）或者表示两个区域连通性的图形（拓扑地图）。因此，大多数移动机器人在未知环境中无法有效导航。

自主探索可以让移动机器人突破这种限制。自主探索可以定义为移动机器人在未知环境中移动并构建出可用于后续导航的地图的一种行为，好的探索策略可以在合理的时间内生成完整或近乎完整的地图。虽然室内环境大多呈现出一种看起来简单直接的结构，如矩形办公室、直走廊，以及无处不在的直角，但实际情况往往截然不同，在真实场景下，移动机器人需要在摆满家具的房间内进行导航，墙壁也可能隐藏在书桌和书架的后面。因此室内的探索将面对非常复杂的环境。

这里，我们使用的自主探索功能包为 explore_lite 功能包，它基于边界的主动探索算法。自主探索需要解决的问题可以总结为，根据最初对周围环境的了解，移动机器人可以在哪里获得尽可能多的新信息。起初，移动机器人仅仅知道在它初始位置可以感知的东西，那么它如何才能尽可能快地构建一个尽可能完整的地图呢？基于边界的探索策略可以有效地解决这个问题。边界这个概念是在移动机器人探索领域中提出的，是指已知区域与未知区域间的交界。

该算法的理论过程如下所述。

首先利用类似计算机视觉中的边缘检测和区域提取来查找边界，通过检测栅格地图中不同的概率值来检测边界。栅格地图给每个小栅格赋予一个 0、1 或者 0.5 的值来表示此处的状态：1 表示占据状态，即存在障碍物；0 表示空闲状态，即不存在障碍物；0.5 为栅格的初始状态，表示该栅格未被探索。已探索区域与未探索区域之间的栅格被称为边界栅格，连续的边界栅格共同组成边界区域，只有超过某个最小尺寸（移动机器人尺寸）的边界区域才被认定是一个有效的边界。

图 9.34 所示为该算法的边界提取过程，图 9.34（a）所示为一个真实移动机器人在走廊建立的栅格地图，该位置周围存在两扇打开的门，图 9.34（b）所示为已知区域与未知区域间的边界，图 9.34（c）所示为大于最小边界尺寸的有效边界，十字线标记了该区域的中心，该位置同样是导航任务的目标点。边界 0 和边界 1 对应着两扇打开的门，边界 2 对应着未探索的走廊。

一旦在栅格地图中检测到边界，移动机器人就会尝试导航到最近的、未访问的边界。该算法会作为路径规划器的输入为移动机器人提供到目标点的导航，之后由路径规划模块计算出一条无碰撞的路径并控制移动机器人沿着该路径到达目标点。由于室内环境是一种动态环境，因此路径规划模块还需要控制移动机器人躲避那些原本不在地图中的障碍物，这是避免与四处走动的人发生碰撞的必要条件。

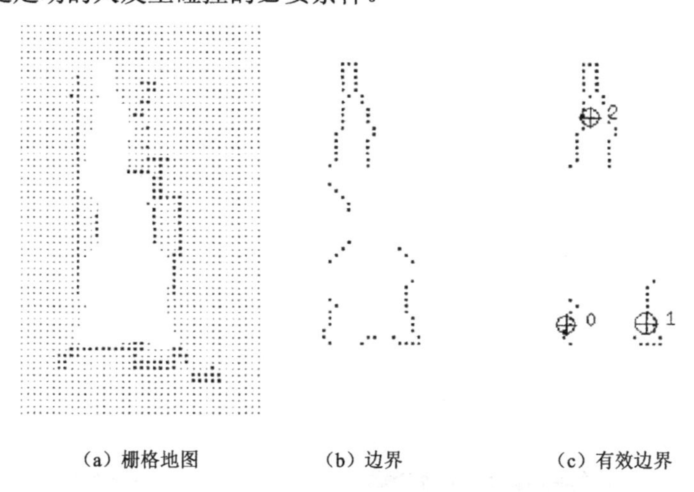

（a）栅格地图　　（b）边界　　（c）有效边界

图 9.34　边界提取过程

当移动机器人到达目的地时，该位置将被添加到已访问的边界列表中。如果移动机器人无法向其目的地前进，经过一段时间后，移动机器人将确定目的地不可访问，并且其位置将被添加到无法访问的边界列表中。

移动机器人实时地进行传感器扫描，不断更新栅格地图，重新检测边界及发布目标点，之后再尝试导航到最近可访问的、未访问的边界。通过不断循环以上过程，直至访问完当前环境中的所有边界，完成当前环境的地图构建。

基于边界的探索策略的核心思想是让移动机器人移动到边界去获得更多的新信息。当移动机器人朝边界移动时，它可以探测到未开发的区域并将其信息加入地图。随着移动机器人朝着边界前进，地图将不断扩大，边界也将继续向外扩张，新的边界将始终在远处，并提供一个新的探索目的地。通过这种方式，基于边界探索的移动机器人最终将探索完所有区域。

移动机器人自主探索时，主动 SLAM 技术整体架构框图如图 9.35 所示。

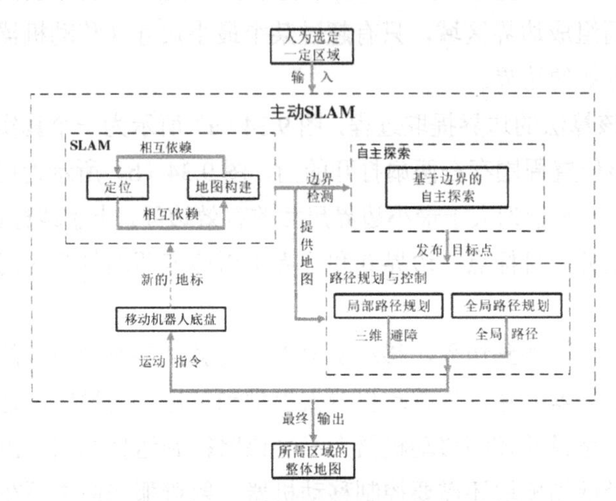

图 9.35　主动 SLAM 技术整体架构框图

现在，我们试着使用 explore_lite 功能包来进行主动 SLAM。

终端 1：$ roslaunch mrobot_gazebo mrbot_house.launch

目的：启动 Gazebo 仿真环境，并且加载移动机器人模型。

终端 2：$ roslaunch mrobot_navigation gmapping_demo.launch

目的：启动 Gmapping 建图和 RViz。

终端 3：$ roslaunch explore_lite explore.launch

目的：启动 explore_lite 功能包，使移动机器人自主探索建图。

通过上述命令，在等待一段时间后，移动机器人就完成了封闭环境中的全部探索，构建出环境的完整地图。图 9.36 所示为移动机器人自主探索建图过程。

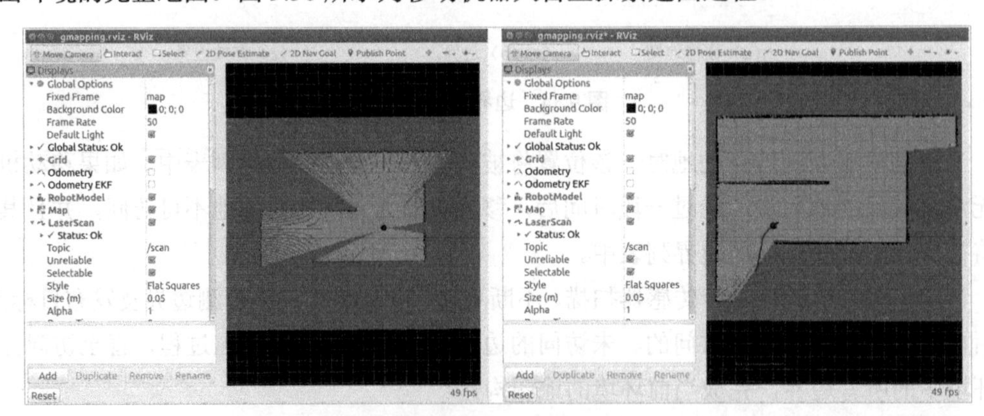

图 9.36　移动机器人自主探索建图过程

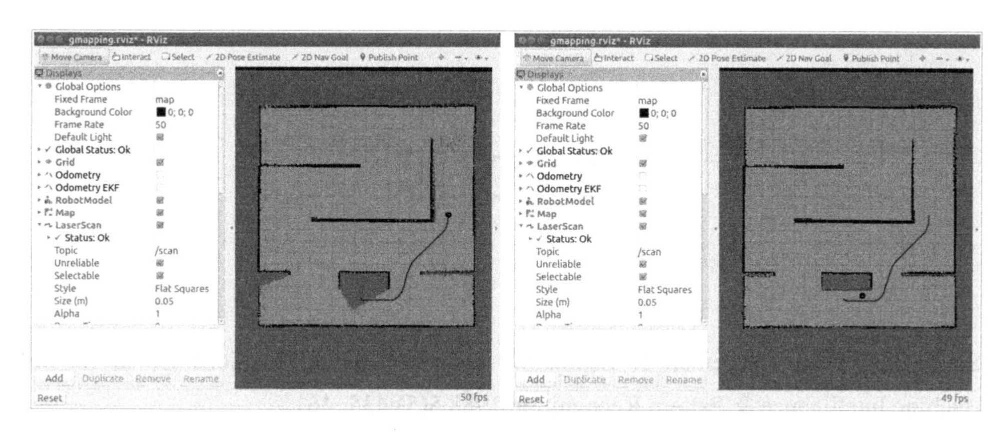

图 9.36　移动机器人自主探索建图过程（续）

9.4　本章小结

本章旨在通过实验的方式，让读者更加了解 ROS 与 SLAM。本章主要对移动机器人的仿真开发进行介绍：首先，介绍了仿真移动机器人模型的搭建，其中包括 urdf 模型与 xacro 模型；然后介绍了如何在 Gazebo 中搭建仿真物理环境；之后，在这个仿真环境中进行了一系列的实验，包括利用搭载激光雷达的移动机器人进行 SLAM，利用键盘控制移动机器人及移动机器人的主动 SLAM 过程等。

习题 9

一、选择题

1．属于物理仿真环境的软件是（　　）。

A．RViz　　B．Gazebo　　C．rqt

2．Navigation 导航包不包括（　　）。

A．Gmapping　　B．move_base　　C．全局路径规划　　D．局部路径规划

二、判断题

1．xacro 模型优于 urdf 模型，原因在于 xacro 模型可以利用宏定义减少代码量。（　　）

2．移动机器人的模型文件都存储于 urdf 文件夹。（　　）

三、请理解本章实验过程，并尝试独立编写相关程序进行实验。

参考文献

[1] Smith R,Self M,Cheeseman P. Estimating uncertain spatial relationships in robotics[J]. Machine Intelligence & Pattern Recognition,1988,5(5):435-461.

[2] Leonard J J,Durrant-Whyte H F. Mobile robot localization by tracking geometric beacons[J]. IEEE Transactions on Robotics and Automation,1991,7(3):376-382.

[3] 高翔，张涛. 视觉 SLAM 十四讲[M]. 北京：电子工业出版社，2017.

[4] R.西格沃特.自主移动机器人导论[M]. 李人厚，译. 2 版. 西安：西安交通大学出版社，2018.

[5] 丁伟豪. 室内移动机器人的定位与跟踪研究[D]. 哈尔滨：哈尔滨工程大学，2019.

[6] 陈孝森. 基于深度视觉的室内移动机器人即时定位与建图研究[D]. 哈尔滨：哈尔滨工程大学，2019.

[7] 陈白帆，宋德臻. 移动机器人[M]. 北京：清华大学出版社，2021.

[8] 巴斯蒂安・特龙，沃尔菲拉姆・比加尔，迪特尔・福克斯. 概率机器人[M]. 曹红玉，谭志，史晓霞，译. 北京：机械工业出版社，2019.

[9] 王泽华. 基于信息融合的 SLAM 方法研究[D]. 哈尔滨：哈尔滨工程大学，2020.

[10] 于春天. 基于激光 SLAM 的移动机器人室内环境自主探索[D]. 哈尔滨：哈尔滨工程大学，2019.

[11] 王彤彤. 动态环境下移动机器人路径规划方法研究[D]. 哈尔滨：哈尔滨工程大学，2018.

[12] Thrun S,Burgard W,Fox D. Probabilistic robotics[M]. Cambridge,USA:MIT Press,2005.

[13] Mur-Artal R,Tardós J D. ORB-SLAM2:An open-source slam system for monocular,stereo,and rgb-d cameras[J]. IEEE Transactions on Robotics,2017 33(5):1255-1262.

[14] B Bescós,JM Fácil,Civera J,et al. DynaSLAM:tracking,mapping and inpainting in dynamic scenes[J]. IEEE Robotics and Automation Letters,2018,3(4):4076-4083.

[15] Hornung A,Wurm K,Bennewitz M,et al. Octomap:an efficient probabilistic 3D mapping framework based on octrees[J]. Autonomous Robots,2013,34(3):189-206.

[16] Cadena C,Carlone L,Carrillo H,et al. Past,Present,and Future of Simultaneous Localization and Mapping:Toward the Robust-Perception Age[J].IEEE Transactions on Robotics,2016,32(6):1309-1332.

[17] Galvez-López D,Tardos J D. Bags of Binary Words for Fast Place Recognition in Image

Sequences[J]. IEEE Transactions on Robotics,2012,28(5):1188-1197.

[18] Fuentes-Pacheco J,Ruiz-Ascencio J,Rendón-Mancha J M. Visual simultaneous localization and mapping:a survey[J]. Artificial Intelligence Review,2012,43(1):55-81.

[19] 胡春旭. ROS 机器人开发实践[M]. 北京：机械工业出版社，2018.

[20] Kim D H,Kim J H. Effective background model-based RGB-D dense visual odometry in a dynamic environment[J]. IEEE Transactions on Robotics,2016,32(6):1565-1573.

[21] Kundu A,Krishna K M,Sivaswamy J. Moving object detection by multi-view geometric techniques from a single camera mounted robot[C]//2009 IEEE/RSJ International Conference on Intelligent Robots and Systems. IEEE,2009:4306-4312.

[22] Alexander Tiderko,Hrank Hoeller,Timo Röhling. Robot Operating System (ROS) [M]. 2016.

反侵权盗版声明